"十二五"江苏省高等学校重点教材（编号：2013-1-028）

全国高等职业教育规划教材

C#可视化程序设计案例教程

第3版

主编　刘培林　史荧中

参编　黄　翀

主审　刘德强

机械工业出版社

本书共 10 章，前 2 章介绍 Windows 应用程序开发入门、窗体与控件；第 3、4 章讲述 C#语言与菜单、工具栏、状态栏、对话框；第 5、6 章为本书的重点及难点，讲述 Visual Studio 数据库开发环境与数据库应用程序设计；第 7 章讲述 Visual Studio 高级控件；第 8 章讲述图形绘制；第 9 章讲述网络通信编程的基础知识；第 10 章介绍安装程序的制作方法和应用程序的部署步骤。

全书贯彻"理实一体化"的教学理念，以学生档案管理系统为载体，将项目开发分解为若干相对独立的工作任务。工作任务与相关理论知识交互配合，既是对理论知识的延伸与拓展，又是对理论知识掌握程度的检验。

本书可作为高职高专院校计算机、电子等专业的教材，也可作为可视化程序设计的入门语言教程，还可作为计算机与应用工程技术人员的培训用书或自学参考书。由于书中有大量丰富而实用的数据库应用程序，故本书还可作为计算机软件程序设计人员的技术参考书。

本书配有授课电子课件和源代码，需要的教师可登录 www.cmpedu.com 免费注册、审核通过后下载，或联系编辑索取（QQ：1239258369，电话：010-88379739）。

图书在版编目（CIP）数据

C#可视化程序设计案例教程 / 刘培林，史荧中主编. —3 版. —北京：机械工业出版社，2014.9（2018. 2 重印）
全国高等职业教育规划教材
ISBN 978-7-111-48298-7

Ⅰ. ①C… Ⅱ. ①刘… ②史… Ⅲ. ①C 语言－程序设计－高等职业教育－教材 Ⅳ. ①TP312

中国版本图书馆 CIP 数据核字（2014）第 241185 号

机械工业出版社（北京市百万庄大街 22 号 邮政编码 100037）
责任编辑：鹿 征 责任校对：张艳霞
责任印制：常天培
涿州市京南印刷厂印刷

2018 年 2 月第 3 版 • 第 5 次印刷
184mm×260mm • 17.75 印张 • 438 千字
12001-15000册
标准书号：ISBN 978-7-111-48298-7
定价：37.80 元

前　言

Visual Studio 开发平台是目前许多软件公司使用的重要开发工具，而 C#程序设计语言是计算机相关专业学生应掌握的一门语言。通过对 Visual Studio 开发平台和 C#程序设计语言的学习，读者可以了解 Visual Studio 的开发环境、工程、面向对象、事件驱动程序设计的概念，掌握 C#语言的语法、程序结构、编程方法，掌握 Visual Studio 基本控件的属性、方法、事件及用户程序界面的设计方法，掌握使用界面控件、ADO.NET 对象及其绑定控件设计一个信息管理系统的方法。本书按系统分析员的要求，使用 Visual Studio 开发平台及 C#语言设计窗体界面、编写程序代码、进行程序运行与调试，为读者成为一名应用软件程序员打下必要的基础。

本教材具有以下特点。

1）以学生档案管理系统为载体，采用边讲授知识点边设计模块程序的项目式教学法，讲学做一体。

2）精心设计工作任务，将学生档案管理系统分解为若干相对独立的工作任务。

- 从形式上看，工作任务是知识与技能的结合。每个工作任务都包含 6 个完整的部分，其中项目描述、项目设计、项目实施、项目测试 4 个部分对应着企业软件开发过程中的需求分析、设计、实施、测试 4 个阶段，而相关知识、项目小结两个部分又兼顾到了教学的实际需要。
- 从内容及编排上来看，本书的工作任务源自真实项目，与相应理论知识互为补充，难度上循序渐进，适于学习。

3）以“学生档案管理系统”程序作为主要例题与实验题编写，在这个管理信息系统中融入了编者开发程序的大量经验与体会，希望能通过这本实用性很强的教材，使读者能很快地掌握使用 Visual Studio 开发应用程序的基本方法。

4）根据信息管理系统编程的需要，对常用的控件加以重点介绍，并用实例说明控件的属性、方法与事件及具体的使用方法，以避免将教材编成一本 Visual Studio 的说明书，只罗列所有控件的属性、方法与事件。

5）所有应用程序的界面设计均采用商业化应用程序的风格，在课堂教学中就开始培养学生掌握编写商业化应用程序的设计方法和思路。

6）每章后有小结，并配有一定量的习题与实验题，便于教师教学和学生自学。各章内容充实，安排合理，衔接自然。

本教材的此次修订是第 2 版修订，修订内容主要是结合物联网技术的发展要求增加了网络通信的知识，同时为了满足不同学校数据库教学使用的多样性要求采用了 SQL Server 2005 数据库。

本书由无锡职业技术学院刘培林、史荧中主编，中国船舶重工集团公司第 702 研究所黄翀参与编写，无锡职业技术学院刘德强主审。李萍、杨文珺、颜惠琴等老师在本书的编写中给予了许多建议，特别是教学中总结出的优秀建议，在此谨致谢意。在本书的编写过程中，参考了目前国内比较优秀的有关 C#程序设计方面的书籍，在此谨向有关作者表示感谢。

由于作者水平有限，书中难免会有疏漏和错误之处，恳请读者批评指正。

编　者

目 录

前言
第 1 章　Windows 应用程序开发入门 …… 1
1.1　C#概述 …… 1
1.1.1　C#与.NET 框架的关系 …… 1
1.1.2　.NET Framework 框架概述 …… 1
1.1.3　公共语言运行库 …… 2
1.2　C#应用程序类型 …… 3
1.3　可视化程序设计 …… 4
1.3.1　面向对象的程序设计 …… 4
1.3.2　可视化程序设计概述 …… 5
1.3.3　事件驱动的程序设计 …… 6
1.4　Visual Studio 2010 介绍 …… 6
1.4.1　安装 Visual Studio 2010 …… 6
1.4.2　Visual Studio 2010 集成开发环境介绍 …… 7
1.4.3　Windows 应用程序的开发步骤 …… 10
工作任务 1　熟悉系统开发环境：欢迎使用 VS 2010 开发平台 …… 11
本章小结 …… 12
习题 1 …… 12
实验 1 …… 12
第 2 章　窗体与控件 …… 13
2.1　属性、方法和事件 …… 13
2.1.1　属性 …… 13
2.1.2　方法 …… 14
2.1.3　事件 …… 14
2.2　窗体 …… 15
2.2.1　窗体的主要属性 …… 15
2.2.2　窗体的主要事件 …… 17
2.3　常用控件 …… 18
2.3.1　控件命名 …… 18
2.3.2　标签（Label） …… 19
2.3.3　文本框（TextBox、RichTextBox 和 MaskedTextBox） …… 19
2.3.4　按钮（Button） …… 21
2.3.5　列表框（ListBox） …… 22
2.3.6　组合框（ComboBox） …… 24
2.3.7　单选按钮（RadioButton） …… 24

2.3.8 复选框（CheckBox）……26
2.3.9 图片框（PictureBox）……26
2.3.10 分组框（GroupBox）……27
2.3.11 定时器控件（Timer）……27
2.4 控件布局……27
2.4.1 调整控件的位置和大小……28
2.4.2 控件的对齐……28
2.4.3 调整控件的间距……28
工作任务 2 用户登录程序设计……28
工作任务 3 班级信息管理程序设计……31
工作任务 4 学生档案查询程序设计……33
本章小结……37
习题 2……37
实验 2……38
第 3 章 C#程序设计语言……39
3.1 C#程序组成……39
3.1.1 类……40
3.1.2 类代码……41
3.1.3 代码行书写规则……42
3.2 C#的数据类型、变量、常量与表达式……44
3.2.1 数据类型……45
3.2.2 常量……46
3.2.3 变量……47
3.2.4 运算符与表达式……48
3.2.5 C#中常用公共类及其函数……52
3.3 程序结构与流程控制语句……59
3.3.1 程序的 3 种基本结构……59
3.3.2 分支程序……60
3.3.3 循环语句……65
3.4 数组……67
3.4.1 数组概述……68
3.4.2 一维数组的定义与引用……70
3.4.3 二维数组的定义与引用……72
3.4.4 数组列表（ArrayList）……73
3.4.5 对数组或数组列表使用 foreach……77
3.5 类与对象……79
3.5.1 基本概念……79
3.5.2 类……80
3.5.3 对象……82

工作任务 5　学生成绩评定模块设计 …… 83
工作任务 6　学生信息管理模块设计 …… 86
本章小结 …… 90
习题 3 …… 91
实验 3 …… 92
第 4 章　菜单、工具栏、状态栏与对话框 …… 95
4.1　菜单设计 …… 95
4.1.1　主菜单 …… 95
4.1.2　上下文菜单 …… 99
4.2　工具栏设计 …… 101
4.2.1　创建工具栏 …… 101
4.2.2　工具栏的属性 …… 102
4.2.3　工具栏的事件 …… 103
4.3　状态栏设计 …… 105
4.4　对话框设计 …… 106
4.4.1　对话框的属性 …… 106
4.4.2　对话框的应用 …… 107
4.5　MDI 多窗体程序设计 …… 109
4.5.1　创建 MDI 主窗体 …… 109
4.5.2　建立 MDI 子窗体 …… 109
工作任务 7　创建文本编辑器 …… 110
工作任务 8　学生档案管理系统窗体设计 …… 113
本章小结 …… 116
习题 4 …… 117
实验 4 …… 117
第 5 章　数据库应用程序的可视化设计 …… 118
5.1　数据库基础 …… 118
5.1.1　数据库基本知识 …… 118
5.1.2　关系数据库的基本概念 …… 119
5.1.3　学生档案管理系统数据库 …… 120
5.1.4　创建案例数据库 …… 123
5.1.5　结构化查询语言（SQL）简介 …… 126
5.2　类型化数据集 …… 134
5.2.1　利用服务器资源管理器建立数据连接 …… 134
5.2.2　类型化数据集的创建 …… 136
5.2.3　类型化数据集的参数化查询 …… 137
5.2.4　创建学生档案管理系统的类型化数据集 …… 138
5.3　数据库应用程序的结构与设计步骤 …… 139
5.3.1　数据库应用程序结构 …… 139

5.3.2 数据库应用程序的设计步骤……139
5.4 数据源控件与数据访问窗体控件……140
5.4.1 BindingSource 控件……140
5.4.2 BindingNavigator 控件……141
5.4.3 DataGridView 控件……143
5.4.4 Label 控件……147
5.4.5 TextBox 控件……147
5.4.6 ListBox 控件……147
5.4.7 ComboBox 控件……148
5.5 报表……148
5.5.1 报表简介……148
5.5.2 使用报表的一般步骤……149
工作任务 9 系部编码表维护（类型化数据集应用）……152
工作任务 10 班级编码表维护（窗体控件综合应用）……155
工作任务 11 学生档案查询（数据集综合应用）……158
工作任务 12 学生档案统计（报表应用）……160
工作任务 13 学生档案打印（报表应用）……163
本章小结……164
习题 5……165
实验 5……166
第 6 章 ADO.NET 数据库访问技术……169
6.1 ADO.NET 数据库访问技术……169
6.1.1 ADO.NET 主要组件……169
6.1.2 ADO.NET 访问数据库的方式……170
6.2 ADO.NET 常用对象及应用……171
6.2.1 Connection 对象……172
6.2.2 Command 对象……173
6.2.3 DataReader 对象……176
6.2.4 DataAdapter 对象……178
6.2.5 DataSet 对象……180
6.2.6 CommandBuilder 对象……184
6.2.7 DataView 对象……185
工作任务 14 用户登录程序设计（续）Command 对象应用……186
工作任务 15 系部编码表维护（用 DataReader、Command 对象）……188
工作任务 16 系部编码表维护（用 DataSet、DataAdapter、Command-Builder 对象）……191
工作任务 17 设计学生档案查询程序……193
工作任务 18 设计学生档案录入程序……200
工作任务 19 设计学生档案维护程序……205
本章小结……209

习题 6 210
实验 6 210
第 7 章 C#窗体应用程序高级控件 211
7.1 日期控件（MonthCalendar） 211
7.1.1 MonthCalendar 控件 211
7.1.2 DateTimePicker 控件 212
7.2 树形控件（TreeView） 214
7.3 分页控件（TabControl） 216
7.4 进度条控件（ProgressBar） 218
7.5 列表控件（ListView） 220
工作任务 20 校历数据表录入程序设计 224
工作任务 21 用 TreeView 控件设计学生档案查询程序 226
工作任务 22 用 ListView 和 ProgressBar 控件设计显示学生信息查询进度程序 229
工作任务 23 用 ListView 控件设计班级相册程序 232
本章小结 234
习题 7 234
实验 7 235
第 8 章 图形绘制 GDI+简介 236
8.1 图形绘制概述 236
8.1.1 System.Drawing 命名空间 236
8.1.2 Graphics 类 236
8.1.3 GDI+坐标系 237
8.2 利用画笔绘制基本图形 237
8.3 画刷与区域填充 238
8.4 绘制较复杂的图形 240
8.5 图形变换 240
工作任务 24 系部班级统计图形绘制 242
本章小结 244
习题 8 245
实验 8 245
第 9 章 C#网络通信编程 246
9.1 网络通信编程概述 246
9.2 套接字（Socket）编程 247
9.3 线程类 Thread 251
工作任务 25 简单聊天通信程序设计 253
本章小结 260
习题 9 260
第 10 章 应用程序部署 261

10.1 部署概述 ······ 261
10.2 创建和部署基于 Windows 的应用程序 ······ 263
10.2.1 创建一个基于 Windows 的应用程序 ······ 263
10.2.2 创建部署项目 ······ 263
10.2.3 将基于 Windows 的应用程序添加到安装程序中 ······ 264
10.2.4 部署应用程序（基本安装程序） ······ 265
10.3 应用程序可选部署功能 ······ 266
10.3.1 为基于 Windows 的应用程序创建快捷方式 ······ 266
10.3.2 创建文件关联 ······ 267
10.3.3 添加注册表项 ······ 268
10.3.4 添加自定义安装对话框 ······ 268
10.3.5 安装示例文件 ······ 269
10.3.6 添加启动条件 ······ 270
10.3.7 设置系统必备组件 ······ 270
10.3.8 部署应用程序到其他计算机 ······ 271
工作任务 26 学生档案管理系统安装程序 ······ 271
本章小结 ······ 272
习题 10 ······ 273
实验 9 ······ 273
参考文献 ······ 274

第1章　Windows应用程序开发入门

C#是一种面向对象的、运行于.NET Framework之上的高级程序设计语言，具有许多优良特性和广泛的应用前景。本章简要介绍C#的基础知识，内容包括.NET Framework框架、公共语言运行库、C#应用程序类型和Windows应用程序开发等。通过本章的学习，读者可以了解C#与.NET Framework、Visual Studio 2010集成开发环境的关系，掌握Visual Studio 2010集成开发环境下基于C#的Windows应用程序的开发步骤。

理论知识

1.1　C#概述

1.1.1　C#与.NET框架的关系

C#（读作“C sharp”）是微软公司推出的一种以C/C++为基础的新的开发语言。作为一种新的程序设计语言，C#的特点主要体现在以下两个方面。

1）它是专门为配合Microsoft的.NET Framework使用而设计开发的。.NET Framework为使用C#语言设计和开发桌面和网络应用程序提供了一个功能强大的平台。

2）它是一种基于现代面向对象设计方法的语言。C#语言的开发和设计是Microsoft在近20年众多面向对象语言应用经验基础之上完成的，它吸收了其他语言的优点，使应用程序的开发变得更加简单和高效。

就其本身而言，C#只是一种程序设计语言，尽管它的应用是基于面向.NET环境的代码之上，但它本身并不是.NET框架的一部分。因此，.NET支持的一些特性，C#并不完全支持，而.NET也不支持C#语言支持的一些特性，如运算符重载。由于使用C#设计和开发的应用程序需要在.NET Framework之上运行，所以对于C#语言而言，应用程序的实现依赖于.NET。鉴于这种依赖关系，在开始介绍C#程序设计语言之前，有必要先对.NET Framework进行简单的了解。

1.1.2　.NET Framework框架概述

1．什么是.NET

.NET是Microsoft XML Web Services平台。XML Web Services允许应用程序通过Internet进行通信和数据共享，而不管所采用的是何种操作系统、设备或编程语言。.NET平台可以创建XML Web Services，并将这些服务集成在一起。它大致上可分为几种主要语言，如Visual Basic .NET、Visual C＃、Visual J＃、Visual C++ .NET等，在Visual Studio 2010平台中又增加了新的语言F#。无论使用的是哪一种语言，在.NET这个平台上都将编译成微软中间语言（Microsoft Intermediate Language，MSIL）以达到无缝集成的目的。

Windows 操作系统只需要安装 Microsoft .NET Framework 即可运行.NET 程序。Windows Server 2003 是内建.NET 支持的第一个操作系统。

在.NET 开发平台下，所有语言（C#、VB.NET、J#、[Managed C++]、F#）都会被编译为 MSIL，再由公共语言运行库（Common Language Runtime，CLR）负责运行。CLR 是微软公司开发平台.NET Framework 运行的基础，提供了.NET 程序运行的底层环境。

2．.NET Framework

.NET Framework 是支持生成和运行下一代应用程序和 Web 服务的内部 Windows 组件，提供了托管执行环境、简化的开发和部署以及与各种编程语言的集成，旨在实现下列目标。

1）提供一个一致的面向对象的编程环境，而无论对象代码是在本地存储和执行，还是在本地执行但在 Internet 上发布，或者是在远程执行的。

2）提供一个将软件部署和版本控制冲突最小化的代码执行环境。

3）提供一个可提高代码（包括由未知的或不完全受信任的第三方创建的代码）执行安全性的代码执行环境。

4）提供一个可消除脚本环境或解释环境的性能问题的代码执行环境。

5）使开发人员的经验在面对类型大不相同的应用程序（如基于 Windows 的应用程序和基于 Web 的应用程序）时保持一致。

6）按照工业标准生成所有通信，以确保基于 .NET Framework 的代码可与任何其他代码集成。

.NET Framework 具有两个主要组件——公共语言运行库和 .NET Framework 类库（包括 ADO.NET、ASP.NET、Windows 窗体和 Windows Presentation Foundation）。

公共语言运行库是 .NET Framework 的基础。将运行库看作一个在执行时管理代码的代理，它提供内存管理、线程管理和远程处理等核心服务，并且还强制实施严格的类型安全以及可提高安全性和可靠性的其他形式的代码检查。事实上，代码管理的概念是运行库的基本原则。以运行库为目标的代码称为托管代码，而不以运行库为目标的代码称为非托管代码。

.NET Framework 的另一个主要组件是类库，它是一个综合性的面向对象的可重用类型集合，可以使用其开发多种应用程序，这些应用程序包括传统的命令行或图形用户界面（GUI）应用程序，也包括基于 ASP.NET 所提供的最新创新的应用程序（如 Web 窗体和 XML Web Services）。

.NET Framework 的基本结构如图 1-1 所示。

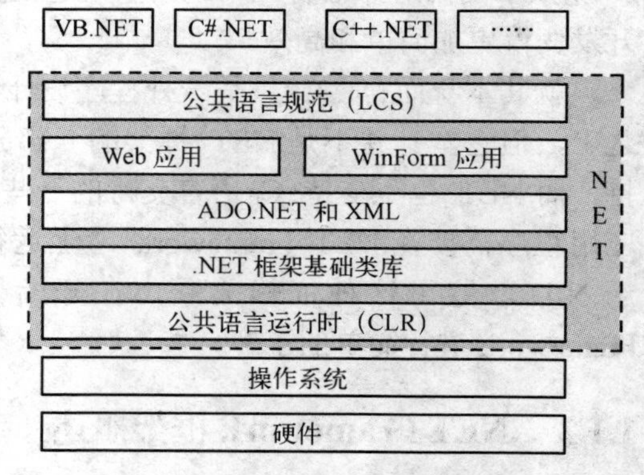

图 1-1 .NET 框架基本结构图

1.1.3 公共语言运行库

.NET Framework 的核心是运行库的执行环境，称为公共语言运行库（CLR）或.NET 运行库。通常将在 CLR 的控制下运行的代码称为托管代码（Managed Code）。

但是，在 CLR 执行开发的源代码之前，需要编译它们（C#或其他语言）。在.NET 中编译分为两个阶段。

1）把源代码编译为微软中间语言（MSIL）。

2）CLR 把 MSIL 编译为平台专用的代码。

这个两阶段的编译过程非常重要，正是将代码编译为中间语言使得.NET 具有了许多优点。

微软中间语言与 Java 字节代码共享同一种理念：它们都是一种低级语言，语法很简单（使用数字代码，而不是文本代码），可以快速地转换为内部机器码。对于代码来说，这种精心设计的通用语法有很重要的优点。

（1）平台无关性

首先，这意味着包含字节代码指令的同一文件可以放在任一平台中，编译过程的最后阶段可以很容易地完成，这样代码就可以运行在特定的平台上。换言之，编译为中间语言就可以获得.NET 平台无关性，这与编译为 Java 字节代码就会得到 Java 平台无关性是一样的。

（2）提高性能

前面把 MSIL 和 Java 字节代码做了比较，实际上，MSIL 比 Java 字节代码的作用还要大。MSIL 总是即时编译的（称为 JIT 编译），而 Java 字节代码常常是解释性的，其缺点是在运行应用程序时，把 Java 字节代码转换为内部可执行代码的过程会导致性能的损失。

（3）语言的互操作性

使用 MSIL 不仅支持平台无关性，还支持语言的互操作性。简言之，就是能将任何一种语言编译为中间代码，编译好的代码可以与从其他语言编译过来的代码进行交互操作，如 Visual Basic 2010、Visual C++ 2010、Visual J# 2010、脚本语言、COM 和 COM+。

1.2 C#应用程序类型

C#程序设计语言可以快速、方便地设计和开发出多种类型的应用程序。

1．Windows 控制台应用程序

C#可以用于创建控制台应用程序。控制台应用程序是指仅使用文本，运行在 DOS 窗口中的应用程序。在进行单元测试、创建 UNIX/Linux daemon 进程时，就要使用控制台应用程序。

2．ASP.NET 应用程序

ASP 是用于创建带有动态内容的 Web 页面的一种 Microsoft 技术。ASP 页面基本是一个嵌有服务器端 Visual Basic Script 或 Java Script 代码块的 HTML 文件。当客户浏览器请求一个 ASP 页面时，Web 服务器就会发送页面的 HTML 部分，并处理服务器端脚本。这些脚本通常会查询数据库的数据，在 HTML 中标记数据。ASP 是客户建立基于浏览器的应用程序的一种便利方式。

ASP.NET 是 ASP 的修订版本，它解决了 ASP 的许多问题。但 ASP.NET 页面并没有替代 ASP，而是可以与原来的 ASP 应用程序在同一个服务器上同时并存，可以用 C#编写 ASP.NET。

3．Windows 窗体应用程序

C#和.NET 非常适合于 Web 开发，它们还为所谓的“胖客户端”应用程序提供了极好的支持，这种“胖客户端”应用程序必须安装在处理大多数操作的最终用户的机器上，这种支持来源于 Windows 窗体。

要设计一个图形化的窗口界面，只需要把控件从工具箱拖放到 Windows 窗体上即可。要确定窗口的行为，应为该窗体的控件编写事件处理例程。Windows Form 项目编译为.exe 文件，该文件必须与.NET 运行库一起安装在最终用户的计算机上。与其他.NET 项目类型一样，Visual Basic 2010 和 C#都支持 Windows Form 项目。

4．Windows 控件

Web 窗体和 Windows 窗体的开发方式一样，但应为它们添加不同类型的控件。Web 窗体使用 Web 服务器控件，Windows 窗体使用 Windows 控件。

Windows 控件比较类似于 ActiveX 控件。在执行 Windows 控件后，它会编译为必须安装到客户机器上的 DLL。实际上，.NET SDK 提供了一个实用程序，为 ActiveX 控件创建包装器，以便把它们放在 Windows 窗体上。与 Web 控件一样，Windows 控件的创建需要派生于特定的类 System.Windows.Forms.Control。C#支持创建自定义控件。

5．Windows 服务

Windows 服务（最初称为 NT 服务）是一个在 Windows NT/2000/XP/2003（但没有 Windows 9x）后台运行的程序。当希望程序连续运行，响应事件，但没有用户的明确启动操作时，就应使用 Windows 服务。例如 Web 服务器上的 World Wide Web 服务，它们监听来自客户的 Web 请求。

用 C#编写 Windows 服务是非常简单的。System.ServiceProcess 命名空间中的.NET Framework 基类可以处理许多与 Windows 服务相关的样本任务。另外，Visual Studio 2010 允许创建 C# Windows Service 项目，为基本 Windows 服务编写 C#源代码。

1.3 可视化程序设计

1.3.1 面向对象的程序设计

【例 1-1】 用 C++定义描述矩形（按钮或窗体）的类 Rectangle（事先设置好按钮的位置与大小）。

1）矩形可用左上角坐标（Left，Top）与高、宽（Height，Width）来描述，因此，描述矩形类的私有数据成员为 Left、Top、Height、Width。

2）编写初始化数据成员的构造函数。

3）编写计算矩形面积的函数 Area()。

4）主函数中定义矩形对象 r，初值为（1500，1500，600，1500）。

调用 Area()函数，计算矩形面积并输出显示。

```
# include <iostream.h>
Class Rectangle
{
    private:
     //定义矩形数据成员
```

```
        int Left, Top, Height, Width;
      public:
        //定义带参构造函数
        Rectangle(int L, int T, int H, int W)
        {
            Left=L; Top=T; Height=H; Width=W;
        }
        //定义计算矩形面积成员函数
        int Area(void)
        {
            return Height * Width;
        }
};
void main (void)
{   Rectangle r1(1500,1500,600,1500);
    cout<<"矩形 r1 的面积="<<r1.Area()<< endl;
}
```

下面列出在面向对象程序设计中常用的一些概念。

1）类（Class）：由描述事物的数据及处理数据的函数组成的导出数据类型，如按钮、窗体等。

2）对象（Object）：用类定义的变量称为对象，如在主函数中用 Rectangle 定义的矩形对象 r1。

3）属性（Property）：将描述对象特性的数据成员称为属性，如矩形左上角坐标（Left, Top）、高宽（Height, Width）均为对象 r1 的属性。属性值可以在构造函数中进行赋值，如 Left=600，Top=600，Height=600，Width=1500。

对于公有数据成员，属性可在主函数中直接修改，对私有属性则只能通过接口函数进行设置和修改。

4）方法（Method）：将处理数据的成员函数称为方法，如成员函数 Area()为计算矩形面积的方法。

调用方式为：对象.方法[参数]，如 r1.Arear ()。

1.3.2 可视化程序设计概述

可视化程序设计是指在窗体中使用控件设计程序界面，编写控件事件驱动程序的设计方法。可视化程序设计的界面设计过程中基本不用编写程序代码，因为这些工作在 C#的集成开发环境 IDE 中已经帮开发者完成了。

用 Visual Studio 2010 开发窗体应用程序包括两部分工作：一是设计图形用户界面；二是编写程序代码。Visual Studio 2010 提供了一个“画板”（窗体），也就是用户界面，还提供一个“工具箱”，在“工具箱”中放了许多被称为“控件”的工具，例如有制作按钮的工具、有制作文本框的工具、有显示图形数据的工具等。可以从工具箱中取出所需工具，放到“画板”中适当的位置上，这样就形成了“用户界面”，也就是说，屏幕上的用户界面是用 Visual Studio 2010 提供的可视化设计工具——“控件”直接“画”出来的，而不是用程序

“写”出来的。当然最直观且最复杂的界面设计也是由程序编写出来的，只不过这些编程工作不用读者来做，而是由开发平台替程序员来完成。

1.3.3 事件驱动的程序设计

1．对象事件

对象对用户的操作进行响应的动作称为事件。如当鼠标单击按钮对象时，在窗体的标签控件上显示“您好!”，用鼠标单击按钮触发了事件，而显示“您好!”的这一动作是对事件的响应。

对象事件是 C#为每个对象设置的响应过程，如按钮对象就包括了 Click、KeyDown、KeyUp、KeyPress 等事件。当程序设计者使用事件时，IDE 已经为事件准备好了事件函数的框架，设计者只需完成具体的实现代码即可。

2．事件驱动程序设计

按设计要求编写控件事件驱动程序，执行程序时，触发控件执行事件驱动程序，完成规定任务的程序设计方法称为事件驱动程序设计。

1.4 Visual Studio 2010 介绍

Visual Studio 2010 是微软推出的应用于.NET 4.0 开发的首选工具，其功能强大而且方便易用，提供了在设计、开发、调试和部署应用程序时所需的工具。Visual C#集成开发环境（IDE）是 Visual Studio IDE 中的一种。打开 Visual Studio 2010 选择 C#即可进入 Visual C#集成开发环境，里面有些工具是与其他 Visual Studio 语言共享的，还有一些工具（如 C#编译器）是 Visual C#特有的。

1.4.1 安装 Visual Studio 2010

1．安装要求

支持的操作系统：Windows Server 2003、Windows 7、Windows Vista、Windows XP。

支持的数据库：Access 2000 或 SQL Server 2005 及以上版本。

处理器：1.6GHz Pentium 处理器或与之相当的处理器（最低）。

RAM：1024MB（最低）；如果在虚拟机上运行，则为 1.5 GB。

硬盘：5400 r/min 硬盘。若不安装 MSDN，则安装驱动器上需要有 3GB 空间。

显示器：1024×768 像素或更高的显示分辨率运行的支持 DirectX 9 的视频卡。

DVD-ROM 驱动器。

2．安装步骤

Visual Studio 2010 的安装步骤非常简单，放入 Visual Studio.NET 2010 安装光盘后按提示进行安装即可，具体步骤如下。

1）打开安装程序所在的目录，运行安装程序 Visual Studio 2010 \autorun.exe，弹出 Visual Studio 2010 安装界面，选择［安装 Microsoft Visual Studio 2010］，如图 1-2 所示；

2）安装程序会自动加载安装组件；

3）接受用户许可协议；

4）选择［完全安装］或［自定义］，并设置好安装目录；

5）安装程序开始安装各种组件，如图 1-3 所示；

6）安装组件时会有一个重启过程。当所有组件安装完后，出现安装成功的界面。

图 1-2　Visual Studio 2010 的安装界面

图 1-3　安装 Visual Studio 2010 的组件

1.4.2　Visual Studio 2010 集成开发环境介绍

选择“开始”→“所有程序”→“Microsoft Visual Studio 2010”命令，会显示如图 1-4 所示的菜单。

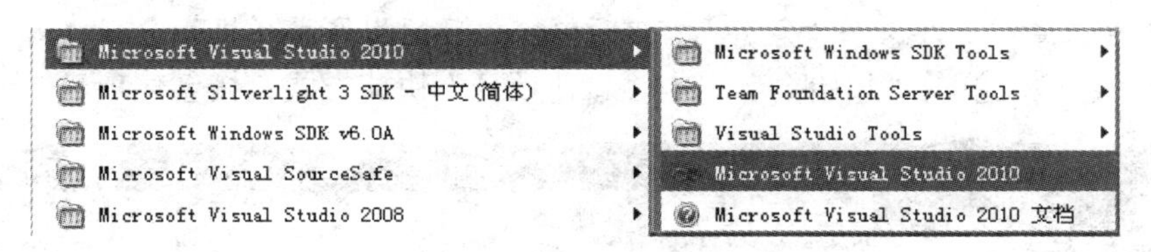

图 1-4　Microsoft Visual Studio 2010 菜单

其中：

“Microsoft Windows SDK（简称 Windows SDK 或 SDK）Tools”是由微软公司出品的一个软件开发包，向在微软的 Windows 操作系统和.NET 框架上开发软件和网站的程序员提供头文件、库文件、示例代码、开发文档和开发工具。

“Team Foundation Server（简称 TFS）Tools”提供了一个强健的系统，不仅提供了源码管理，而且包括了项目跟踪和开发支持，对团队开发有着极大的帮助。

“Visual Studio Tools”是用于 Visual Studio .NET 开发的一些辅助工具，有一些工具是 Visual Studio 系列开发工具一直都有的，如命令提示、远程调试器等。

“Microsoft Visual Studio 2010”是 Microsoft Visual Studio 执行的快捷方式，单击可以进入 Microsoft Visual Studio 2010 开发环境。

“Microsoft Visual Studio 2010 文档”是 Microsoft Visual Studio 2010 的帮助文档，提供应用程序开发帮助信息。

单击“Microsoft Visual Studio 2010”将进入 Microsoft Visual Studio 开发环境，然后单击“启动 Visual Studio”按钮即可进入开发界面。

启动 Visual Studio 2010 后进入 Visual Studio 开发环境的“起始页”界面，如图 1-5 所示。第一次打开 Visual Studio 2010 会提示要求设置默认开发语言，本书选择“Visual C#开发设置”。

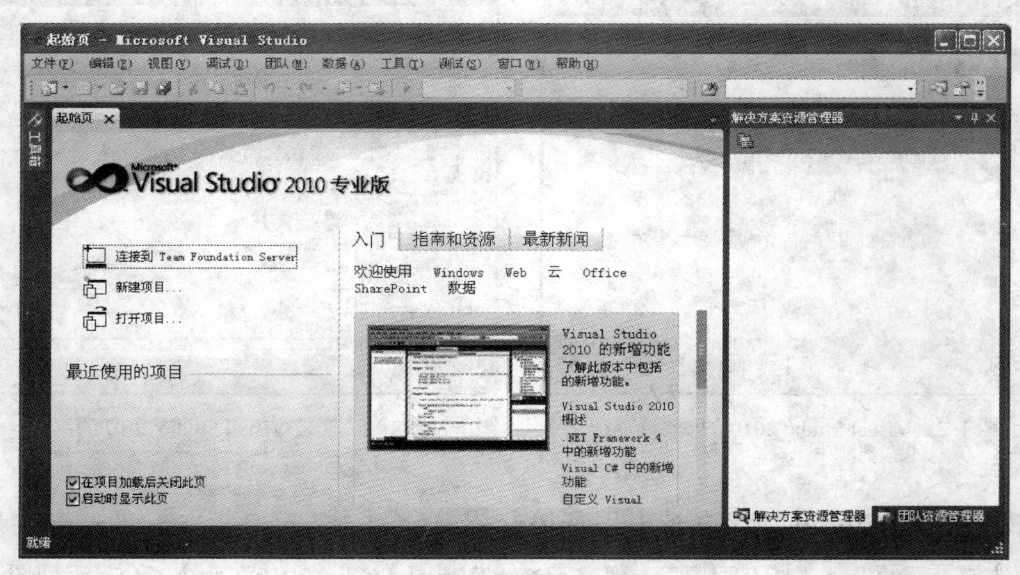

图 1-5　Visual Studio 2010“起始页”界面

在菜单栏选择“文件”→“新建”，然后单击“项目”子菜单即可创建一个新项目，如图 1-6 所示。也可以单击“起始页”中的“新建项目”快捷方式直接创建项目。

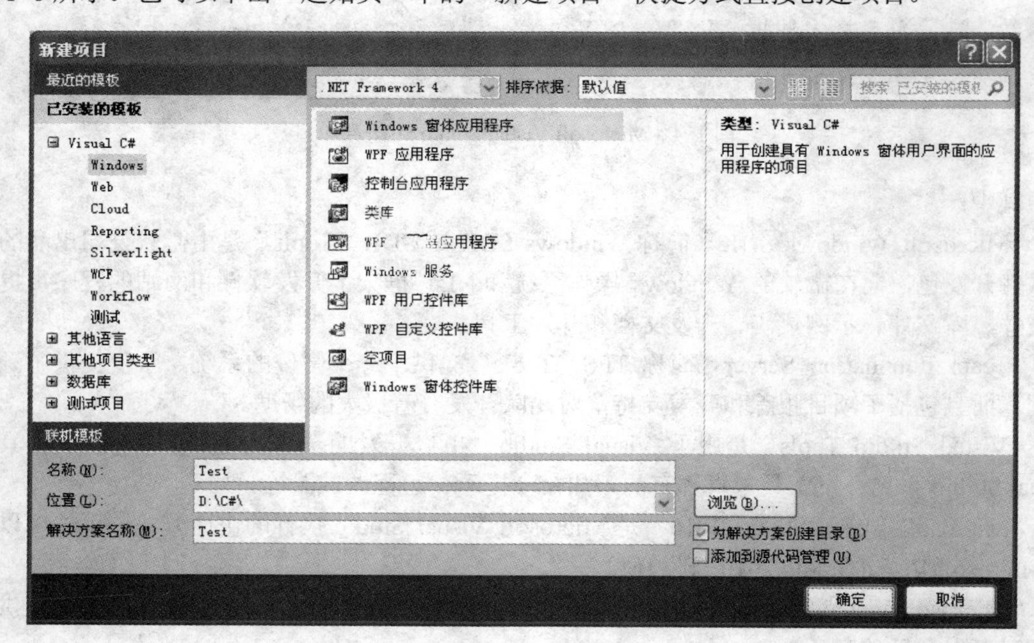

图 1-6　新建 Test 项目窗口

在界面左侧选择“最近的模板”→“已安装的模板”→“Visual C#”→“Windows”；

在界面中部选择“Windows 窗体应用程序”；在界面下侧设置“名称”为“Test”，并选择“存放位置”为“D:\C#\”，然后单击“确定”按钮，打开项目编辑界面，如图 1-7 所示。

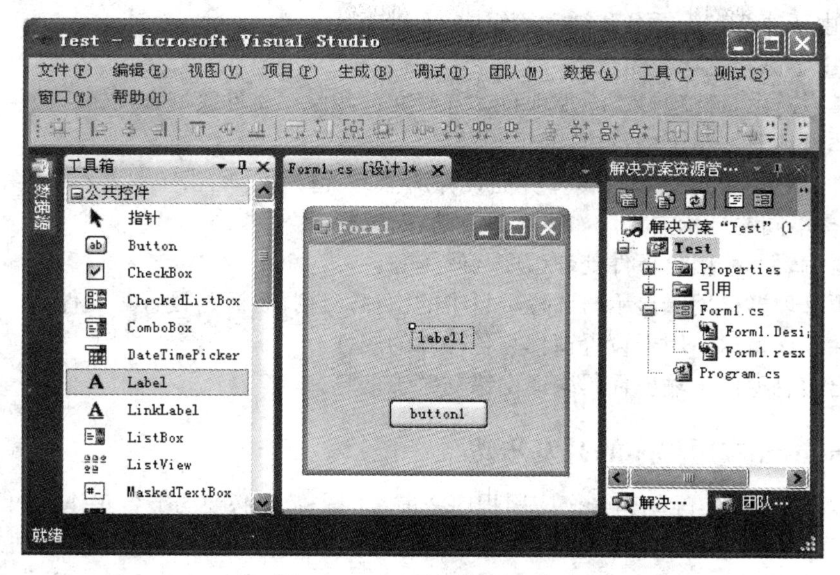

图 1-7　Test 项目的编辑页面

Visual Studio 2010（以下简称 VS 2010）开发环境由标题栏、菜单栏、工具栏、窗体设计器、控件工具箱、代码编辑器、资源管理器、属性设计窗口、输出信息窗口等组成。

1）标题栏：显示当前打开的项目名称等内容。

2）菜单栏：由文件、编辑、视图、项目、生成、调试、团队、数据、格式、工具、测试、窗口和帮助组成。

文件：由新建、打开、添加、关闭、关闭解决方案、保存、另存、完全保存、导出模板、源代码管理、页面设置、打印和退出组成。

编辑：由撤销、重做、剪切、粘贴、复制、删除、全选、查找与替换等组成。

视图：由代码（打开代码编辑器）、设计器（打开窗体设计器）、服务器资源管理器、团队资源管理器、解决方案资源管理器、类视图、代码定义窗口、对象浏览器、错误列表、输出、属性窗口、任务列表、工具箱（打开控件工具箱）、工具栏等组成，主要用于打开各类编辑与设计窗口。

项目：由添加 Windows 窗口（项目可由若干 Windows 窗口组成）、添加用户控件、添加组件、添加类、添加新项、添加现有项、从项目中排除、添加引用、添加服务引用、设为启动项目等组成。

生成：由生成解决方案、重新生成解决方案、清理解决方案、生成项目、重新生成项目、清理项目、发布项目等组成。

调试：由窗口（设置断点等）、启动调试、开始执行、逐语句、逐过程、新建断点、切换断点和删除断点等组成。

团队：只有“连接到 Team Foundation Server”一个子菜单选项。

数据：由显示数据源和添加数据源组成。

工具：由附加到进程、连接到数据库和连接到服务器等组成。

测试：由新建测试、加载元数据文件和创建新测试列表等组成。

窗口：由新建窗口、拆分和浮动等组成。

帮助：由示例和论坛等组成。

3）工具栏：由新建项目、添加项目、打开文件和保存文件等工具按钮组成。

4）窗体设计器：用于项目窗体界面设计。

5）控件工具箱：提供项目窗体界面设计所需各种控件。右击工具箱标题栏，在弹出式菜单中可选择不同的显示方式，如停靠、浮动、隐藏等。

6）代码编辑器：用于事件处理程序代码编写。

7）资源管理器：用于显示与选择项目中的窗体，选择资源与设置等文件。

8）属性设计窗口：用于设置窗体与各控件的属性。

9）输出信息窗口：输出代码编译出错与警告信息。

1.4.3 Windows 应用程序的开发步骤

在使用 VS 2010 实际创建一个应用程序之前，应先做好必要的准备工作。如需要认真地分析要创建应用程序的功能需求、数据来源、数据处理方法以及处理结果的返回方式等，并据此确定程序的操作模式及用户界面。在此基础上，就可以启动 VS 2010，进入程序的实际创建过程。以下是使用 VS 2010 创建 Windows 应用程序的一般步骤。

1．创建项目

打开 VS 2010 集成开发环境，创建解决方案并创建项目，包括选择项目类型、设置项目路径、为项目命名。

2．创建程序用户界面

用户界面是程序与用户进行交互的桥梁，通常由窗口、窗口中的各种按钮、文本框、菜单栏和工具栏等组成。创建程序的用户界面，实际上就是根据程序的功能要求及程序与用户间相互传送信息的形式和内容以及程序的工作方式等，确定窗口的大小和位置、窗口中要包含哪些对象，然后再使用窗体设计器来绘制和放置所需的控件对象。创建用户界面时，除了考虑程序功能以外，还应该遵循方便、直观的原则。关于设计界面时的“标准”，读者可参考 Windows 应用程序的界面设计风格，如 Microsoft Word、Microsoft Excel 等。

3．设置界面上各个对象的属性

在绘制组成用户界面的窗体和在窗体中加入控件对象时，必须为窗体及加入的每个对象设置相应的属性。属性的设置既可在设计时通过“属性”面板设置，也可通过程序代码，在程序运行时进行改变。

4．编写对象响应事件的程序代码

界面仅仅决定程序的外观。程序通过界面接收到必要的信息后如何动作，要做些什么样的操作，对用户通过界面输入的信息做出何种响应、进行哪些信息处理，还需要通过编写相应的程序代码来实现。编写程序代码可以通过代码编辑器进行。

5．测试和调试应用程序

测试和调试程序是保证所开发的程序实现预定的功能，并使其工作正确、可靠的必要步骤。VS 2010 开发环境提供了强大而又方便的程序调试工具。

工作任务

工作任务 1　熟悉系统开发环境：欢迎使用 VS 2010 开发平台

1．项目描述

本工作任务用于熟悉系统开发环境，了解可视化程序设计的特点。程序运行后将显示经过设计的界面，如图 1-8 所示；单击 button1 按钮，程序将显示欢迎信息，如图 1-9 所示。

2．相关知识

本项目的实施，需要了解 VS 2010 集成开发环境，了解创建项目的基本步骤，了解可视化程序设计及事件驱动程序设计的概念。项目中涉及的控件、属性、方法等概念，将在下一章中详细叙述。

3．项目设计

本项目利用标签控件的 Text 属性显示信息，利用命令按钮的 Hide 方法隐藏控件。

4．项目实施

1）打开 VS 2010 集成开发环境。

选择"开始"→"所有程序"→"Microsoft Visual Studio 2010"命令，启动 Microsoft Visual Studio 2010。

2）创建解决方案。

在菜单栏上选择"文件"→"新建"→"项目"，打开"新建项目"编辑界面。

在界面左侧选择"已安装的模板"→"Visual C#"→"Windows"；在界面中部选择"Windows 窗体应用程序"；在界面下侧设置"名称"为"Welcome"，并选择"存放位置"为"D:\C#\"，设置"解决方案名称"为"Welcome"，然后单击"确定"按钮，打开项目编辑界面。

3）打开工具箱，为窗体添加一个 Button 控件及一个 Label 控件。

在菜单栏上选择"视图"→"工具箱"，将工具箱显示在开发环境中，通常其位于开发环境的左侧。选择"工具箱"→"公共控件"→"Button"，通过双击 Button 控件将其添加到刚创建的窗体上，也可以单击选中 Button 控件，通过拖放的形式将其布置在窗体上。选择"工具箱"→"公共控件"→"Label"，通过双击 Label 控件将其添加到窗体上。

4）为 button1 控件添加事件处理代码。

双击窗体上刚创建的 button1 按钮，在自动生成的框架中完善代码如下：

```
private void button1_Click(object sender, EventArgs e)
{
    label1.Text = "欢迎使用 VS2010 开发平台！";
}
```

5．项目测试

在菜单栏上选择"调试"→"启动调试"，出现的界面如图 1-8 所示。单击 button1 按钮，将显示图 1-9 界面。

图 1-8　程序运行初始界面

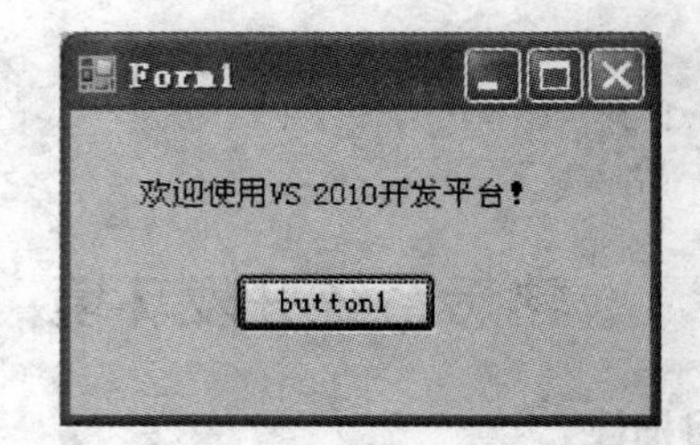

图 1-9　单击按钮后的界面

6．项目小结

本项目基本遵循 Windows 应用程序的开发步骤进行实施。读者可以通过本项目了解可视化程序设计中“所见即所得”的特性，以及属性、事件、方法的概念。

本章小结

本章介绍了.NET Framework、C#应用程序类型、可视化程序设计和 VS 2010 集成开发环境，最后通过一个实例给出 VS 2010 集成开发环境下基于 C#的 Windows 应用程序的开发步骤。

1．C#与.NET Framework 的关系

.NET Framework 是支持生成和运行下一代应用程序和 Web 服务的内部 Windows 组件。C#是一种程序设计语言，其应用程序的实现依赖于.NET。

2．C#应用程序的类型

C#程序设计语言可以快速、方便地设计和开发出多种类型的应用程序，包括控制台应用程序、窗体应用程序、ASP.NET 应用程序、Windows 组件和 Windows 服务。

3．C#窗体应用程序开发步骤

创建一个 C#窗体应用程序包括 5 个主要步骤：创建项目，设计用户界面，设置对象属性，编写事件处理程序和编译，运行程序。

习题 1

1．简述 C#与.NET 框架的关系。

2．.NET Framework 主要组件有哪些？它们的用途分别是什么？

3．可以通过 C#开发的应用程序有几种，分别是什么？

4．什么是对象？什么是对象的方法和属性？

5．VS 2010 开发环境中主要包含哪些窗口？

6．简述 VS 2010 集成开发环境中创建 Windows 应用程序的主要步骤。

实验 1

1．参照本章 1.4.1 节，按步骤安装 VS 2010 集成开发环境。

2．参照本章工作任务 1 的编写过程，编写基于 C#的第一个 Windows 应用程序。

第 2 章　窗体与控件

窗体和控件是构成 Windows 应用程序的重要元素，本章从窗体和控件开始介绍 C#可视化程序设计。内容包括设计用户界面的方法，窗体和主要控件的常用属性、方法、事件及其使用。通过本章学习，读者应掌握 C#可视化程序用户界面设计方法，完成学生档案管理系统中用户登录和学生信息查询界面的设计。

理论知识

2.1　属性、方法和事件

2.1.1　属性

属性是描述对象特性的数据成员（参数），相当于对象的性质，如名称、位置、长宽、颜色、字体等。Windows 应用程序中的窗体和控件都有许多属性，用于设置和定制控件。属性的设置有两种方式：一种是在窗体或控件的“属性”面板进行设置，这些设置将在窗体和控件初始化时控制其外观和形式，这种方式比较直观，能充分体现出可视化程序设计中“所见即所得”的特点；另一种是在程序代码中对窗体和控件属性进行设置，可以在程序运行中改变窗体或控件的外观和形式，这种方式比较灵活。

例如图 2-1 是用两种不同的方式进行属性设置的初始界面及运行结果。图 2-1a 是一个初始界面，由一个窗体、一个 Button 控件和一个 Label 控件组成。如果需要通过“属性”面板为控件设置属性，则可先选中相应的窗体或控件，选择“菜单”→“视图”→“属性窗口”命令，出现相应的“属性”面板，如图 2-2 所示。单击“属性”面板中的“属性”选项，就可以在属性列表中进行相应的修改。在图 2-1b 中，设置窗体的“Text”属性值为“登录界面”；Button 控件的 Text 属性值为“登录”，Name 属性值为“btnLogin”；Label 控件的 Text 属性值为“提示信息:”，Name 属性值为“lblMessage”。

也可以在程序运行中根据用户的需要改变控件的某些属性。在图 2-1b 中，单击“登录”按钮，Label 控件的 Text 属性将发生变化，如图 2-1c 所示。用于实现改变的代码如下：

```
lblMessage.Text = "您的信息有误！";
```

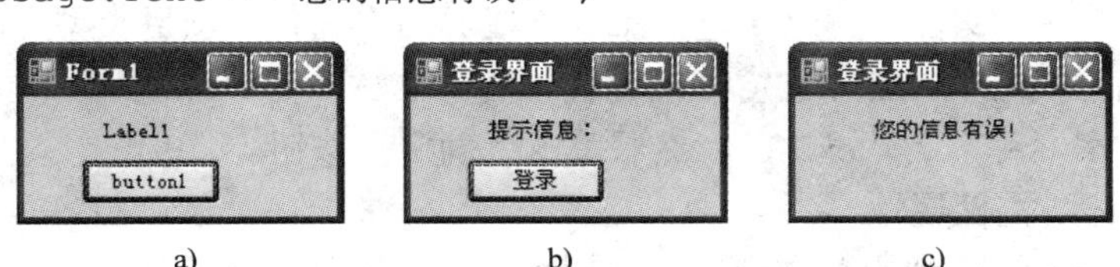

a)　　b)　　c)

图 2-1　用两种不同的方式进行属性设置

a) 初始属性　b) 通过属性列表进行设置　c) 运行中改变属性

2.1.2 方法

控件的方法是控件对象的成员函数，应用程序可以通过调用控件的方法完成指定的动作。为了隐藏图 2-1b 中的“登录”按钮，可以通过调用命令按钮的 Hide 方法实现，效果如图 2-1c 所示。实现代码如下：

```
btnLogin.Hide ();
```

2.1.3 事件

事件就是对一个组件的操作，Windows 应用程序通过事件响应用户的操作。窗体与控件的“属性”面板中有一个事件列表，表中列出了可以响应的事件。编写响应这些事件的代码，应用程序就可以处理相应的用户操作。

例如，单击“登录”按钮就是一个事件（Click 事件），应用程序会执行该事件的响应代码。如果希望单击“登录”按钮后，重新设置 lblMessage 的 Text 属性，并调用 btnLogin 的 Hide 方法，只需在事件响应代码中添加两条相应的语句。

为控件添加一个响应事件的方式有两种。一种是在事件列表（如图 2-3）中选择相应事件的名称，双击右边空白处，事件响应代码框架会自动添加到程序中。另一种是直接编写代码实现，这里并不推荐。当事件类型为控件的默认事件时，直接双击相应控件即可。

图 2-2 控件的“属性”面板

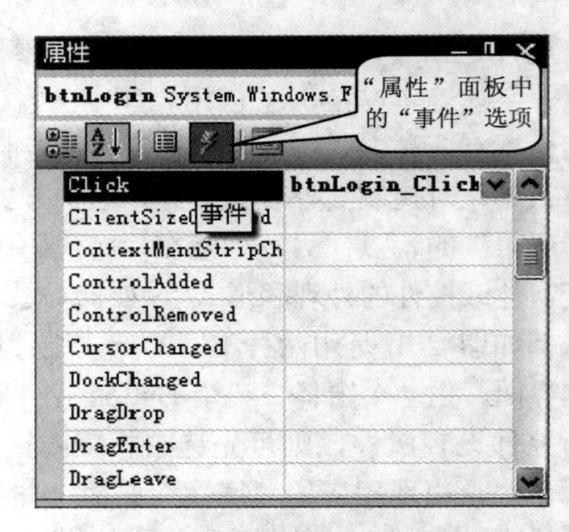

图 2-3 控件的事件列表

【例 2-1】 创建一个简单的 C#程序界面，如图 2-1 所示，单击“登录”按钮后，按钮消失，窗体中的标签显示为“您的信息有误！”。

程序设计过程如下。

（1）创建解决方案

选择“菜单”→“文件”→“新建”命令，在界面中选择“项目类型”为“Visual C#”，“模板”为“Windows”，Windows 窗体应用程序的“名称”为“ex2-1”，“位置”为“D:\C#\ex2-1”，“解决方案名称”为“ex2-1”，然后单击“确定”按钮。

（2）设置窗体与控件属性

在默认的 Form1 窗体上添加控件，过程如下。选择“工具箱”→“公共控件”→“Label”，双击“Label”控件使其添加到窗体中；同样的，添加 Button 按钮到窗体中。

分别选择窗体及各控件，打开相应的“属性”面板（如图 2-2 所示），设置各属性如表 2-1 所示。

表 2-1　窗体与控件的各个属性设置

窗体与控件	Name	Location	Size	Text
Form1	FrmLogin	0,0	200,150	登录界面
Button1	btnLogin	35, 60	75, 25	登录
Label1	lblMessage	40, 20		提示信息：

（3）创建事件过程，编写程序代码

选择“登录”按钮，打开其事件列表（如图 2-3 所示），双击 Click 选项，代码编辑器中自动添加了事件模板。完善事件处理代码如下：

```
//实现响应操作
    private void btnLogin_Click(object sender, EventArgs e)
    {
        lblMessage.Text ="您的信息有误!";
        btnLogin.Hide();
    }
```

最后在菜单栏上选择“调试”→“启动调试”，编译、测试项目，结果如图 2-1c 所示。

2.2　窗体

窗体是 Windows 应用程序的基础，也是放置其他控件的容器，应用程序中用到的大多数控件都需要添加到窗体上来实现它们各自的功能。如果把一个 Windows 程序看作是一幅画，那么窗体则是承载这幅画的画布，通过窗体这块画布，才能绘制出精美的作品。所以首先来介绍如何设计应用程序窗体。每个新建的 Windows 应用程序项目中，都含有一个新建的窗体，用户也可以根据需要在项目中添加更多的窗体。

2.2.1　窗体的主要属性

创建好一个新的窗体后，需要对窗体的外观和功能进行定制。这些定制是通过设置窗体的属性实现的，如窗体的外观、位置、行为等。窗体的属性有很多，下面对最常用的属性进行简单的介绍。

1．窗体名、标题、显示与激活

（1）窗体名（Name）属性

窗体名是为窗体对象提供的唯一标识，程序代码中根据窗体名对窗体进行设置和操作。按照创建的次序，窗体的默认名称依次为 Form1、Form2、Form3……。在窗体的“属性”面板的 Name 属性栏中可以对窗体进行重命名，比如可把登录窗体命名为“frmLogin”。

（2）窗体标题（Text）属性

窗体标题是在窗体的标题栏中显示的文本。通过窗体标题可以表明窗体的功能和作用。窗体标题的默认值与窗体名的默认值相同。和窗体名一样，窗体标题可以在“属性”面板的

Text 属性栏进行设置。

（3）显示（Visible）属性

显示属性用于设置窗体是否可见。如果显示该窗体，则显示属性设置为“True”；否则设置为“False”。默认值为“True”。

（4）激活（Enabled）属性

激活属性指示窗体是否可以对用户交互做出响应。如果窗体可以对用户交互做出响应，则设置为“True”；否则设置为“False”。默认值为“True”。

2．窗体位置、大小与状态

（1）窗体位置（Location）属性

窗体位置属性决定了窗体的左上角在屏幕上的横、纵坐标，在“属性”面板中设置 Location 属性的 x 和 y 坐标值，即可定义窗体的位置。

（2）窗体大小（Size）属性

窗体大小属性包括宽（Width）和高（Height），这两个属性定义了窗体的初始宽度和高度。在代码中设置窗体的 Width 和 Height 属性，可以实现在程序运行中改变窗体的大小。窗体大小的最大值和最小值可以通过窗体的 MaximumSize 和 MinimumSize 两个属性设置。

（3）窗体状态（WindowState）属性

窗体状态属性指定窗体在运行时的 3 种状态。

1）窗体正常状态（Normal）表示程序运行时，窗体为正常状态。

2）窗体最小化状态（Minimized）表示程序运行时，窗体在任务栏显示为最小化状态。

3）窗体最大化状态（Maximized）表示程序运行时，窗体最大化到整个屏幕。

3．窗体的字体、颜色与外形

（1）字体（Font）属性

字体属性指定窗体上显示文本的字体，包括字体名称（Name）、字体大小（Size）等属性。

（2）窗体的前景颜色（ForeColor）属性

窗体的前景颜色属性指定窗体的文本颜色。例如设置窗体 frmForm 的文本颜色为蓝色，代码如下：

```
frmForm. ForeColor = System::Drawing::Color::Blue;
```

（3）窗体的背景颜色（BackColor）属性

窗体的背景颜色属性指定窗体的底色。

（4）窗体边框风格（BorderStyle）属性

窗体边框风格指定窗体显示的边框样式，包括以下样式：

1）无边框（None）；

2）固定的三维边框（Fixed3D）；

3）固定的对话框样式的粗边框（FixedDialog）；

4）固定的单行边框（FixedSingle）；

5）不可调整大小的工具窗体边框（FixedToolWindow）；

6）可调整大小的边框（Sizable）；

7）可调整大小的工具窗体边框（SizableToolWindow）。

窗体边框风格默认为 FormBorderStyle.Sizable。

4．窗体背景图片

背景图片（BackgroundImage）属性用于设置窗体的背景图片。可以在“属性”面板单击 BackgroudImage 属性栏中的省略按钮，打开“选择资源”对话框。选择“本地资源”单选按钮，单击“导入”按钮，在“打开”对话框中选择背景图片。设置窗体背景图片的效果如图 2-4 所示。

图 2-4　设置窗体背景图片

2.2.2　窗体的主要事件

1．窗体加载事件

窗体加载（Load）事件在第一次显示窗体前发生。在窗体显示前，首先会执行 Load 事件里的代码，然后窗体才显示在屏幕上。例如在窗体 frmLogin 显示前设置窗体的标题为“登录窗体”，代码如下：

```
private void frmLogin _Load(object sender, EventArgs e)
{
    frmLogin.Text = "登录窗体";
}
```

2．窗体关闭事件

窗体关闭（FormClosed）事件在关闭该窗体后或执行 Close 方法后发生。若要防止窗体意外关闭，则需要处理窗体的 FormClosing 事件。

3．窗体单击和双击事件

窗体单击（Click）事件在单击窗体时发生。例如单击窗体时，改变窗体的背景颜色为红色，代码如下：

```
private void frmLogin _Click(object sender, EventArgs e)
{
    frmLogin.BackColor = System:: Drawing:: Color::Red;
}
```

窗体双击（DoubleClick）事件在双击窗体时发生。可以设置两次单击鼠标之间的时间间隔以便将这两次单击认为是双击而不是两次单击。

窗体鼠标单击（MouseClick）和双击（MouseDoubleClick）事件分别发生在鼠标单击和双击窗体时，且仅对鼠标单击和双击有效，对于键盘的按下不做处理。

4．窗体改变大小事件

窗体改变大小（Resize）事件在调整窗体大小时发生。

5．窗体激活事件和失效事件

显示多个窗体时可以从一个窗体切换到另一个窗体。每次激活一个窗体时，发生窗体激活（Activated）事件；而前一个窗体失去焦点并不再是活动窗体，发生窗体失效（Deactivate）事件。例如，当窗体 frmLogin 被激活时设置窗体的位置，代码如下：

```
private void frmLogin _Activated(object sender, EventArgs e)
{
    this.Location.X = 100;
    this.Location.Y = 100;
}
```

2.3 常用控件

窗体和控件是 C#中的对象，都是可视化程序设计中的基本元素。如果把可视化界面看作是一台机器，那么窗体是机器的框架，控件是安装在框架上的零件。

控件是用来执行特定任务，具有属性、方法和事件的功能模块。每个控件都是一个现成的零件，用户只需要了解控件的使用方法，而无需知道控件内部实现的具体细节。VS 2010 中针对 C#可视化程序设计提供了一系列标准控件，可以实现界面上的大多数功能。用户需要为窗体添加控件时，可以从“工具箱”中选取相应的控件，并将其拖曳到窗体的相应位置。通过设置控件的属性、调用控件的方法、实现控件的事件代码完成特定的功能。“工具箱”默认放置在应用程序开发窗口的最左侧。

2.3.1 控件命名

与窗体相同，每一个控件都包含了 Name 属性，作为控件定义唯一的标识，以便在程序中执行对该控件的操作。为了提高程序的可读性，需要给控件一个容易理解的名称。Microsoft 公司提供了对控件的命名约定，便于通过控件名称表示出控件的类型。表 2-2 中列出了一些常用控件的前缀，以供参考。

表 2-2 控件命名约定

对 象	前 缀	对 象	前 缀
Label（标签）	lbl	ComboBox（组合框）	cbo
TextBox（文本框）	txt	PictureBox（图片框）	pic
Button（按钮）	btn	RadioButton（单选按钮）	rbtn
ListBox（列表框）	lst	CheckBox（复选框）	chk

程序界面由窗体和置于其上的控件组成，创建界面所要完成的操作就是将控件布置到窗体上。

2.3.2 标签（Label）

标签是 Windows 应用程序应用最多的控件之一。在应用程序界面上显示用户所关心的数据、给用户显示一些提示信息等，都可以通过标签控件轻而易举地完成。例如在登录窗体中提示用户："请输入用户名和密码！"就可以通过标签控件完成。一般不使用 Label 控件的事件。其常用属性如下。

（1）Name 属性

Name 属性是所有控件都具有的属性，用于在应用程序中标识控件唯一的名称。根据命名约定，通常在标签控件的 Name 前添加前缀"lbl"。

（2）Text 属性

Text 属性用来设置标签的显示内容。如图 2-5 所示，在程序中设置错误提示标签 lblLoginError 的显示内容，可以用下面的语句实现。

```
lblLoginError.Text = "请输入用户名和密码";
```

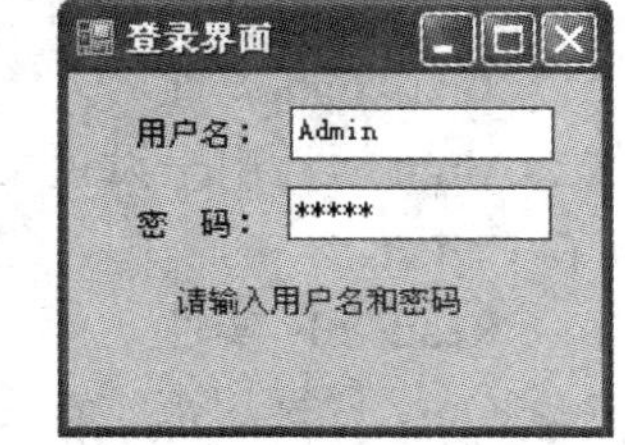

图 2-5　简单用户登录界面设计

（3）TextAlign 属性

TextAlign 属性用来设置标签显示内容的对齐方式。对齐方式分为 9 种，分别是 TopLeft、TopCenter、TopRight、MiddleLeft、MiddleCenter、MiddleRight、ButtonLeft、ButtonCenter、ButtonRight。

（4）AutoSize 属性

AutoSize 属性用来设置标签大小是否随显示内容的大小自动改变。如果 AutoSize 属性设置为"True"，则标签随显示内容的大小而改变大小；如果 AutoSize 属性设置为"False"，标签显示内容的大小变化时，标签自身的大小不变。

（5）BackColor 属性

BackColor 属性用来设置标签控件的背景颜色。例如，如需设置标签的背景颜色为透明，可以通过将标签的 BackColor 属性设置为"Web 中的 Transparent"来实现。

2.3.3 文本框（TextBox、RichTextBox 和 MaskedTextBox）

文本框控件主要有 3 种，分别是 TextBox、RichTextBox 和 MaskedTextBox。其中 TextBox 控件是普通文本框，也是最常用的文本框控件。RichTextBox 控件是一个文本编辑控件，可以处理特殊格式的文本。顾名思义，RichTextBox 控件使用 Rich Text Format（RTF）处理特殊的格式。而 MaskedTextBox 控件可以限制用户在控件中输入的内容，还可以自动格式化输入的数据，通过设置属性可以验证或格式化用户的输入，通常用于输入或输出日期、电话号码等特定格式的信息上。

在 Windows 应用程序中，文本框既可以用来显示信息给用户，也可以用于用户输入信息。图 2-5 所示窗体中用户名和密码的输入就是通过 TextBox 控件实现的。文本框控件的常用属性和事件如下。

1．常用属性

（1）Name 属性

Name 属性用于设置文本框的名称。根据命名约定，通常在文本框控件的 Name 前添加前缀“txt”。

（2）Text 属性

Text 属性是文本框的一个重要属性，用来获取或设置文本框的显示内容。如图 2-5 所示，用户输入的用户名和密码信息就是通过 TextBox 控件的 Text 属性得到的。假定用于用户名和密码输入的文本框分别命名为 txtUser 和 txtPsd，则把用户名和密码信息分别赋值给字符串 sUser 和 sPsd 的代码如下：

```
string sUser = txtUser.Text;
string sPsd = txtPsd.Text;
```

（3）TextAlign 属性

TextAlign 属性用来设置文本框显示内容的对齐方式。对齐方式分为 3 种，分别是 Left、Right 和 Center。

（4）ReadOnly 属性

ReadOnly 属性用来设置文本框显示的内容是否可以编辑。当其设置为“True”时，文本框的显示内容是只读的，不能编辑；设置为“False”时，文本框的显示内容可以编辑。

（5）MultiLine 属性

MultiLine 属性设置文本框是否允许输入多行内容，默认值为“False”，即文本框默认状态只能处理单行信息。有时候文本框需要输入大量的信息，这时就需要将 MultiLine 属性设置为“True”，使文本框可以接受多行输入，并且在信息内容超出文本框边界的时候自动换行。

（6）MaxLength 属性

MaxLength 属性用来设置文本框所显示或输入的最大字符数。当 MaxLength 属性设置为“0”时，则不限制文本框的最大字符数。

（7）Lines 属性

文本框中的每一行都是字符串数组的一部分，这个数组通过 Lines 属性来访问。

（8）ScrollBars 属性

ScrollBars 属性用来设置文本框是否显示滚动条。ScrollBars 有 4 种状态，分别如下：

1）无滚动条（None）；

2）水平滚动条（Horizontal）；

3）垂直滚动条（Vertical）；

4）水平、垂直滚动条（Both）。

（9）PasswordChar 属性和 UseSystemPasswordChar 属性

PasswordChar 和 UseSystemPasswordChar 属性为 TextBox 控件和 MaskedTextBox 控件提供了密码显示方式。PasswordChar 属性用于设置输入密码的替代字符。为了防止密码泄漏，通常在输入密码时将密码在文本框中显示的字符用其他字符替换，可以通过 PasswordChar 属性设置替代密码显示的字符。

UseSystemPasswordChar 属性用于设置文本框中是否将输入字符显示为系统默认的密码替代字符。Windows 系统中默认的密码替代字符为“*”，如将 UseSystemPasswordChar 属性设置为“True”，则密码文本框中字符显示如图 2-5 所示。

（10）Mask 属性

Mask 属性是 MaskedTextBox 控件特有的属性，包含覆盖字符串。覆盖字符串类似于格式字符串，使用 Mask 属性可以设置允许的字符数、允许字符的数据类型和数据的格式。

2．常用事件

（1）TextChanged 事件

在 Text 属性值发生变化时，该事件被触发。

（2）KeyDown、KeyPress 和 KeyUp 事件

当焦点在控件的情况下，按下键盘按键或释放键盘按键时该事件被触发。

2.3.4　按钮（Button）

Windows 应用程序中触发事件一般都是通过按钮完成的。如图 2-6 所示的简单用户登录界面，当用户单击“登录”按钮时，应用程序就会验证用户输入的用户名和密码。如果用户想退出登录界面，只要单击“退出”按钮，登录界面就会退出。

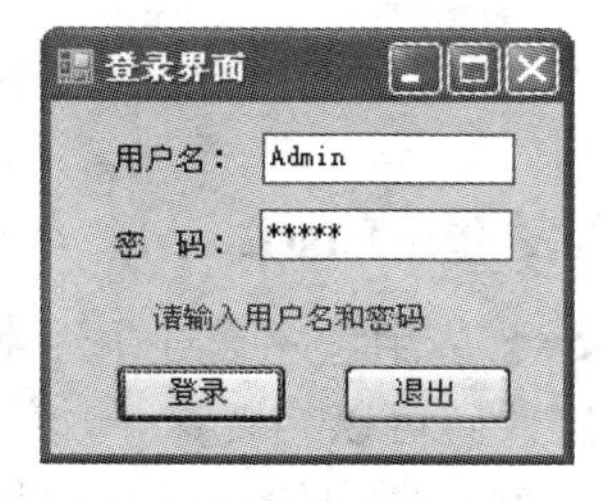

图 2-6　添加了按钮的简单用户登录界面设计

1．常用属性

（1）Name 属性

Name 属性用于设置按钮的名称。根据命名约定，通常在按钮控件的 Name 前添加前缀“btn”。

（2）Text 属性

Text 属性用来设置按钮上显示的文本内容。如图 2-6 所示，登录按钮 btnLogin 上的文本为“登录”。按钮上的文本可以在“属性”面板中设置，也可以在程序中进行设置或修改，如修改按钮 btnLogin 的 Text 属性的代码如下：

```
btnLogin.Text = "匿名登录";
```

（3）Enabled 属性

Enabled 属性用于设置按钮是否对用户的操作做出响应，如果将 Enabled 属性设置为“False”，则按钮显示为灰色，并且不对任何操作做出响应。

（4）Image 属性

Image 属性用来设置按钮控件的背景图像。通过单击 Image 属性后的按钮 ，弹出“选择资源”对话框进行设置，如图 2-7 所示。“选择资源”对话框中选择图像的方式有两种：一种是从本地资源中选择图像，单击“导入”按钮，选取图片即可；另一种是从项目的资源文件中选取图像，直接在列表中选取图像即可。如果所需图像未列在列表中，单击“导入”按钮，从本地选择图片导入，然后再从列表中选取即可。

2．常用事件

（1）Click 事件

在单击按钮控件时触发按钮的 Click 事件。

（2）EnabledChanged 事件

在更改按钮控件的启用状态时触发该事件。

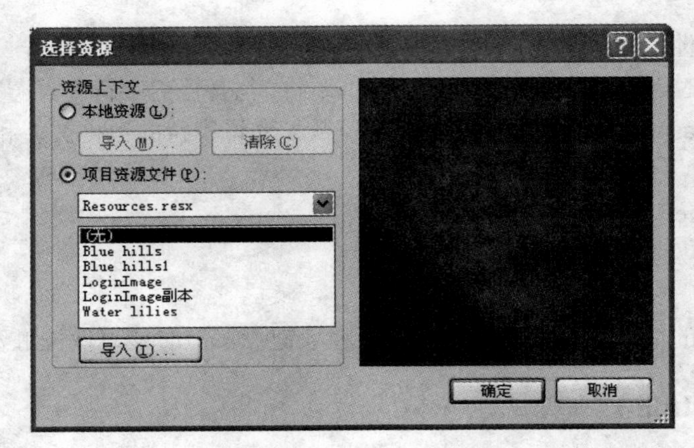

图 2-7 “选择资源”对话框

2.3.5 列表框（ListBox）

Windows 应用程序设计中经常需要用一个控件列出许多项以供用户选择，下面将要介绍的列表框控件就可以实现这一功能。在列表框中可以使用鼠标选取一项或多项，也可以通过某种方式对列表框中的项进行添加、删除、编辑和排列。如图 2-8 所示，在“班级信息管理”对话框左侧，使用列表框列出了所有班级信息。

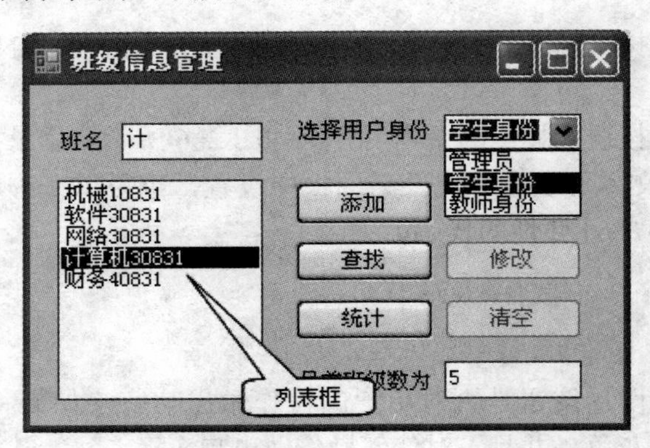

图 2-8 用列表框显示班级信息

1．常用属性

（1）Name 属性

Name 属性用于设置列表框的名称，通常在列表框控件的 Name 前添加前缀“lst”。

（2）Items 属性

Items 属性用于设置列表框控件中所包含项的集合。通过 Items 属性可以获取列表框中所有项列表，也可以在项目集合中添加项、移除项、编辑项和获得项的数目。Items 属性可以在“字符串集合编辑器”中进行编辑。编辑 ListBox 中项目的方法如下。首先从工具箱中添加 ListBox 控件到窗体中，再选择相应列表框控件，单击“属性”面板中 Items 属性后的按钮▭，就会弹出“字符串集合编辑器”对话框，如图 2-9 所示；也可以选中相应的列表框控件，单击其右上方出现的智能三角图标，并单击“编辑项”，出现“字符串集合编辑器”对话框。编辑器中每一项通过〈Enter〉键来分隔，每一行列出一项。

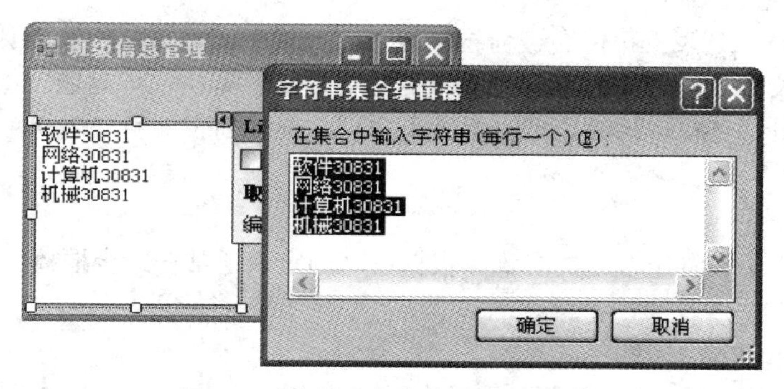

图 2-9 “字符串集合编辑器”对话框

除了在“字符串集合编辑器”中编辑 Items 属性，还可以在程序中对 Items 属性进行设置，如在程序中添加项目“数控 30931”到列表框（命名为 lstClass）中，实现代码如下：

```
lstClass.Items.add("数控 30931");
```

通过 Items 属性还可以获取项目列表中项的数目。代码如下：

```
int number = lstClass.Items.Count;  //将项的数目赋值给整型变量 number
```

（3）SelectedItem 属性

SelectedItem 属性用于设置和获取在列表框中选中的对象。例如要获取当前列表框所选中的项目，并在标签控件 lblSelectedItem 上显示，实现代码如下：

```
lblSelectedItem.Text = lstClass.Items. SelectedItem.ToString ();
```

（4）SelectedIndex 属性

SelectedIndex 属性用于设置和获取列表框中选中对象的序号。

（5）Sorted 属性

Sorted 属性用于设置列表框中的项是否按字母和数字的顺序进行排序。如果 Sorted 属性被设置为“True”，则列表框中的项会被允许自动排序，否则不进行自动排序。

2. 常用方法

（1）ClearSelected 方法

ClearSelected 方法用于清除列表框中的选择状态，即清除列表框使所有项均不被选中。

（2）FindString 方法

FindString 方法用于查找列表框中第一个以指定字符串开头的字符串，例如 FindString（“ok”）就是查找列表框中第一个以“ok”开头的字符串，如“okay”、“okenite”等。

3. 常用事件

（1）SelectedIndexChanged 事件

在向服务器的各次发送过程中，如果列表框控件中的选择序号更改时，会引发 Selected IndexChanged 事件。

（2）TextChanged 事件

在 Text 和 SelectedValue 属性更改时引发 TextChanged 事件。

2.3.6 组合框（ComboBox）

当项目较多时，列表框可能会覆盖窗体很大的一块空间，这是程序设计者不希望看到的情况。组合框有文本框的外表，具有列表框的功能，能够解决这一问题。组合框除了具有文本框的编辑功能外，还可以像列表框一样为用户列出项目列表供用户选择。

1．常用属性

（1）Name 属性

Name 属性用于设置组合框的名称。根据命名约定，通常在组合框控件的 Name 前添加前缀“cbo”。

（2）DropDownStyle 属性

DropDownStyle 属性设置组合框显示给用户的界面种类，有以下 3 种下拉列表框类型可供设置。

1）简单的下拉列表框（Simple）：始终显示列表。

2）下拉列表框（DropDown）：文本部分不可编辑，并且必须选择一个箭头才能查看下拉列表框。

3）默认下拉列表框（DropDownList）：文本部分可编辑，并且用户必须按箭头键才能查看列表。如果允许自定义选项，需要使用该下拉框列表模式。

组合框的 Items 属性、SelectedItem 属性、SelectedIndex 属性和 Sorted 属性和列表框类似，这里不再赘述。例如，可用组合框控件选择不同用户，以确定管理权限。通过 Items 属性输入管理员、教师身份、学生身份，运行效果如图 2-10 所示。

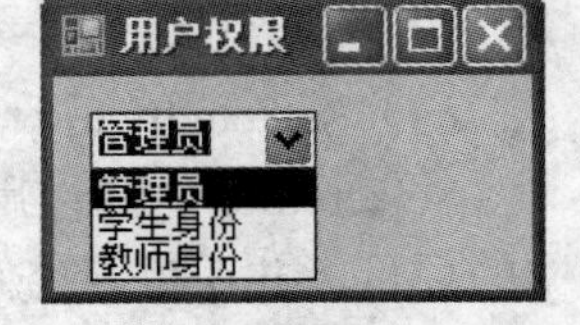

图 2-10　组合框中的项

2．常用事件

1）DropDown 事件：当打开组合框的列表时触发。

2）SelectedIndexChanged 事件：在 SelectedIndex 属性被修改时触发。

3）KeyDown 、KeyPress 和 KeyUp 事件：当焦点在控件上并且键盘的按键被按下或被释放时触发。键盘按键事件被触发的顺序为 KeyDown，KeyPress，KeyUp。

4）TextChanged 事件，在程序中修改或在用户交互过程中修改 Text 属性时被触发。

2.3.7 单选按钮（RadioButton）

单选按钮在有几个可选的选项，但只能选择其中一项的情况下使用。当用户选中一个单选按钮时，同组中其他单选按钮均被设置为未选中。如图 2-11 所示，窗体中包含了 3 个单选按钮：管理员、学生身份和教师身份。通过该组单选按钮可以设置用户的使用权限。

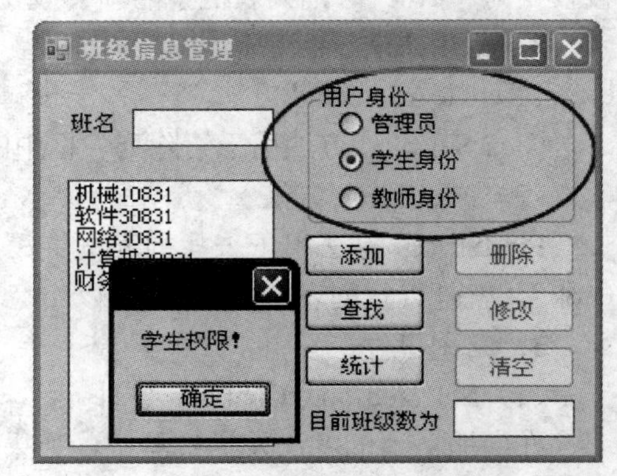

图 2-11　班级信息管理（使用单选按钮）

1．常用属性

（1）Name 属性

Name 属性用于设置单选按钮的名称。根据命名约定，通常在单选按钮控件的 Name 前添加前缀“rbtn”。

（2）Text 属性

Text 属性用来设置选项按钮显示的文本。

（3）Checked 属性

Checked 属性用来获取或设置是否已选中该单选按钮。如果单选按钮被选中，则 Checked 属性为“True”，否则为“False”，单选按钮显示为未选中状态。

（4）Enabled 属性

Enabled 属性用于设置单选按钮是否对用户的操作做出响应。如果将 Enabled 属性设置为“False”，则按钮显示为灰色，并且不对任何操作做出响应。

2．常用事件

（1）CheckedChanged 事件

当单选按钮的选中状态改变时触发这个事件。如果窗体或组合框中有多个单选按钮控件，这个事件只在两种情况下被触发，分别是单选按钮的状态从选中变为未选中和从未选中变为选中时。

（2）Click 事件

每次单击单选按钮时触发 Click 事件。与 CheckedChanged 事件不同的是 CheckedChanged 事件只在单选按钮被单击并且按钮的状态发生改变的时候被触发，而 Click 事件在每次单击单选按钮时都会被触发。

3．应用举例

【例 2-2】 修改图 2-8 中所示的班级信息管理模块界面，使用 3 个 RadioButton 控件代替 ComboBox 控件来选取用户身份，以确定权限。对所使用的 groupBox1 控件，后面会有详细叙述。

表 2-3 是新增的控件信息。

表 2-3　新增的控件信息

窗体与控件	Name 属性	其 他 属 性
RadioButton1	rbtnAdmin	Text：管理员
RadioButton2	rbtnStudent	Text：学生身份
RadioButton3	rbtnTeacher	Text：教师身份
GroupBox1	groupBox1	Text：用户身份

用户可以为 3 个 RadioButton 控件创建公共的 CheckedChanged 事件过程，但这里还是为每个控件分别创建事件过程。下面仅以 rbtnStudent 的事件过程为例，实现代码如下：

```
private void rbtnStudent_CheckedChanged(object sender, EventArgs e)
{     //有必要判断单选按钮是否仍处于选中状态
    if (rbtnStudent.Checked == true)
    {
        MessageBox.Show("学生权限！");
        btnClear.Enabled = false;
        btnDelete.Enabled = false;
        btnUpdate.Enabled = false;
    }
}
```

2.3.8 复选框（CheckBox）

复选框用于显示用户界面上选项的状态。与单选按钮不同，如果多个复选框作为一组，每个复选框都是独立的，互不影响，用户可以任意选择复选框，即可以做多项选择，如图 2-12 所示。

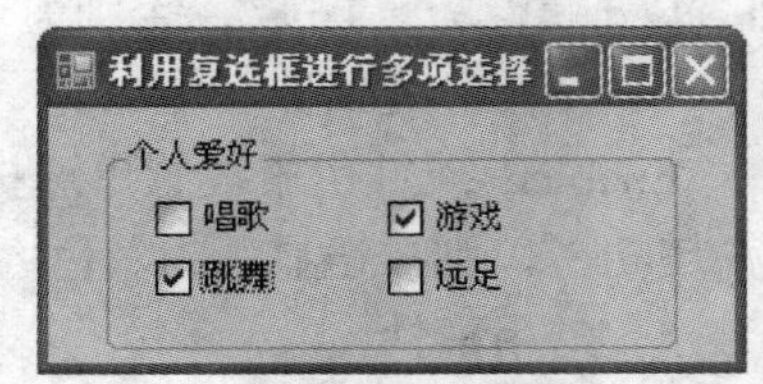

图 2-12　利用复选框进行多项选择

1．常用属性

（1）Name 属性

Name 属性用于设置复选框的名称。根据命名约定，通常在复选框控件的 Name 前添加前缀“chk”。

（2）Text 属性

Text 属性用来设置复选框显示的文本。

（3）Checked 属性

Checked 属性用来获取或设置是否已选中复选框。如果复选框被选中，则 Checked 为“True”，否则 Checked 为“False”，复选框显示为未选中状态。

（4）Enabled 属性

Enabled 属性用于设置复选框是否对用户的操作做出响应。如果将 Enabled 属性设置为“False”，则复选框显示为灰色，并且不对任何操作做出响应。

2．常用事件

CheckedChanged 事件：在复选框的选中状态 Checked 属性被改变时触发。

2.3.9 图片框（PictureBox）

图片框控件可以显示多种图形格式的图片。如图 2-13 所示，可以通过图片框设置登录窗体中显示的图片。

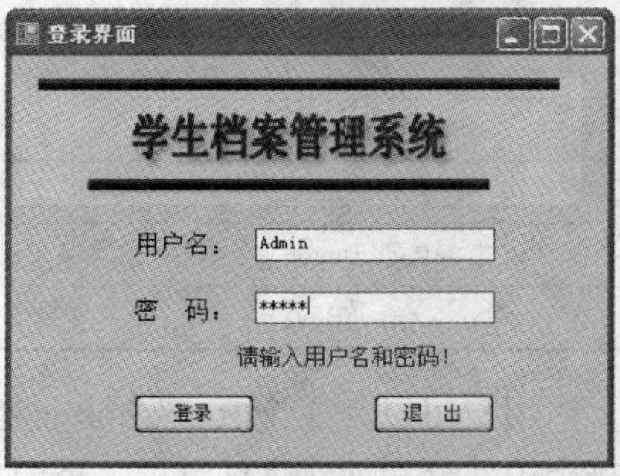

图 2-13　添加了图片框的用户登录窗体

1．常用属性

（1）Name 属性

Name 属性用来标识图片框控件的对象名称。根据命名约定，通常在图片框控件的 Name 前添加前缀“img”。

（2）Image 属性

Image 属性用来设置图片框控件上显示的图像，设置方式与 Button 按钮的背景图像类似。

（3）ImageLocation 属性

ImageLocation 属性用于获取或设置要在图片框中显示图像的路径。图像的路径可以是本地磁盘的绝对路径，也可以是相对路径以及在网络上的 Web 位置。如果使用的是相对路径，则此路径将被看作是相对于工作目录的路径。

（4）AutoSize 属性

AutoSize 属性用于设置图片框是否随图像的大小自动改变。如果 AutoSize 属性设置为“True”，则图片框大小随显示内容的大小而改变；如果 AutoSize 属性设置为“False”，图像的大小变化时，图片框自身的大小不变。

2．常用方法

Load 方法用于将图像显示到图片框中。例如，图 2-13 的登录窗体中，图片框命名为“imgLogin”。在图片框中显示图片路径为“C:/myPicture.jpg”的图片，代码如下：

```
imgLogin.Load("file:///c:/myPicture.jpg");
```

2.3.10 分组框（GroupBox）

分组框控件用于为其他控件提供可识别的分组。使用分组框能够按功能细分窗体。例如在图 2-11 的班级信息管理模块及图 2-12 中，按功能将窗体上的控件进行了分组。在分组框中对所有选项分组能为用户提供逻辑化的可视提示，并且在设计时所有控件可以方便地移动。当移动单个分组框控件时，它包含的所有控件也会一起移动。一般对控件进行分组的原因有如下 3 种。

1）为了获得清晰的用户界面而将相关的窗体元素进行可视化分组。

2）编程分组，如对单选按钮进行分组。

3）为了在设计时将多个控件作为一个单元来移动。

大多数情况下对分组框控件没有实际的操作，仅对其他控件进行分组，所以通常没必要响应它的事件。不过它的 Name、Text 和 Font 等属性可能会经常被修改，以适应应用程序在不同阶段的要求。

其常用属性如下。

1）Name 属性：Name 属性用来标识分组框控件的对象名称。

2）Text 属性：Text 属性用于设置显示在分组框左上方的标题文字，可以用来标识该组控件的描述。

3）Font 和 ForeColor 属性：Font 和 ForeColor 属性用于改变分组框的文字大小以及文字的颜色。需要注意的是，它不仅会改变分组框控件的 Text 属性的文字外观，同时也会改变其内部控件显示的 Text 属性的文字外观。

2.3.11 定时器控件（Timer）

定时器控件是一个运行时不可见的控件，利用该控件可以实现定时触发事件的功能。

1．常用属性

（1）Interval 属性

Interval 属性设置事件触发的时间间隔，以毫秒为单位。

（2）Enabled 属性

Enabled 属性用于设置是否启用定时器控件。如果将 Enabled 属性设置为“False”，则定时器控件无效，设置为“True”时定时器控件有效。

2．常用事件——Tick 事件

定时器控件达到指定的时间间隔时自动触发该事件，定时自动触发完成的操作一般放在该事件中。

2.4 控件布局

控件在用户界面窗体上的布局直接影响到界面的实用性和美观程度，关系到整个应用程序的质量。下面就从控件的位置、大小、对齐与边距方面来看一看如何调整控件的布局。

2.4.1　调整控件的位置和大小

通常情况下调整窗体中控件的位置和大小通过下面两种方式完成。

1．直接拖曳界面设计器窗口中的控件

如果需要移动控件或者改变控件的大小，首先应该选中需要移动或缩放的控件，这时在控件的边缘上就会出现符号“□”，如图 2-14 所示。将鼠标移至一个符号“□”上，按住鼠标左键，拖动鼠标，即可修改控件的大小。如果将鼠标移到控件上，鼠标光标就会变成“✥”形状，按住鼠标左键，拖动鼠标，从而拖曳控件，即可改变控件的位置。

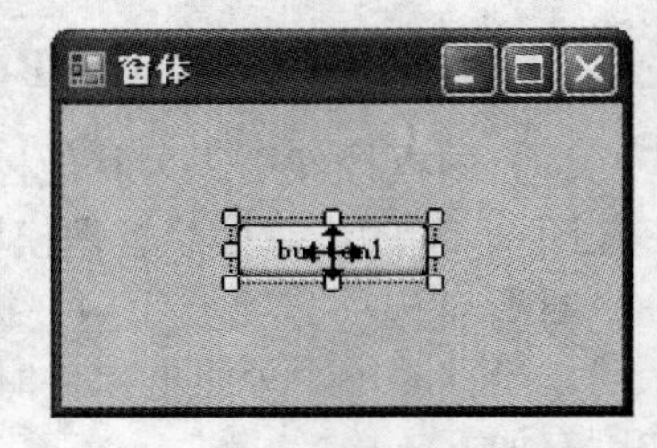

图 2-14　调整控件位置和大小

2．修改控件的属性以改变控件的位置和大小

直接拖曳控件调整控件的位置和大小是一种直观而且简单的方法，但是有时为了快速而精确地定位，可以直接修改控件的位置和大小属性来实现对控件的控制。

窗体上显示的控件一般都具有位置（Location）和尺寸（Size）这两个属性，通过设置和修改这两个属性值，可以精确控制控件在窗体中的位置和大小。

Location 属性用于设置控件左上角相对于其父容器（如窗体）的坐标，有 X 和 Y 两个值，分别表示横坐标和纵坐标。

Size 属性用于表示控件的大小，有 Width 和 Height 两个值，分别表示控件的宽度和高度。

2.4.2　控件的对齐

为了使得界面更加美观和有条理，界面设计时经常需要将部分或全部控件进行排列和对齐。VS 2010 为设计者提供了用于排列和对齐控件的“布局”工具栏，如图 2-15 所示。如果不打算使用“布局”工具栏，设计者也可以直接在主菜单的“格式”菜单中选择相应的菜单项调整控件的布局。

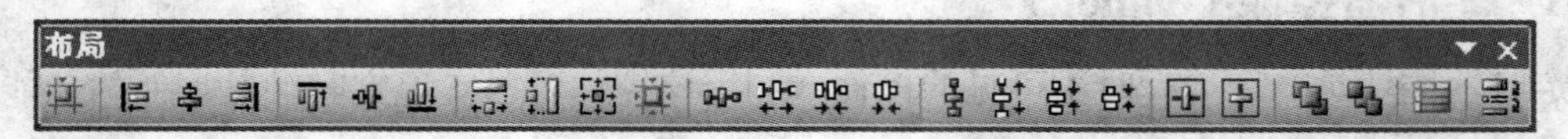

图 2-15　“布局”工具栏

2.4.3　调整控件的间距

调整窗体中控件之间的间距可以使控件之间相互协调进而美化界面。调整控件的间距同样可以通过“布局”工具栏和“格式”菜单中相应的工具和菜单项实现。

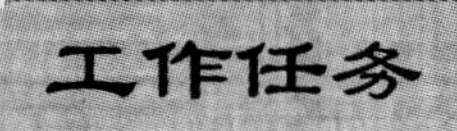

工作任务 2　用户登录程序设计

1．项目描述

系统登录是用户进入到程序系统的门户。本模块用于对用户进行身份验证，只有系统的合法用户才能进入系统的主界面。输入用户名、密码，单击“登录”按钮，如用户不合法，则给出相应的提示信息，如图 2-16 所示；如果用户是合法的，则进入主界面，如图 2-17 所示。

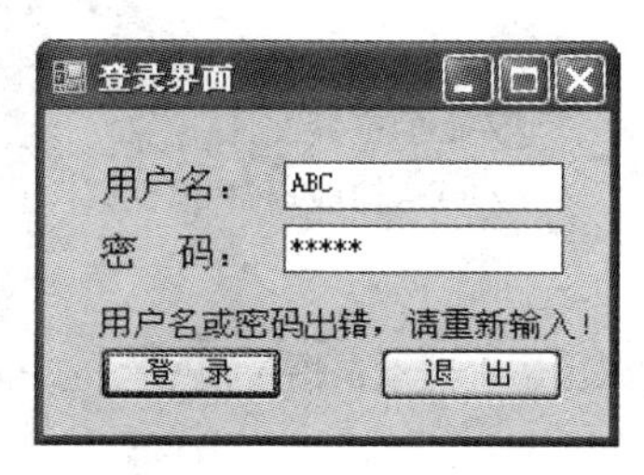

图 2-16　登录不成功

图 2-17　登录成功，进入主界面

2．相关知识

本模块的实现，需要理解属性、事件、方法的概念，及窗体、命令按钮、文本框、标签控件的常用属性与方法。

3．项目设计

本模块功能的实现分为 3 个步骤：一是获取用户输入的信息；二是对用户输入的信息进行判断；三是根据判断结果给出相应结果。其中第二步需要数据库的支持，现阶段不考虑数据库，假设只有一个合法用户，其用户名为“Admin”，密码为“12345”。

4．项目实施

1）创建解决方案（Project2），并添加窗体 Form2 作为主界面。其具体方法为：右击“Project2”，在弹出的快捷菜单中选择“添加”→“Windows 窗体”命令，单击“添加”按钮将新窗体添加到项目中，其名称默认为“Form2”。

2）设置窗体与控件属性。如图 2-16 所示，在 Form1 窗体上添加若干控件。设置各窗体与控件属性如表 2-4 所示。

表 2-4　登录窗体各控件属性设置

窗体与控件	Name	属　　性
Form1	frmLogin	Text：登录界面
Form2	frmMain	Text：主界面
Label1	lblUser	Text：用户名
Label2	lblPsw	Text：密码
Label3	lblLoginError	
TextBox1	txtUser	
TextBox2	txtPsw	
Button1	btnLogin	Text：登录
Button2	btnExit	Text：退出

3）为“登录”按钮创建 Click 事件过程，编写程序代码如下：

```
private void btnLogin_Click(object sender, EventArgs e)
{
```

```
        string sUser = txtUser.Text.ToString ();
        string sPsw = txtPsw.Text.ToString();
        if ( CheckUser(sUser,sPsw) != 0 )
        {
            frmMain main = new frmMain();     //实例化主界面类
            main.Show();                      //显示主界面
            this.Hide();                      //隐藏当前窗体
        }
        else
            lblLoginError.Text ="用户名或密码出错，请重新输入！";
    }
    private int CheckUser(string User, string Psw)
    {  //自定义方法，用于进行用户合法性检验。在第 6 章中将实现该方法
        if (User == "Admin" && Psw == "12345")
            return 1;
        else
            return 0;
    }
```

5. 项目测试

运行程序，输入合法的用户名 Admin 和密码 12345，单击“登录”按钮，则登录成功，进入主界面，如图 2-17 所示。若输入非法的用户名和密码，则登录不成功，得到提示信息“用户名或密码出错，请重新输入！”。

1）为什么有时不用经过登录界面，直接就显示主界面？

原因：双击打开项目中的 Program.cs，如图 2-18 所示，检查主程序中启动对象是否正确。

```
    Application.Run(new frmLogin());     // 应该以 frmLogin 作为启动对象
```

2）能成功登录到主界面，但主界面关闭后，程序为什么还处于运行状态，如图 2-19 所示？

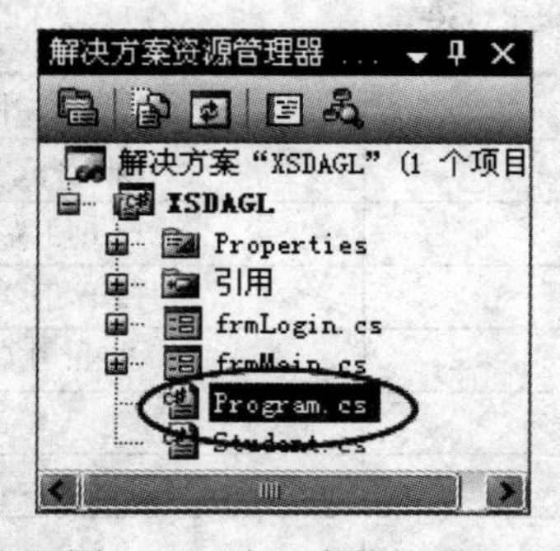

图 2-18　启动窗体的设置

图 2-19　程序仍处于运行状态

原因：主界面关闭后，登录界面仍在运行，只是处于隐藏状态。这时就需要对 frmMain 窗体的关闭事件进行处理，以退出程序。选择“frmMain 窗体”→“属性”→“事件列表”，双击 FormClosed 事件，并完善如下代码：

```
    private void frmMain_FormClosed(object sender, FormClosedEventArgs e)
```

```
    {
        Application.Exit();
    }
```

3）当输入的用户名或密码为空时，怎么没有提示信息？

4）单击“退出”按钮，怎么没有响应？

对于问题3和问题4，请读者自行思考后，再完善登录界面。

6．项目小结

本项目实施时用 CheckUser()方法来检查用户的合法性，该方法涉及数据库的操作，在第6章中会进一步阐述，在这里只是虚拟了一个用户。在学习了数据库相关知识后，读者应该能很轻松地实现其真实功能。把界面操作部分与数据库操作部分进行分离，让不同的功能具有模块独立性，是一种良好的编程习惯。

工作任务3　班级信息管理程序设计

1．项目描述

班级信息管理是学生信息系统功能之一。本模块需要对班级信息进行管理，包括班级的添加、删除、修改、查找、统计、清空操作。不同的用户有相应的操作权限，操作权限由用户身份（管理员、学生、教师）确定。

2．相关知识

本模块的实现，需要熟练掌握列表框、组合框、文本框、命令按钮的属性与方法。

3．项目设计

本模块利用 ListBox 控件和 ComboBox 控件的属性、方法来实现主要功能。使用 ListBox 控件用于存放班级信息，使用 ComboBox 用于选择用户权限，控制按钮的状态。使用6个按钮用于添加、删除、修改、查找、统计、清空班级信息，设置3个 Label 控件用于提示信息，设置2个 TextBox 控件，一个用于输入班级信息，以便进行添加、修改、查找班级；另一个用于显示班级数，如图2-20所示。

模块功能的实现分为两个步骤：第一步是实现班级的增、删、查、改等功能；第二步是利用 ComboBox 来选择用户权限，进而控制按钮的状态，接着根据不同的权限进行相应的操作。

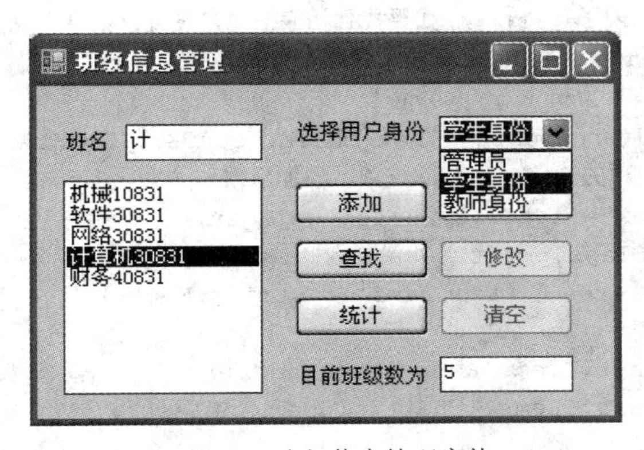

图2-20　班级信息管理窗体

4．项目实施

1）创建解决方案（Project3）。

2）设置窗体与控件属性。

在Form1窗体上添加若干控件，如图2-20所示，并设置属性如表2-5所示。

表2-5　班级信息管理窗体各控件属性设置

窗体与控件	Name属性	其他属性	窗体与控件	Name属性	其他属性
Form1	Form1	Text：班级信息管理	Button5	btnCount	Text：统计
ListBox1	lstClass	Items:	Button6	btnClear	Text：清空
ComboBox1	cboUser	Items:	TextBox1	txtClass	Text:
Button1	btnInsert	Text：添加	TextBox2	txtCount	Text:
Button2	btnDelete	Text：删除	Label1	lblClass	Text：班级
Button3	btnFind	Text：查找	Label2	lblAuthority	Text：选择用户身份
Button4	btnUpdate	Text：修改	Label3	lblCount	Text：目前班级数为

3）为6个按钮分别添加Click事件过程，完善程序代码。

```
private void btnInsert_Click(object sender, EventArgs e)
{   //从文本框中获取新班级，添加到班级列表框中
    string nClass = txtClass.Text.ToString();
    if (nClass !=string.Empty )  //确保输入非空
        lstClass.Items.Add(nClass);
}
private void btnDelete_Click(object sender, EventArgs e)
{   //从列表框中移除相应的项
    int nIndex = lstClass.SelectedIndex;
    if (nIndex >= 0)
        lstClass.Items.RemoveAt(nIndex);
}
private void btnFind_Click(object sender, EventArgs e)
{   //利用ListBox的FindString方法，根据相应字符串，返回包含该字符串的条目的index
    string nClass = txtClass.Text.ToString();
    int nIndex = lstClass.FindString(nClass);
    if (nIndex != -1)  //如果找到相应信息，设置该信息高亮显示
        lstClass.SetSelected(nIndex, true);
}
private void btnUpdate_Click(object sender, EventArgs e)
{  // 根据选中项的index，移除该项，添加新项
    int nIndex = lstClass.SelectedIndex;
    string nClass = txtClass.Text.ToString();
    if (nIndex >= 0 && nClass != string.Empty)
    {
        lstClass.Items.RemoveAt(nIndex);
        lstClass.Items.Insert(nIndex, nClass);
    }
```

```
}
private void btnCount_Click(object sender, EventArgs e)
{    //显示 ListBox 中条目总数
    txtCount.Text = lstClass.Items.Count.ToString ();
}
private void btnClear_Click(object sender, EventArgs e)
{   //清除 ListBox 中所有条目
    lstClass.Items.Clear();
}
```

4）为组合框 cboUser 添加 SelectedIndexChanged 事件，完善程序代码。

```
private void cboUser_SelectedIndexChanged(object sender, EventArgs e)
{    // 根据用户类别，设置按钮是否可用
    if (Convert.ToString(cboUser.SelectedItem) != "管理员")
    {
        btnDelete.Enabled = false;  // 设置"删除"按钮不可用
        btnUpdate.Enabled = false;
        btnClear.Enabled = false;
    }
}
```

5．项目测试

1）先在“班名”文本框中输入班级名称，再分别执行添加、查找、修改命令。

2）先在列表框中用鼠标单击某班级，再单击“删除”按钮以执行删除命令。

3）分别执行“统计”命令和“清空”命令。

4）选择组合框中不同用户身份，观察按钮状态的变化。

? 假设各命令按钮功能测试无误，在组合框中选择“学生身份”，则“删除”“修改”“清空”命令按钮变灰。但如果再选择“管理员”，相应 3 个按钮为什么还是灰色？

请读者自行思考后，再完善程序代码。

6．项目小结

信息管理系统的主要功能为查询、统计、维护（插入、删除、修改）。本项目利用控件的属性和方法实现了简单的信息管理，是对窗体控件的综合演练。

工作任务 4　学生档案查询程序设计

1．项目描述

查询是信息管理系统中最常用的操作之一。本项目的目标是给用户呈现一个清晰、美观的学生档案查询界面，如图 2-21 所示。该界面主要实现的功能是当用户单击“查询”按钮时，首先程序能根据用户设定的查询条件获取待查询学生的档案信息；其次将获取到的学生信息罗列在学生信息列表中。

2．相关知识

该界面的设计用到了本章介绍的窗体和所有控件，旨在使读者对 Windows 程序界面的设计和基本控件的应用有一个整体和全面的认识，并且对在界面元素比较复杂情况下合理布

局控件有一个初步的感性认识。

3．项目设计

程序界面按照功能进行划分，大致分为 4 部分，自上而下依次是：设置查询条件，显示学生档案信息，显示查询结果和查询状态，如图 2-21 所示。

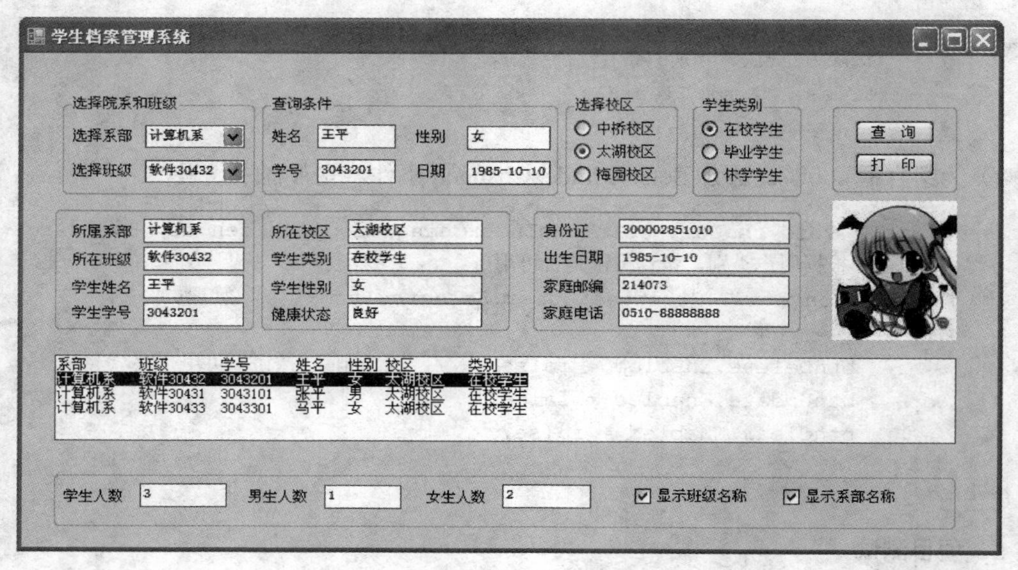

图 2-21 学生档案查询界面

4．项目实施

（1）设置查询条件

查询条件分为 5 部分进行设置，分别为“选择院系和班级”“查询条件”“选择校区”“学生类别”和“查询”“打印”按钮，使用的控件设置如表 2-6 所示。

表 2-6 设置查询条件控件列表

控　件	名　称	属 性 设 置
标签		Text =“选择系部”
组合框	cboXibu	列表项包括：“计算机系”“工商管理系”“机械系”和“机电系”
标签		Text =“选择班级”
组合框	cboBanji	列表项包括：“计算机 30431”“软件 30432”和“计算机 30433”
标签		Text =“姓名”
文本框	txtXingming	
标签		Text =“性别”
文本框	txtXingbie	
标签		Text =“学号”
文本框	txtXuehao	
标签		Text =“日期”
文本框	txtRiqi	
单选按钮	rbtnZhongqiao	Text =“中桥校区”
单选按钮	rbtnTaihu	Text =“太湖校区”
单选按钮	rbtnMeiyuan	Text =“梅园校区”

（续）

控　件	名　称	属性设置
单选按钮	rbtnZaixiao	Text＝“在校学生”
单选按钮	rbtnBiye	Text＝“毕业学生”
单选按钮	rbtnXiuxue	Text＝“休学学生”
按钮	btnFind	Text＝“查询”
按钮	btnPrint	Text＝“打印”

（2）显示学生档案信息

学生个人档案信息的显示分为4部分，运用的控件设置如表2-7所示。

表2-7　学生档案信息显示控件列表

控　件	名　称	属性设置	控　件	名　称	属性设置
标签		Text＝“所属系部”	文本框	txtXingbie2	
文本框	txtXibu2		标签		Text＝“健康状况”
标签		Text＝“所在班级”	文本框	txtJiankang	
文本框	txtBanji2		标签		Text＝“身份证”
标签		Text＝“学生姓名”	文本框	txtShenfenzheng	
文本框	txtXingming2		标签		Text＝“出生日期”
标签		Text＝“学生学号”	文本框	txtRiqi2	
文本框	txtXuehao2		标签		Text＝“家庭邮编”
标签		Text＝“所在校区”	文本框	txtYoubian2	
文本框	txtXiaoqu2		标签		Text＝“家庭电话”
标签		Text＝“学生类别”	文本框	txtDianhua2	
文本框	txtLeibie2		图片框	picPhoto	
标签		Text＝“学生性别”			

（3）查询结果显示和查询状态显示

查询结果记录区用来记录已经查询到的结果，状态显示区用来显示程序当前运行的状态，具体设置如表2-8所示。

表2-8　查询结果显示和查询状态显示控件列表

控　件	名　称	属性设置
列表框	lstJilu	
标签		Text＝“学生人数”
文本框	txtXuesheng	
标签		Text＝“男生人数”
文本框	txtNansheng	
标签		Text＝“女生人数”
文本框	txtNvsheng	
复选框	chkBanji	Checked＝True;
复选框	chkXibu	Checked＝True;

（4）编写程序代码

本例中信息的处理是通过单击“查询”按钮执行的，所以相关的用于信息处理的代码语句应放在 btn_Find 按钮的 Click 事件中。双击设计器窗口中的 btn_Find 按钮，Click 事件的框架代码将被自动添加到代码编辑器中，然后添加执行代码如下：

```
private void btnFind_Click(object sender, EventArgs e)
{
    txtXibu2.Text = cboXibu.Text;
    txtBanji2.Text = cboBanji.Text;
    txtXingming2.Text = txtXingming.Text;
    txtXuehao2.Text = txtXuehao.Text;
    txtXingbie2.Text = txtXingbie.Text;
    txtShenfenzheng.Text = "300002851010";
    txtYoubian2.Text = "214073";
    txtDianhua2.Text = "0510-88888888";
    txtJiankang.Text = "良好";
    if (rbtn_Zhongqiao.Checked )
    {
        txtXiaoqu2.Text = "中桥校区";
    }
    if (rbtnTaihu.Checked )
    {
        txtXiaoqu2.Text = "太湖校区";
    }
    if (rbtnMeiyuan.Checked )
    {
        txtXiaoqu2.Text = "梅园校区";
    }
    if (rbtnZaixiao.Checked )
    {
        txtLeibie2.Text = "在校学生";
    }
    if (rbtnBiye.Checked )
    {
        txtLeibie2.Text = "毕业学生";
    }
    if (rbtnXiuxue.Checked )
    {
        txtLeibie2.Text = "休学学生";
    }

    lstJilu.Items.Add(txtXibu2.Text+"  " +txtBanji2.Text+"  " + txtXuehao2.
Text + "  " +txtXingming2.Text + "  "+txtXingbie2.Text+"  " +txtXiaoqu2.Text+"
" +txtLeibie2.Text);
}
```

列表框 lstJilu 中第一个列表项可以通过窗体的激活事件来添加，代码如下：

```
Private void frmForm_Activated(object sender, EventArgs e)
{
    lstJilu.Items.Add("系部" +"班级" + "学号"+"姓名" +"性别"+"所在校区" + "
```

```
学生类别");
        }
```

最后保存工程即可。

5．项目测试

运行程序，在文本框内输入相应信息；选择组合框、单选按钮的值；单击“查询”按钮，查看信息是否已经被添加到了列表框中。

6．项目小结

界面设计是软件开发中容易被忽视的部分。事实上，用户对软件系统的使用就是与界面的交互，因此用户的感受直接影响到对软件的评价。界面设计中总的原则是布局合理、表达清晰、操作简单。

本章小结

本章介绍了如何设计 Windows 应用程序窗体和窗体设计中常用控件的用法，详细介绍了相关属性、方法和事件。通过对本章的学习，读者可以了解窗体和常用的控件，掌握在 Windows 应用程序设计过程中如何使用窗体和控件。主要内容包括：

1．窗体及窗体的主要属性和事件

通过设置窗体的属性可以定制窗体的外观，常用的窗体属性有窗体标题、大小、位置、显示状态、字体、颜色、外形和背景。

通过响应窗体的事件实现与窗体的交互，常用的窗体事件有窗体的加载和关闭事件、单击和双击窗体事件、改变窗体大小及窗体的激活和失效事件。

2．Windows 应用程序界面设计中的常用控件及控件的属性、方法和事件

本章主要介绍了下列常用控件及其属性、方法和事件：标签，文本框，按钮，列表框，组合框，单选按钮，复选框，图片框、分组框和定时器控件。

3．程序界面中控件的布局

控件布局主要包括控件的大小、位置、对齐方式和间距。可以直接拖曳设置，也可以通过工具栏和菜单项设置。

4．设计学生档案查询程序

利用窗体和控件设计学生档案查询程序，使读者对 Windows 程序界面的设计和基本控件的应用有一个整体和全面的认识，并能在界面元素比较复杂的情况下合理布局控件。

习题 2

1．通过从_______中拖曳可以在窗体中添加控件。

A．主菜单　　B．工具栏　　C．工具箱　　D．工程资源管理器

2．设置文本框控件的______为“False”，可以防止文本框的内容被修改。

A．Text 属性　　B．Enabled 属性　　C．ReadOnly 属性　　D．PasswordChar 属性

3．将文本框控件设置为密码显示方式的方法是______。

A. 将 Text 属性设置为“*”　　　B. 将 UseSystemPasswordChar 属性设置为“True”

C. 将 Text 属性设置为空　　　D. 将 PasswordChar 属性设置为空

4. 下列说法中描述不正确的是______。

A. 列表框控件的 Sorted 属性为“True”时，列表框中的项可以自动排序

B. 窗体或控件的 Name 属性是在界面上显示的信息

C. 默认状态下，文本框控件的信息不能换行显示

D. 列表框控件的 Items 属性可以通过“字符串集合编辑器”来修改

5. 双击按钮对应的事件是______。

A. Click　　B. DoubleClick　　C. MouseDown　　D. KeyDown

6. 列表框与组合框有什么异同？

7. 文本框控件有几种？它们各有什么特点？

8. 使用什么方法可以将新的项添加到一个列表框中？

9. 如何取得列表框中项的数目？

10. 如果单击一个当前没有被选中的复选框，则复选框组中其他已被选中的复选框会处于什么状态？

11. 使用分组框组织窗体中的控件有哪些好处？

12. 如何调整控件的位置和大小？

实验 2

1. 在窗体上添加一个组合框控件，并且在组合框中加入“英语”“数学”“计算机”“化学”和“物理”5 个列表项。编译并运行程序，选择不同的列表项，观察控件的显示效果。

2. 参考图 2-22 设计一个学生注册界面，并编写简单程序代码，实现单击“注册”按钮即可将输入的信息添加到列表框中。

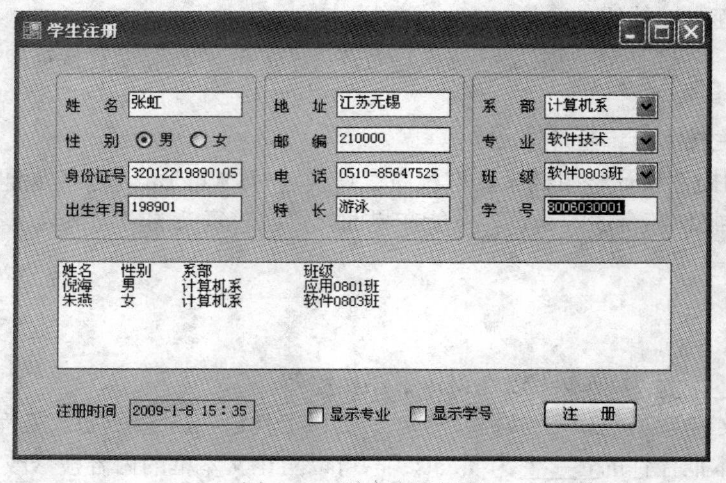

图 2-22　学生注册界面

第 3 章　C#程序设计语言

前两章介绍了 C#的基本概念、常用控件和程序界面设计的基本方法，本章将介绍用 C#进行程序代码设计的相关知识，结合示例介绍 C#程序设计的项目组成结构、数据类型、流程控制以及数组、类等程序设计的基本概念和语法。

通过本章学习，读者应了解 C#程序组成结构中解决方案、项目、代码、类等基本概念和对应文件；了解 C#中的基本数据类型，变量和常量定义，语句表达式的书写方法；掌握程序流程控制的赋值、分支、循环等语句；对数组、数组列表、枚举等集合类型和类有充分的掌握。

理论知识

3.1　C#程序组成

C#应用程序（项目）由解决方案（Solution）统一管理，解决方案包含能够一起打开、关闭和保存的多个项目。VS 2010 提供了解决方案文件夹，用于将相关项目组织为组，然后对这些项目组执行操作。解决方案文件扩展名分别为.sln 和.suo。

打开第 2 章中已实现的登录界面程序，在解决方案中只有一个项目“Ex2-2”，还可以在解决方案中添加其他项目。添加方式如下：在解决方案资源管理器设计界面中，右击解决方案“Ex2-2”→“添加”→“新建项目”，默认“名称”为“WindowsApplication1”，然后单击“确定”按钮将新项添加到解决方案中，如图 3-1 所示，解决方案中包含了 Ex2-2 和 WindowsApplication1 两个项目。

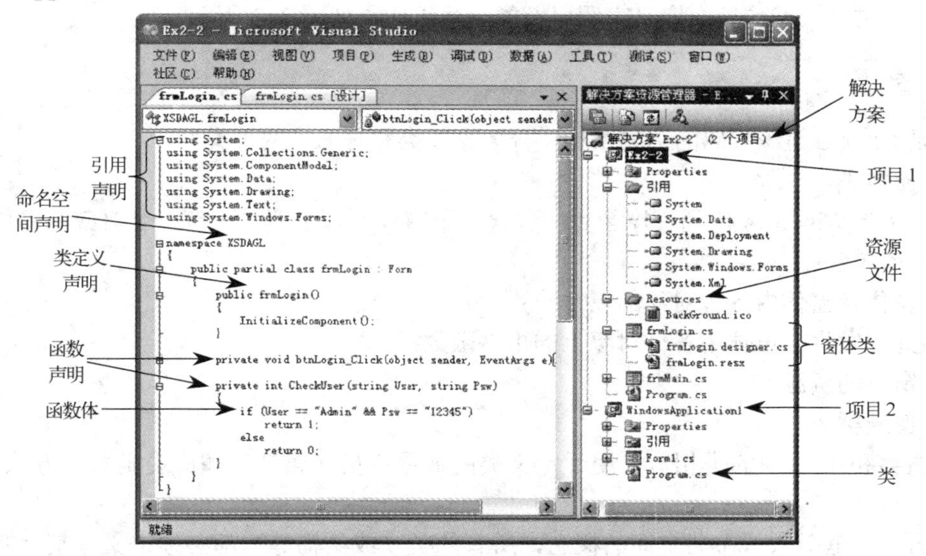

图 3-1　VS 2010 中解决方案、项目、文件、代码、类

解决方案是项目的容器，而项目本身也是一种容器，一个项目主要包括：

1）跟踪所有部分的项目文件（. csproj）；

2）窗体（.cs ＋ .Designer.cs ＋ .resx）；

3）类（.cs）；

4）资源文件（*.resx、*.config、*.xml、*.ico、……）。

在 VS 2010 中，解决方案和项目的具体组织方式如图 3-2 所示。

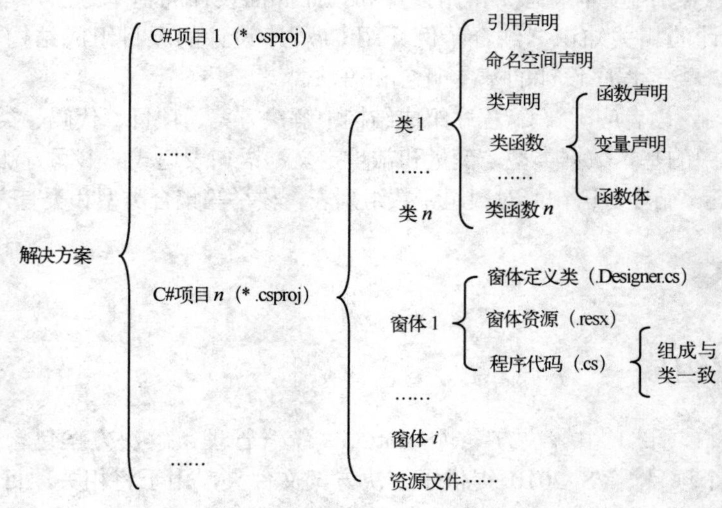

图 3-2　C#中解决方案和项目组织方式

解决方案由一个或多个项目组成。在每个项目中，会包含许多文件，这些文件可以分成类文件和资源文件（如图标、配置文件等）两大部分。其中类文件是项目的主要文件，又可以细分为窗体类与普通类。对于窗体类，由窗体界面定义资源文件（*.resx）、窗体定义类（*.Designer.cs）和程序代码文件（*.cs）3 部分组成。而每个类程序代码都由引用声明、命名空间声明、类（或结构等）定义声明以及类函数组成，如图 3-2 所示。

3.1.1　类

类是 C#项目组织代码的主要结构，分为窗体类和普通类两种类型。

1．窗体类

一个 C# Windows 应用程序至少应包含一个窗体，每个窗体都有一个对应的窗体类。窗体类中应该包含：

1）窗体及窗体内各种对象的属性设置；

2）处理发生在窗体中各个对象上的事件函数；

3）窗体的资源。

2．普通类

普通类和 C++中的类相似，用于定义类的数据成员（属性）和成员函数（方法）。需要指出以下两点：

1）在 C#里引入了命名空间的概念，所有的类（或结构等）都必须定义在某个命名空间里，使用它时必须加上对应命名空间引用声明或用类的完整名称；

2）在 C#中，没有全局变量或全局函数的概念，任何一个变量或函数都必须从属于某个类。

3.1.2 类代码

C#主体成分类代码包括引用声明、命名空间声明、类声明、变量声明、函数声明、函数体。

1．引用声明

当使用命名空间中的类时，一般要先引用命名空间，对命名空间的引用定义格式如下：

```
using  <命名空间名>;
```

C#窗体应用程序中自动添加对以下 8 个命名空间的引用，相应代码如下：

```
using System;
using System.Collections.Generic;
using System.ComponentModel;
using System.Data;
using System.Drawing;
using System.Linq;
using System.Text;
using System.Windows.Forms;
```

如果不引用命名空间，实现在信息框显示提示信息“Hello”功能的完整语句如下：

```
System.Windows.Forms.MessageBox.Show ("Hello");
```

由于已经声明过对命名空间 System.Windows.Forms 的引用，则上述语句可简化为：

```
MessageBox.Show ("Hello");
```

如果想实现对 Access、Oracle 等数据库的访问功能，则应声明对相应命名空间的引用：

```
using System.Data.OleDb;  //为访问 Access、Oracle 等 OLE DB 数据源提供支持
```

2．命名空间声明

C#在项目创建后，项目的所有代码都被组织在一个命名空间中。如果没有为代码提供一个命名空间，则系统会自动创建一个基于项目名称的命名空间，代码就存放于这个命名空间内。如在图 3-1 中，项目名称为 Ex2-2，则相应命名空间名称就默认为 Ex2_2（命名空间标识符不支持横杠）。通常不建议修改命名空间的名称，如果确实需要，则可通过右击相应命名空间，选择“Ex2_2”→“重构”→“重命名”→“新名称 XSDAGL”，然后单击“确定”按钮。

命名空间定义的语句格式如下：

```
namespace <命名空间名>
{
    类定义;
}
```

如创建名为 WindowsApplication1 的命名空间定义语句：

```
namespace WindowsApplication1
{
    public partial class Form1 : Form
    {
        public Form1()
        {
            InitializeComponent();
        }
    }
}
```

3．类声明

类的定义格式如下：

```
<权限> class <类名>:<父类>
{   类体定义；}
```

如由 Form 父类定义窗体类 Form1 的语句如下：

```
public partial class Form1 : Form
```

4．变量声明

声明一个变量的名称和类型，其代码如下：

```
private string mString = "Hello world!";
```

5．函数声明

声明一个函数，包括函数的名称、参数、返回值等，代码如下：

```
private void button1_Click(object sender, EventArgs e)
```

6．函数体

函数体就是在函数声明后的{……}之间包含的所有代码行，用于改变程序、窗体或类的对象的状态和行为，完成对相关信息进行处理等的代码。

3.1.3 代码行书写规则

1．语句

语句是构成 C#程序的最基本成分，语句的一般形式如下：

```
[语句定义符] <语句体>;
```

其中，语句定义符用于规定语句功能，此部分一般可省略；语句体用于向系统提供某些必要的说明内容或者规定系统应执行的某些操作；最后一个分号用于表明语句的结束。

2．书写规则

在 C#程序中，语句的书写是比较自由的，语句之间或每个语句内部的分隔既可以使用空格、〈Tab〉键，也可以使用换行等，而且数量不限，即多个空格的作用和一个空格是一样的。

为了提高程序的可读性，编写 C#程序时一般遵循一定的书写规则。

（1）注释

在程序中使用注释是一个良好的编程习惯，用户可以使用注释来说明自己编写某段代码或声明某个变量的目的，以后读到这些注释就会想起当时的思路，既方便了开发者自己，也方便了要阅读这些源代码的其他用户。但是也要注意注释并不是越多越好，用户只需对主要的过程和变量进行必要的注释说明即可。

添加注释语句的格式类似 C++，有两种方法。一种是使用“//”注释之后在同一行的所有内容，一种是使用“/*”、“*/”注释两者之间的所有内容。推荐使用第一种方法书写注释。即：

```
//注释内容
```

注释可以放在程序的任意位置，对程序的编译和运行没有影响。

（2）断行和并行书写

一般情况下，编程者要尽量少使用过长的语句。如果有的语句较长，阅读起来不方便，可以适当的对长语句进行分行。

例如：

```
public void OpenRollingFileAppender(ILayout layout
    , string filename
    , string datePattern
    , bool append)
```

有的语句本身比较短时，可以考虑将多行语句写在一行上。

例如：

```
if (a > b)
    c = a;              ➔              if (a > b) c = a;
```

不过，为了提高程序的可读性，建议还是一行写一条语句。

（3）命名规范

在 C#程序里，给常量名、变量名、类名、函数名等命名时最好遵守一定的命名规范，体现专业素养。

常量：一般全部使用大写字母，如果常量名中含有多个单词，最好使用下画线“_”隔开，如 SIZE、CIRCLE_RADIUS 等。

变量：一般使用首字母小写，之后每个单词首字母大写其余字母小写的方式，如 fileName、errorHandler、peopleNumber 等。对于类的成员变量，建议加上前缀“m”，如 mFilename、mErrorHandler、mPeopleNumber 等。

类名：一般使用每个单词首字母大写其余字母小写的方式，如 FileAppender、Stream Writer 等。

函数名：一般根据函数的功能，使用“动词＋名词”的单词组合进行命名，做到“见名识意”，如打开文件的函数可以命名为 OpenFile。

此外，C#中的命名是区分大小写的，即 Name 和 name 代表不同的意义。

（4）使用缩进

在编写程序代码时，经常要把一个控制结构放入到另外一个控制结构之内，在程序设计中叫做嵌套。编写程序的时候如果把所有语句都从最左一列开始写，很难看清嵌套关系，所以习惯上在编写函数、判断语句、循环语句的正文部分时都按一定的规则进行缩进处理。经缩进处理的程序代码，可读性大为改善。如图 3-3 所示的程序代码就使用了缩进格式，使得程序清晰易读。书写缩进代码一般使用〈Tab〉键。

```
private void button1_Click(object sender, EventArgs e)
{
    for (int i = 1; i <= 3;i++ )
    {
        for (int j = 1; j <= 3; j++ )
        {
            mString = i.ToString() + ":" + j.ToString();
        }
    }
}
```

图 3-3　使用缩进格式的代码

（5）使用大括号

大括号也是区分代码块很好的工具，在很多控制结构中都会使用。使用中经常会遇到以下几种方式。

1．省略大括号（单行）

```
if (a > b)
    c = a;
```

或

```
if (a > b) c = a;
```

2．左侧大括号不单独另起一行（java 语言常用）

```
if (a > b){
    c = a;
}
```

3．左侧大括号单独另起一行

```
if (a > b)
{
    c = a;
}
```

本书推荐使用第 3 种方式。

3.2　C#的数据类型、变量、常量与表达式

数据是程序处理的对象，不同类型的数据有不同的处理方法。数据可以依照类型进行分类。数据类型用于确定一个变量所具有的值在计算机内的存储方式，以及对变量可以进行何种操作。图 3-4 给出了 C#中数据类型的结构。

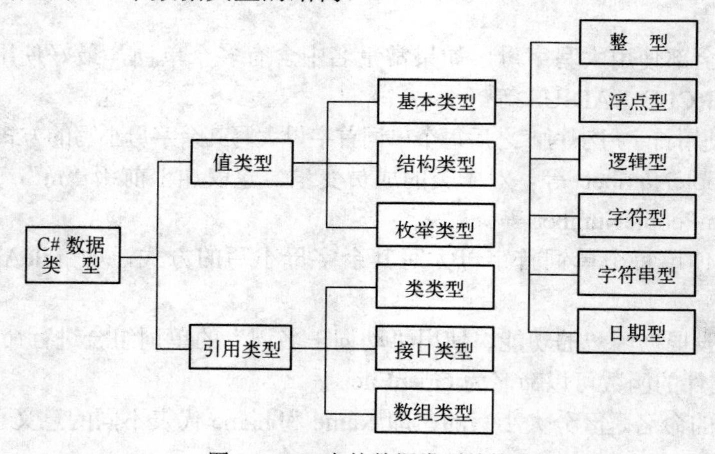

图 3-4　C#中的数据类型结构

C#语言的数据类型分为两大类：值类型和引用类型。C#的值类型中既包含了丰富的内置基本数据类型，还可以通过结构（struct）定义基本类型的组合，另外枚举也是重要的值类型。引用类型属于C#中的高级课题，本书仅做简单介绍，用户可查看相关资料。

3.2.1 数据类型

1．内置基本数据类型

C#内置基本数据类型如表 3-1 所示。

表 3-1 C#内置基本数据类型

类　别	类　名	说　明	C#数据类型	完整类名
整数	Byte	8 位的无符号整数	byte	System.Byte
	SByte	8 位的有符号整数	sbyte	System.SByte
	Int16	16 位的有符号整数	short	System.Int16
	Int32	32 位的有符号整数	int	System.Int32
	Int64	64 位的有符号整数	long	System.Int64
	UInt16	16 位的无符号整数	ushort	System.UInt16
	UInt32	32 位的无符号整数	uint	System.UInt32
	UInt64	64 位的无符号整数	ulong	System.UInt64
浮点数	Single	单精度（32 位）浮点数字	float	System.Single
	Double	双精度（64 位）浮点数字	double	System.Double
逻辑	Boolean	布尔值（真或假）	bool	System.Boolean
字符	Char	Unicode（16 位）字符	char	System.Char
数值	Decimal	96 位十进制值	decimal	System.Decimal

和 C++类似，上述的内置数据类型的转换有如下几种情况。

1）可隐式直接转换。例如：

```
int i = 23; float f = i;
```

2）无法隐式转换，需要添加类型进行显式强制转换，例如：

```
long l = 12345;
int i = (int)l;
```

只需要在括号内写上相应类型就可以转换。需要注意的是，有些转换虽然能强制进行，但是转换可能导致数据截断，产生并非所期望的结果。例如：

```
long l = 1234567890;
int i = (int)l; // i 的结果为 722
```

2．字符串数据类型（String）

字符串是 Unicode 字符的连续集合，通常用于表示文本，而 String 是表示字符的 System.Char 对象的连续集合。String 的值构成该连续集合的内容，并且该值是恒定的。

虽然字符串 String 是一个类（System.String），但由于 String 的值一旦创建就不能再修改，所以称它是恒定的。那些看似能修改 String 的方法实际上只是返回一个包含修改内容的新 String。

字符串 String 提供了多种方法进行字符串的相关操作，在第 3.2.5 节将做进一步介绍。

3. 日期时间型数据类型（DateTime）

日期时间型数据类型表示时间上的一刻，通常以日期和当天的时间表示。DateTime 是一个值类型的结构（System.DateTime），它表示值范围在公元（基督纪元）0001 年 1 月 1 日午夜 12:00:00 到公元（C.E.）9999 年 12 月 31 日晚上 11:59:59 之间的日期和时间。时间值以 100 毫微秒为单位（该单位称为刻度）进行计量。该结构中还提供了多种函数进行日期时间的操作，在第 3.2.5 节将做进一步介绍。

3.2.2 常量

在程序执行过程中，其值不能改变的量称为常量。常量可以直接用一个数来表示，称为常数（或者称为直接常量），也可以用一个符号来表示，称为符号常量。

1. 直接常量（常数）

各种数据类型都有其常量表示，如表 3-2 所示。

2. 符号常量

常量在程序中也可以用符号表示。在程序中，可能会多次用到某一个或某几个常数值（如计算圆周长、圆面积、圆柱体体积等过程中用到圆周率），这些常量在编写过程中多次书写，很可能会发生前后不一致的问题。为了便于修改程序和提供程序的可读性，可以先以符号形式来表示直接常量，然后在程序中凡是用到该常量的地方都用相应的符号来代替，代表常量的符号就称为常量名。

表 3-2 各种类型常量示例

常量类型		示例	备注
整型常量	整型	100，-123	
	长整型	17 558 624	
	十六进制无符号数	0x123	
实型常量	单精度小数形式	123.4f，123.4F	
	双精度小数形式	3.141592654，3.141592654d	
	单精度指数形式	1.234E2	
	双精度指数形式	3.14159265E8，3.14159265E8d	
字符常量		"Visual Basic"	字符常量两端用西文双引号引起
逻辑常量		True, False	逻辑常量只能取两个值 true（真）或 false（假）

符号常量的定义格式如下：

```
[访问权限] const [数据类型] <常量名> = <常量值>;
```

其中访问权限分为 public 和 private（默认）两种。private 声明说明该常量只能用于定义其的类内使用。

例如：

```
public const int DAY_OF_WEEK = 7;
public const string SHOW_TITLE = "Hello world!";
```

除了用户可以自定义符号常量以外，C#本身在其内部也定义了许多符号常量，如System.Math.PI（圆周率）、System.Math.E（自然对数的底 e）等，这些常量在程序代码中可以直接使用。

3.2.3 变量

在程序执行过程中，其值可以改变的量称为变量。变量必须按照 C#命名规则进行命名。对于变量，编译程序时，系统要为其分配与其类型相对应的若干个字节的存储单元，以存储变量的值。为变量赋值就是将值存放到为其分配的存储单元中；引用变量就是从变量的存储单元中取出数据。

1．变量的命名规则

C#的变量命名规则比较自由，限制相对少一些。

1）变量名不能使用 C#关键字（保留字）。

2）变量名在同一作用域内必须唯一。

3）变量名不能使用类型说明字符%、&、!、#、@、$。

4）变量的命名最好遵守一定的编程约定，参见第 3.1.3 节介绍的“代码行书写规则”中的书写规范，这里不再赘述。

2．变量的作用域

变量的作用域是指变量的有效范围，根据变量说明方式的不同，变量有不同的作用域。

（1）局部变量

在函数中定义并使用的变量，仅在声明它的函数体中有效。

（2）参数变量

对于值类型函数参数变量，如果未使用“ref”或“out”声明，则仅在声明它的函数体中有效；如果使用了“ref”或“out”声明，则其作用域将传递到调用该函数的上级作用域。

对于引用类型的函数参数变量，其作用域和值类型变量是一样的，值得注意的是，如果在函数体内修改了该变量，则调用该函数时传入的实参也会相应地修改。

（3）类成员变量

根据声明的作用域修饰符不同，其作用域也不同。作用域修饰符如表 3-3 所示。

表 3-3 作用域修饰符说明

声明的可访问性	意　义
public	访问不受限制
protected	访问仅限于包含类或从包含类派生的类型
internal	访问仅限于当前程序集
protected internal	访问仅限于从包含类派生的当前程序集或类型
private	访问仅限于包含类型

（4）窗体控件变量

在窗体中定义并使用的控件变量，其作用范围为定义该变量的窗体中的所有函数。

3．变量定义语句

（1）定义类函数局部变量

```
<类型> <变量名>[, <变量名>]…;
```

（2）定义类的成员变量

```
[作用域修饰符] <类型> <变量名> [, <变量名>]…;
```

（3）定义窗体控件变量

```
private <类型> <变量名> [, <变量名>]…;
```

（4）定义静态变量

```
[作用域修饰符] static <类型> <变量名> [, <变量名>]…;
```

定义一个变量后，如果变量为值类型，则系统会自动为该变量赋一个初始值；如变量为整型，则初始值为 0；如变量为逻辑型，则初始值为 false；若变量为引用类型，则初始值为 null。特别注意的是，对于 string 类型，在定义后，其初始值为 null，而不是空字符串“”。

C#中的变量不能像 VB 中那样可以有隐式声明，所有的 C#变量都必须显式声明定义。

3.2.4 运算符与表达式

运算符是在代码中对各种数据进行运算的符号。例如，有进行加、减、乘、除算术运算的运算符，有进行与、或、非、异或逻辑运算的运算符。表达式则是由常量、变量、函数等用运算符连接而成的式子。

C#提供了大量运算符，这些运算符是指定在表达式中执行哪些操作的符号。C#预定义常用的算术和逻辑运算符以及如表 3-4 所示的各种其他运算符。此外，很多运算符可被用户重载，在应用到用户定义的类型时可更改这些运算符的含义。

表 3-4 C#中的运算符

运算符类别	运 算 符
算术	+ - * / %
逻辑（布尔型和按位）	& | ^ ! ~ && || true false
字符串连接	+
递增、递减	++ --
移位	<< >>
关系	== != < > <= >=
赋值	= += -= *= /= %= &= |= ^= <<= >>=
成员访问	.
索引	[]
转换	()
条件	?:
委托串联和移除	+ -
创建对象	new
类型信息	as is sizeof typeof
溢出异常控制	checked unchecked
间接寻址和地址	* -> [] &

当表达式包含多个运算符时，由运算符的优先级控制各运算符的计算顺序。例如，表达式 x + y * z 按 x + (y * z)进行计算，因为“*”运算符的优先级比“+”运算符高。运算符的优先级由运算符的关联语法产生式的定义确定。例如，一个增量表达式由以“+”或“-”运算符分隔的乘法表达式组成，因此给“+”和“-”运算符赋予的优先级比“*”、“/”和“%”运算符低。

表 3-5 按照优先级从最高到最低的顺序概括了所有的运算符优先级。

表 3-5 运算符的优先级

优先级	类别	运算符
高	基本	x.y f(x) a[x] x++ x-- new typeof checked unchecked sizeof
	一元	+ - ! ~ ++x --x (T)x
	乘法与除法	* / %
	加法与减法	+ -
	移位	<< >>
	关系和类型检测	< > <= >= is as
↓	相等与不等	== !=
	逻辑与	&
	逻辑异或	^
	逻辑或	|
	条件与	&&
	条件或	||
	条件	?:
低	赋值	= *= /= %= += -= <<= >>= &= ^= |=

当操作数出现在具有相同优先级的两个运算符之间时，运算符的顺序关联性控制运算的执行顺序如下。

除了赋值运算符外，所有的二元运算符都向左顺序关联，是指从左向右执行运算，如 x + y + z 按 (x + y) + z 计算。

赋值运算符和条件运算符（?:）向右顺序关联，是指从右向左执行运算，如 x = y = z 按 x = (y = z) 计算。

优先级和顺序关联性都可以用括号控制。例如，x + y * z 先将 y 乘以 z 然后将结果与 x 相加，而 (x + y) * z 先将 x 与 y 相加，然后再将结果乘以 z。

1．赋值运算符与赋值表达式

赋值运算符的作用是将一个具体的数据或一个表达式的值赋给一个变量。

（1）赋值运算符 （=）

将右边操作数的值存储在由左边操作数表示的存储位置、属性或索引器中并将值作为结果返回。操作数的类型必须相同（或右边的操作数必须可以隐式转换为左边操作数的类型）。

（2）加法赋值运算符（+=）

使用“+=”赋值运算符的表达式，例如：

```
x += y;
```

等效于：

```
x = x + y;
```

"+"运算符的含义取决于 x 和 y 的类型。例如，对于数值操作数，其含义为相加；对于字符串操作数，其含义为字符串连接。

减法赋值运算符（-=）、乘法赋值运算符（*=）、除法赋值运算符（/=）、模赋值运算符（%=）、"与"赋值运算符（&=）、"或"赋值运算符（|=）、"异或"赋值运算符（^=）、左移赋值运算符（<<=）、右移赋值运算符（>>=）与加法赋值运算符（+=）意义类似，在此不再赘述。

2．算术运算符与算术表达式

（1）算术运算符

算术运算符的作用是对运算的对象进行算术运算，运算的对象通常为实数或整数。C#中的算术运算符包括+（加）、-（减）、*（乘）、/（除）、%（模数运算，求余）。

（2）算术溢出

算术运算符（+、-、*、/）产生的结果可能会超出涉及的数值类型可能值的范围。一般情况如下。

- 整数算术溢出或引发 OverflowException 或放弃结果的最高有效位。整数被零除总是引发 DivideByZeroException。
- 浮点算术溢出或被零除从不引发异常，因为浮点类型基于 IEEE 754 标准，因此可以表示无穷和 NaN（不是数字）。
- Decimal 算术溢出总是引发 OverflowException。Decimal 被零除总是引发 DivideByZeroException。
- 当发生整数溢出时，产生的结果取决于执行上下文，该上下文可为 checked 或 unchecked。在选中的上下文中引发 OverflowException。在未选中的上下文中，放弃结果的最高有效位并继续执行。因此，C#可以选择处理或忽略溢出。
- 除算术运算符以外，整型之间的转换也可导致溢出（如将 long 转换为 int）并受选中或未选中执行的限制。还要注意的是，按位运算符和移位运算符从不导致溢出。

（3）算术表达式

用算术运算符连接而成的式子称为算术表达式。例如：

```
int a;
float x;
a = 5;
x = a * 2 * a - 1.5 + a / 2 + a % 2;
```

运算结果为 x＝5×2×5-1.5+5÷2+5 除以 2 余数=50-1.5+2.5+1=52。

3．字符串运算符

C#中的字符串连接运算符（+）主要用来将两个字符串连接成一个字符串。

考虑到"+"还可以做算术加运算，因此需要注意区分以下情况。

【例 3-1】 分析下列各种情况的结果。

a）2 + 3

b）2 + "3"

c）"Visual C#" + 2010

d）"Visual C#" + 4.0

分析：

a）这是加法运算，结果为 5。

b）当“+”运算符其中的一个操作数是字符串类型或两个操作数都是字符串类型时，“+”将操作数的字符串表示形式串联在一起，故结果为"23"。

c）结果为 "Visual C#2010"。

d）结果为 "Visual C#4"。

4．关系运算符与关系表达式

（1）关系运算符

关系运算符有“==”“!=”“<”“>”“<=”“>=”。

这些运算符用于对两个数据进行比较，其运算结果为逻辑值“True”或“False”。

注意判断相等的关系运算符为“==”，而不是“=”。

（2）关系表达式

由常量、变量、函数等用关系运算符连接而成的式子称为关系表达式。

例如：

```
int a, b;
a = 3;
b = 5;
bool x = a < b + 3; // x 值为 True
```

5．逻辑运算符与逻辑表达式

（1）逻辑运算符

逻辑运算符也称为布尔运算符，它的运算对象是逻辑值或关系表达式，运算结果为逻辑值，如表 3-6 所示。

表 3-6　逻辑运算符

<table>
<tr><th>运　算　符</th><th>运　　算</th><th>说　　明</th></tr>
<tr><td>!</td><td>逻辑非</td><td>返回一个逻辑值的相反值</td></tr>
<tr><td>^</td><td>逻辑异或</td><td>当两个操作数中一个为“True”，另一个为“False”时，结果才为“True”</td></tr>
<tr><td>&&</td><td>条件与</td><td>只有当两个操作数都是“True”时，结果才为“True”</td></tr>
<tr><td>||</td><td>条件或</td><td>只要两个操作数中有一个为“True”，结果就为“True”</td></tr>
</table>

其中逻辑非（!）为单目运算符，即运算过程中只有一个操作数。

逻辑运算符优先级为：逻辑非 > 逻辑异或 > 条件与 > 条件或。

（2）逻辑表达式

由常量、变量、函数等用逻辑运算符连接而成的式子称为逻辑表达式。例如：

```
5 > 3 && 3 > 1;
!x || (b > c);
```

逻辑表达式的值是一个逻辑值，用“true”或“false”来表示。例如，逻辑表达式 5>3 && 3>1 的结果为“true”。

3.2.5 C#中常用公共类及其函数

为了方便用户进行一些常用的操作和运算，C#系统提供了许多公共类供用户使用。用户只要引用相应类所在的命名空间，就可以调用类的公用函数以得到结果。下面按 5 大类分别介绍类和相关函数的使用：算术类 System.Math、字符串类 System.String、转换类 System.Convert、日期与时间类 System.DateTime 和格式化。

1．算术类 System.Math

C#提供的常用算术函数名及其作用如表 3-7 所示。

表 3-7 算术类函数名及其作用

函数名（参数）	函 数 作 用	数 学 含 义
Abs(x)	返回绝对值	$\|x\|$
Acos(x)	返回反余弦函数值	arccos(x)
Asin(x)	返回反正弦函数值	arcsin(x)
Atan(x)	返回反正切函数值	arctan(x)
Atan2(y,x)	返回两个指定数字商的反正切函数值	arctan(y/x)
BigMul	返回两个 32 位数字的完整乘积	
Ceiling	返回大于或等于指定数字的最小整数	
Cos(x)	返回余弦值	cos(x)
Cosh(x)	返回双曲余弦值	$(e^x+e^{-x})/2$
Exp(x)	返回 e 的指定次幂	e^x
Floor	返回小于或等于指定数字的最大整数	
IEEERemainder	返回两数相除的余数	
Log(y,x)	返回指定数字的对数	$\log_y x$
Log10(x)	返回指定数字以 10 为底的对数	$\log_{10} x$
Max(x,y)	返回两个指定数字中较大的一个	max(x,y)
Min(x,y)	返回两个指定数字中较小的一个	min(x,y)
Pow(x,y)	返回指定数字的指定次幂	x^y
Round	返回最接近指定值的数字	
Sign	返回表示数字符号的值	
Sin(x)	返回指定角度的正弦值	sin(x)
Sinh	返回指定角度的双曲正弦值	$(e^x-e^{-x})/2$
Sqrt	返回指定数字的平方根	$\sqrt{x}$
Tan	返回指定角度的正切值	tan(x)
Tanh	返回指定角度的双曲正切值	$(e^x-e^{-x})/(e^x-e^{-x})/2$

以上这些函数都是静态函数，可以直接使用，例如：

```
double d = System.Math.Sin(123.0);  //不引用System.Math，直接计算正弦值
```

又如：

```
//生成 0～99 之间的一个随机数
```

```
Random rand = new Random();
int i= Math.Floor(rand.NextDouble() * (100 - 1)) + 1;
```

2．字符串类 System.String

字符串类是程序中使用非常频繁的类，所有字符串类函数名及作用如表 3-8 所示。

表 3-8　字符串类函数名及作用

函数名	函数作用
Compare	比较两个指定的 String 对象
CompareOrdinal	通过计算每个字符串中相应 Char 对象的数值来比较两个 String 对象
CompareTo	将此实例与指定的对象进行比较
Equals	检测两字符串是否相等
EndsWith	确定此实例的末尾是否与指定的 String 匹配
IndexOf	报告 String 在此实例中的第一个匹配项的索引或一个或多个字符的索引
IndexOfAny	报告指定 Unicode 字符数组中的任意字符在此实例中第一个匹配项的索引
Insert	在此实例中的指定索引位置插入一个指定的 String 实例
Join	在指定 String 数组的每个元素之间串联指定的分隔符 String，从而产生单个串联的字符串
LastIndexOf	报告指定的 Unicode 字符或 String 在此实例中的最后一个匹配项的索引位置
LastIndexOfAny	报告在 Unicode 数组中指定的一个或多个字符在此实例中的最后一个匹配项的索引位置
PadLeft	右对齐此实例中的字符，在左边用空格或指定的 Unicode 字符填充以达到指定的总长度
PadRight	左对齐此实例中的字符，在右边用空格或指定的 Unicode 字符填充以达到指定的总长度
Remove	从此实例中的指定位置开始删除指定数目的字符
Replace	将此实例中的指定 Unicode 字符或 String 的所有匹配项替换为其他指定的 Unicode 字符或 String
Split	标识此实例中的子字符串（它们由数组中指定的一个或多个字符进行分隔），然后将这些子字符串放入一个 String 数组中
StartsWith	确定此实例的开始处是否与指定的 String 匹配
SubString	从此实例检索子字符串
ToCharArray	将此实例中的字符复制到 Unicode 字符数组
ToLower	返回此 String 的小写形式的副本
ToUpper	返回此 String 的大写形式的副本
Trim	从此实例的开始位置和末尾移除一组指定字符的所有匹配项
TrimEnd	从此实例的结尾移除数组中指定的一组字符的所有匹配项
TrimStart	从此实例的开始位置移除数组中指定的一组字符的所有匹配项
Length	获取此实例中的字符数

以上这些函数中有静态函数，也有实例函数。实例函数都是字符串变量通过成员访问运算符（.）调用的。例如：

```
string c = "Hello World!";
int size = c.Length;          //size=12
c = c.SubString(0,2);         // c="He" （获取从位置 0 开始，长度为 2 的子串）
```

使用 Compare、CompareOrdinal、CompareTo、Equals、EndsWith 和 StartsWith 可进行字符串的比较；使用 IndexOf、IndexOfAny、LastIndexOf 和 LastIndexOfAny 可获取字符串中子

字符串或 Unicode 字符的索引；使用 SubString 和 Split 可通过原始字符串的组成部分创建一个或多个新字符串；使用 Join 可通过一个或多个子字符串创建新字符串；使用 Insert、Replace、Remove、PadLeft、PadRight、Trim、TrimEnd 和 TrimStart 可修改字符串的全部或部分；使用 ToLower 和 ToUpper 可更改字符串中 Unicode 字符的大小写；使用 Length 属性可获取字符串中 Char 对象的数量；使用 Chars 属性可访问字符串中实际的 Char 对象。

3．转换类 System.Convert

转换类的作用是提供各种类型的数据转换函数，转换类函数的名称与作用如表 3-9 所示。

表 3-9　转换类函数名称及作用

函 数 名	函 数 作 用
ToBoolean	将指定的值转换为等效的布尔值
ToByte	将指定的值转换为 8 位无符号整数
ToChar	将指定的值转换为 Unicode 字符
ToDateTime	将指定的值转换为 DateTime
ToDecimal	将指定的值转换为 Decimal 数字
ToDouble	将指定的值转换为双精度浮点数字
ToInt16	将指定的值转换为 16 位有符号整数
ToInt32	将指定的值转换为 32 位有符号整数
ToInt64	将指定的值转换为 64 位有符号整数
ToSByte	将指定的值转换为 8 位有符号整数
ToSingle	将指定的值转换为单精度浮点数字
ToString	将指定的值转换为其等效的 String 表示形式
ToUInt16	将指定的值转换为 16 位无符号整数
ToUInt32	将指定的值转换为 32 位无符号整数
ToUInt64	将指定的值转换为 64 位无符号整数

4．日期与时间类 System.DateTime

日期与时间类表示时间上的一刻，通常以日期和当天的时间表示。日期与时间类函数名与作用如表 3-10 所示。

表 3-10　日期与时间类函数名及作用

函 数 名	函 数 作 用
Date	获取此实例的日期部分
Day	获取此实例所表示的日期为该月中的第几天
DayOfWeek	获取此实例所表示的日期是星期几
DayOfYear	获取此实例所表示的日期是该年中的第几天
Hour	获取此实例所表示日期的小时部分
Millisecond	获取此实例所表示日期的毫秒部分
Minute	获取此实例所表示日期的分钟部分
Month	获取此实例所表示日期的月份部分
Now	获取一个 DateTime，它是此计算机上的当前本地日期和时间
Second	获取此实例所表示日期的秒部分
Ticks	获取表示此实例的日期和时间的刻度数

（续）

函 数 名	函 数 作 用
TimeOfDay	获取此实例的当天的时间
Today	获取当前日期
Year	获取此实例所表示日期的年份部分
Compare	比较两个日期的大小，若第一个日期晚于第二个日期则返回一个正数，反之返回一个负数，相等返回零

其中有两个非常有用的函数 DateTime.Now 和 DateTime.Today，例子如下：

```
private void button1_Click(object sender, EventArgs e)
{
    DateTime dtNow=DateTime.Today;  //取系统当前的日期与时间
    int year=dtNow.Year;
    int month=dtNow.Month;
    int day=dtNow.Day;
    int hour=dtNow.Hour;
    int minute=dtNow.Minute;
    int second=dtNow.Second;
    textBox1.Text="今年是："+year.ToString()+"年";
}
```

5．格式化

C#提供了一种将任何数值、枚举以及日期和时间等基数据类型表示为字符串的一致、灵活而且全面的方法——格式化。格式化由格式说明字符串控制，该字符串指示如何表示基类型值。例如，格式说明符指示：是否应该用科学记数法来表示格式化的数字，或者格式化的日期在表示月份时应该用数字还是用名称。

（1）数字格式字符串

数字格式字符串用于控制在将数值数据类型表示为字符串时产生的格式化。数字格式字符串分为两类：标准格式字符串和自定义格式字符串。

标准格式字符串用于格式化通用数值类型。标准格式字符串采取“Axx”形式，其中“A”为单个字母字符（称为格式说明符），“xx”是可选的整数（称为精度说明符），格式说明符必须是某个内置格式符，精度说明符的范围为 0～99，它控制有效位数或小数点右边零的个数。数字格式字符串不能包含空白。数字格式说明符如表 3-11 所示。

表 3-11　数字格式说明符

格式说明符	意　　义
D 或 d	十进制
E 或 e	科学计数法（指数）
F 或 f	固定点
G 或 g	常规
N 或 n	数字
P 或 p	百分比
R 或 r	往返过程
X 或 x	十六进制

例如：

```
Double myDouble=1234567890.12345;
string myString=myDouble.ToString();
// myString="1234567890.12345"
myString=myDouble.ToString("(###) ###-####");
// myString="(123) 456 - 7890"
myString=myDouble.ToString("E4");
// myString="1.2346E+009"
int MyInt=42;
myString=MyInt.ToString();
// myString="42"
myString=MyInt.ToString("D6");
// myString="000042"
```

（2）格式化日期

DateTime 格式字符串用于控制将日期或时间表示为字符串时所导致的格式化。DateTime 格式字符串分为两类：标准格式字符串和自定义格式字符串。自定义格式字符串允许在标准格式字符串不起作用的情况下格式化 DateTime 对象。

```
DateTime MyDate=new DateTime(2000, 1, 2, 3, 4, 5, 678);
myString=MyDate.ToLongDateString();
// myString="2000年1月2日"
myString=MyDate.ToLongTimeString();
// myString="3:04:05"
myString=MyDate.ToString("yyyy'/'MM'/'dd hh':'mm':'ss'.'fff");
// myString="2000/01/02 03:04:05.678"
```

6．MessageBox 类

MessageBox 类用于显示可包含文本、按钮和符号（通知并指示用户）的消息框。通过调用该类的 Show 方法，可以在程序运行过程中给用户信息提示，并根据用户对提示框做出的必要响应执行下一步的操作。

MessageBox.Show 有多种调用方法，表 3-12 所示的是最常用的一些方法。

表 3-12　MessageBox.Show 调用方法

方　法	说　明
public static DialogResult Show(string);	显示具有指定文本的消息框
public static DialogResult Show(string , string);	显示具有指定文本和标题的消息框
public static DialogResult Show(string , string , MessageBoxButtons);	显示具有指定文本、标题和按钮的消息框
public static DialogResult Show(string , string , MessageBoxButtons , MessageBoxIcon);	显示具有指定文本、标题、按钮和图标的消息框

（续）

方　　法	说　　明
public static DialogResult Show(string 　　, string 　　, MessageBoxButtons 　　, MessageBoxIcon 　　, MessageBoxDefaultButton);	显示具有指定文本、标题、按钮、图标和默认按钮的消息框
public static DialogResult Show(string 　　, string 　　, MessageBoxButtons 　　, MessageBoxIcon 　　, MessageBoxDefaultButton 　　, MessageBoxOptions);	显示具有指定文本、标题、按钮、图标、默认按钮和选项的消息框

用户可以根据实际需要调用相应的方法。表 3-13～表 3-16 是对函数参数的说明。

表 3-13　MessageBoxButtons 显示按钮选项

成员名称	说　　明
AbortRetryIgnore	该消息框包含“中止”“重试”和“忽略”按钮
OK	该消息框包含“确定”按钮
OKCancel	该消息框包含“确定”和“取消”按钮
RetryCancel	该消息框包含“重试”和“取消”按钮
YesNo	该消息框包含“是”和“否”按钮
YesNoCancel	该消息框包含“是”“否”和“取消”按钮

表 3-14　MessageBoxIcon 显示图标选项

成员名称	说　　明
Asterisk	该消息框包含一个符号，该符号是由一个圆圈及其中的小写字母 i 组成的
Error	该消息框包含一个符号，该符号是由一个红色背景的圆圈及其中的白色×组成的
Exclamation	该消息框包含一个符号，该符号是由一个黄色背景的三角形及其中的一个感叹号组成的
Hand	该消息框包含一个符号，该符号是由一个红色背景的圆圈及其中的白色×组成的
Information	该消息框包含一个符号，该符号是由一个圆圈及其中的小写字母 i 组成的
None	消息框未包含符号
Question	该消息框包含一个符号，该符号是由一个圆圈和其中的一个问号组成的
Stop	该消息框包含一个符号，该符号是由一个红色背景的圆圈及其中的白色×组成的
Warning	该消息框包含一个符号，该符号是由一个黄色背景的三角形及其中的一个感叹号组成的

表 3-15　MessageBoxDefaultButton 默认按钮选项

成员名称	说　　明
Button1	消息框上的第 1 个按钮是默认按钮
Button2	消息框上的第 2 个按钮是默认按钮
Button3	消息框上的第 3 个按钮是默认按钮

表 3-16 MessageBoxOptions 选项

成员名称	说 明
DefaultDesktopOnly	消息框显示在活动桌面上。此常数与 ServiceNotification 相同，只是系统仅在交互窗口的默认桌面上显示消息框
RightAlign	消息框文本右对齐
RtlReading	指定消息框文本按从右到左的阅读顺序显示
ServiceNotification	消息框显示在活动桌面上。调用方是一种服务，用于将事件通知用户。即使没有用户登录到计算机，该功能也会在当前活动桌面上显示一个消息框

函数的返回值为 DialogResult，其取值如表 3-17 所示。

表 3-17 DialogResult 选项

成 员 名 称	说 明
Abort	对话框的返回值是 Abort（通常由标签为“中止”的按钮发送）
Cancel	对话框的返回值是 Cancel（通常由标签为“取消”的按钮发送）
Ignore	对话框的返回值是 Ignore（通常由标签为“忽略”的按钮发送）
No	对话框的返回值是 No（通常由标签为“否”的按钮发送）
None	从对话框返回了 Nothing，这表明有模式对话框继续运行
OK	对话框的返回值是 OK（通常由标签为“确定”的按钮发送）
Retry	对话框的返回值是 Retry（通常由标签为“重试”的按钮发送）
Yes	对话框的返回值是 Yes（通常由标签为“是”的按钮发送）

【例 3-2】 完善班级信息管理模块（见第 2 章）。要求在清空班级记录前,以消息框的形式给出提示信息“是否要清空所有班级？”，并设置焦点为“否”，以免有误操作情况发生；清空完成后给出“清空成功”的提示信息。

为“清空”按钮完善事件的代码，如下所示：

```
private void btnClear_Click(object sender, EventArgs e)
{
    DialogResult result;
    result=MessageBox.Show("是否要清空所有班级？", "清空确认",
            MessageBoxButtons.YesNo,                //消息框出现两个选项
            MessageBoxIcon.Warning,                 //警告图标
           MessageBoxDefaultButton.Button2);        //设置默认选项为“否”(NO)
    if(result==DialogResult.Yes)
    {
        lstClass.Items.Clear();
        MessageBox.Show("清空完成！");
    }
}
```

运行程序，单击“清空”按钮，则显示提示信息对话框，如图 3-5 所示，其信息为“是否要清空所有班级？”，对话框标题为“清空确认”，同时显示“是”和“否”两个按钮，默认按钮为第二个按钮（即“否”）。如果用户单击了“是”，将进行清空班级信息处理，清空完成后的提示信息如图 3-6 所示。如果用户单击了“否”，则不会清空班级信息。

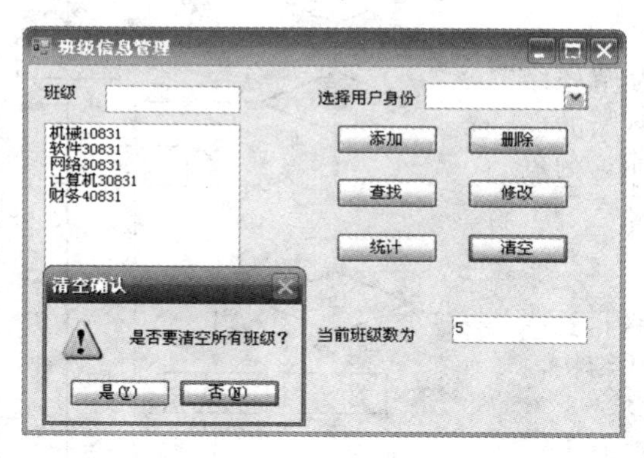

图 3-5　提示信息对话框 1

图 3-6　提示信息对话框 2

3.3　程序结构与流程控制语句

3.3.1　程序的 3 种基本结构

按程序的执行流程，程序的结构可分为 3 类：顺序结构、分支结构和循环结构。

1．顺序结构

按照语句代码出现的先后顺序依次执行的结构称为顺序结构，如图 3-7 所示。

2．分支结构

在一种以上可能的操作中按条件选取一个执行的结构称为分支结构。

（1）两路分支

在两种可能的操作中按条件选取其中一个执行的结构称为两路分支结构，也称为双分支结构。图 3-8 所示为双分支结构流程图，执行时，判断条件 B 是否成立，成立时执行 S1 操作，否则执行 S2 操作。

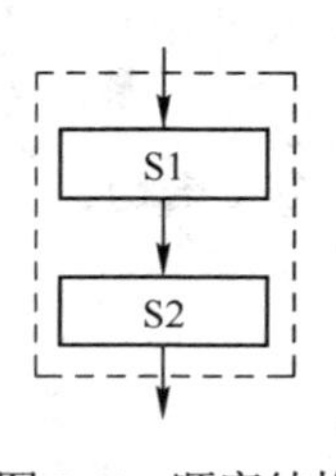

图 3-7　顺序结构

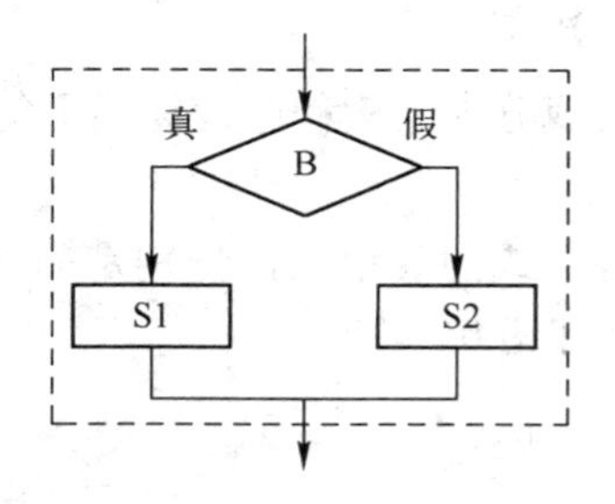

图 3-8　双分支结构

（2）多路分支

在多种可能的操作中按条件选取一个执行的结构称为多分支结构，图 3-9 所示为多分支结构流程图。执行时从 B1 至 Bn 依次判断每个条件是否成立，成立时，就执行相应的操作，如果所有条件都不成立，就执行 S(n+1)操作。

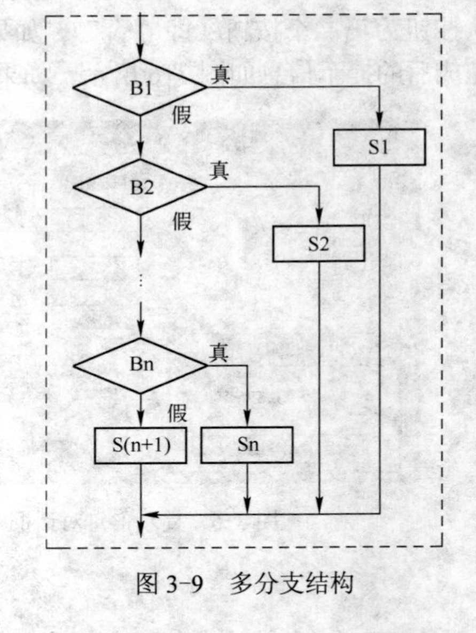

图 3-9　多分支结构

3．循环结构

按条件重复执行一种操作的结构称为循环结构。循环结构中的语句称为循环体，用于判断的条件称为循环条件。循环结构有两种形式，即当型循环结构和直到型循环结构。

（1）当型循环结构

先进行判断，然后根据判断结果（真或假）决定是否执行循环体的循环结构称为当型循环结构，如图 3-10 所示。

（2）直到型循环结构

先执行一次循环体，然后再根据判断结果（真或假）决定是否执行循环体的循环结构为直到型循环结构，如图 3-11 所示。

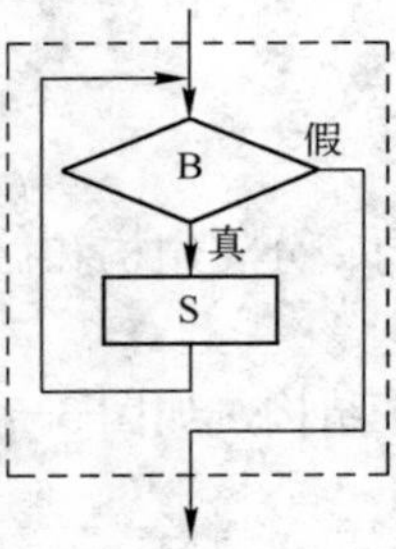

图 3-10　当型循环结构

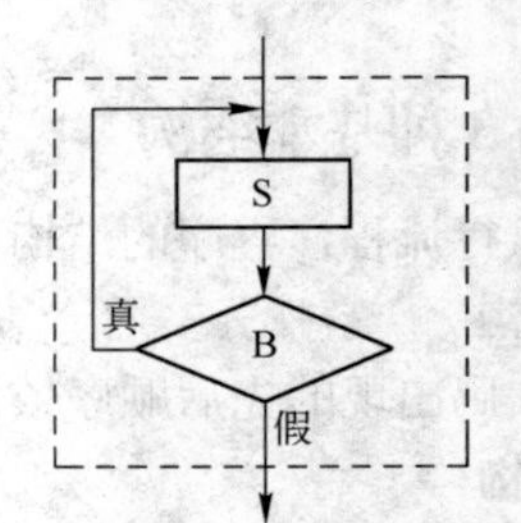

图 3-11　直到型循环结构

从上述两种循环结构的流程图可以看出，对于当型循环结构，程序有可能一次也不执行循环体；对于直到型循环结构，程序至少要执行一次循环体。

3.3.2　分支程序

C#中用于实现分支结构程序设计的语句有两种，即 if 与 switch 语句。

1．if 语句

C#中有 3 种形式的 if 语句，分别是单分支、双分支和多分支 if 语句。

（1）单分支 if 语句

```
if(<表达式>)
{
    <语句>
}
```

【例 3-3】 设计程序，对输入的两个整数 a 和 b 进行比较，并输出其中较大的一个数（用单分支语句实现）。

程序界面设计：程序运行时的界面如图 3-12 所示。设计时 3 个文本框的 Text 属性都设置为空；3 个标签的 Text 属性分别设置为“a=”、“b=”和“较大的数为”，命令按钮的 Text 属性采用默认值；所有对象的名称均采用默认名称。

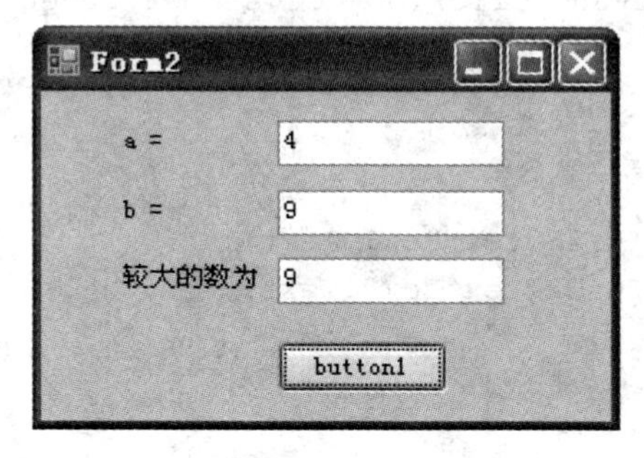

图 3-12 运行界面

程序代码设计如下：

```
private void button1_Click(object sender, EventArgs e)
{
    int a;
    int b;
    int max;
    a=Convert.ToInt32(textBox1.Text);
    b=Convert.ToInt32(textBox2.Text);
    max=a;
    if(b>max)
    {
        max=b;
    }
    textBox3.Text=max.ToString();
}
```

保存工程，运行程序，分别在文本框 textBox1 和 textBox2 中输入两个整数，单击 button1 命令按钮，文本框 textBox3 中将输出较大的数。

（2）双分支 if 语句

```
if(<表达式>)
{
    <语句 1>
}
else
{
    <语句 2>
}
```

执行过程中，当表达式的值为真时，执行语句 1，否则执行语句 2。

【例 3-4】 输入两个整数 a 和 b，输出其中较大的一个数（用双分支 if 语句实现）。

程序界面设计参考【例 3-3】。

程序代码设计如下：

```
private void button1_Click(object sender, EventArgs e)
{
    int a;
    int b;
    int max;
    a=Convert.ToInt32(textBox1.Text);
    b=Convert.ToInt32(textBox2.Text);
    if(b>a)
    {
        max=b;
    }
    else
    {
        max=a;
    }
    textBox3.Text=max.ToString();
}
```

保存工程，运行程序，分别在文本框 textBox1 和 textBox2 中输入两个整数，单击 button1 命令按钮，文本框 textBox3 中将输出较大的数。

（3）多分支 if 语句

```
if(<表达式 1>)
{
    <语句 1>
}
else  if(<表达式 2>)
{
    <语句 2>
}
…
else  if(<表达式 n-1>)
{
    <语句 n-1>
}
else
{
    <语句 n>
}
```

【例 3-5】 设计程序计算下面分段函数的值。

$$y=\begin{cases}x+1 & x<0\\ x^2-5 & 0\leqslant x<10\\ x^3 & x\geqslant 10\end{cases}$$

分析：自变量 x 的取值范围被分成 3 个区间，因此可采用多分支 if 语句进行程序设计。

程序界面设计：程序运行的界面如图 3-13 所示，设计时两个文本框的 Text 属性都设置为空；两个标签的 Text 属性分别设置为“x=”和“y=”，命令按钮的 Text 属性设置为“计算”；所有对象的名称都采用默认名称。

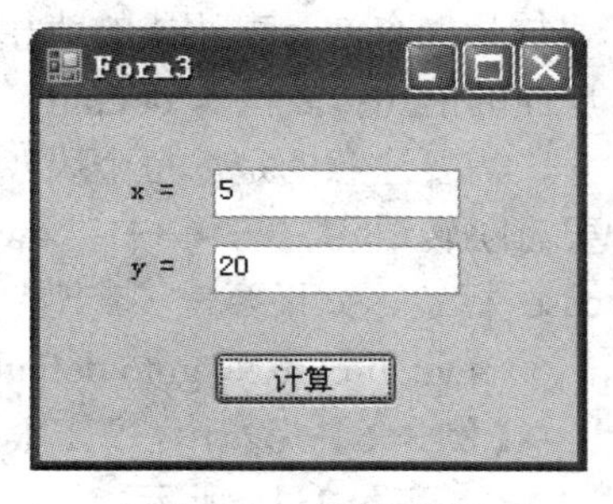

图 3-13　运行界面

程序代码设计如下：

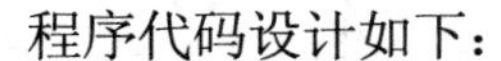

```
private void button1_Click(object sender, EventArgs e)
{
    double x;
    double y;
    x=Convert.ToDouble(textBox1.Text);
    if(x<0)
    {
        y=x+1;
    }
    else if(x<10)
    {
        y=x*x-5;
    }
    else
    {
        y=x*x*x;
    }
    textBox2.Text=y.ToString();
}
```

保存工程，运行程序，在文本框 textBox1 输入一个数，单击“计算”按钮，文本框 textBox2 中将输出函数值。

2．switch 语句（开关语句）

switch 语句是一个控制语句，它通过将控制传递给其语句体内的一个 **case** 语句来处理多个选择。声明格式如下：

```
switch(<表达式>)
{   case<常量表达式 1>:〔<语句 1>〕<跳转语句 1>
    case<常量表达式 2>:〔<语句 2>〕<跳转语句 2>
    ...
    case<常量表达式 n-1>:〔<语句 n-1>〕<跳转语句 n-1>
    〔default:<语句 n><跳转语句 n>〕
}
```

其中，switch 后的表达式可以是整型或字符串型表达式。

语句执行流程为首先计算表达式的值，然后将它与 case 后的常量表达式逐个进行比较，若与某一个常量表达式的值相等，就执行此 case 后面的语句；若都不相等，就执行 default 后面的语句；若没有 default，则不做任何操作就结束。

需要注意的是，每个块（包括最后一个块，不管它是 case 语句还是 default 语句）后都要有跳转语句，与 C++中 switch 语句不同，C#不支持从一个 case 标签显式贯穿到另一个 case 标签。如果要使 C#支持从一个 case 标签显式贯穿到另一个 case 标签，可以使用 goto 一个 switch-case 或 goto default。

【例 3-6】 设计程序，根据输入的日期输出其星期值。程序界面设计和运行结果分别如图 3-14 和图 3-15 所示。

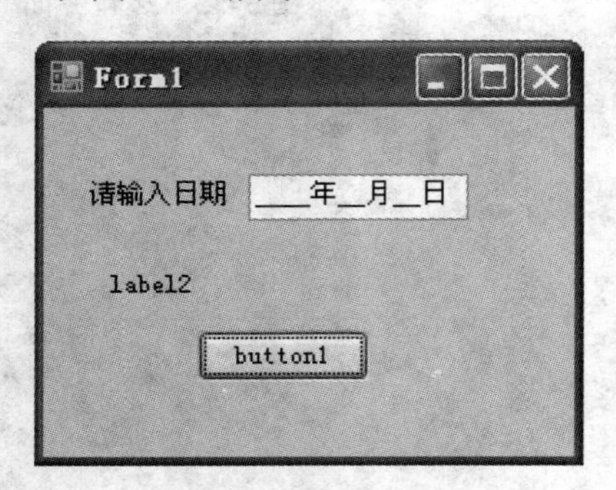

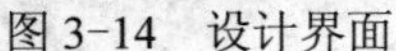
图 3-14　设计界面

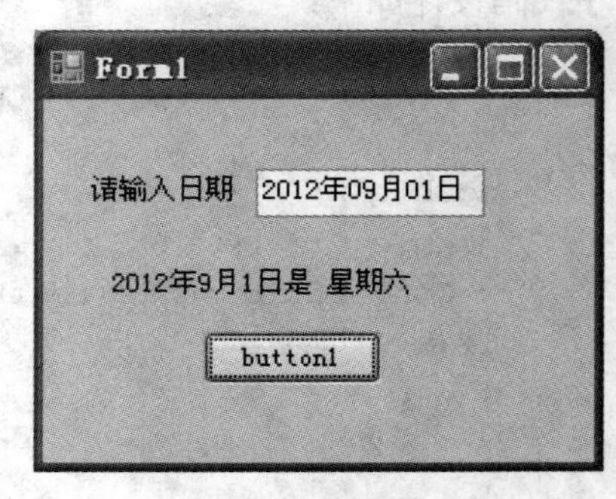

图 3-15　运行界面

模式文本框的输入格式设置为日期格式，一个标签的 Text 属性设置为“请输入日期”，其余控件的名称和属性采用默认值。

程序代码设计如下：

```
    private void button1_Click(object sender, EventArgs e)
    {
        DateTime myDate=Convert.ToDateTime(maskedTextBox1.Text);
        string s="";
        switch(myDate .DayOfWeek )
        {
           case DayOfWeek .Monday: s="星期一";break ;
           case DayOfWeek.Tuesday :s="星期二";break ;
           case DayOfWeek.Wednesday :s="星期三";break ;
           case DayOfWeek.Thursday :s="星期四";break ;
           case DayOfWeek.Friday :s="星期五";break ;
           case DayOfWeek.Saturday :s="星期六";break ;
           default :s="星期日";break ;
        }
        label2.Text=myDate.Year +"年"+myDate .Month +"月"+myDate .Day +"日
"+"是 "+s;
    }
```

保存工程，运行程序，在模式文本框 maskedTextBox1 中输入日期，单击“button1”命令按钮，标签 label2 中将输出输入日期对应的星期值。

3.3.3 循环语句

循环语句用于实现循环结构。C#中循环结构有 3 种：do…while 语句、for 语句、foreach 语句。

do…while 语句是条件型循环，循环的执行由条件控制，当循环的次数不确定时通常选用该语句；for 语句是计算型循环，当循环的次数已知时选用该语句；foreach 语句用于对集合变量进行循环（在后面介绍到数组时将做介绍）。

1. do…while 语句

（1）当型循环语句（while 语句）

while 语句执行一个语句或一个语句块，直到指定的表达式求得 false 值为止。

```
while (<表达式>)
  <语句>
```

其中：

表达式是一个可隐式转换为 bool 类型或包含重载 true 和 false 运算符类型的表达式，用于测试循环终止条件。

由于表达式的测试发生在循环执行之前，因此 while 循环执行零次或多次。

当 break、goto、return 或 throw 语句将控制传递到循环之外时可以终止 while 循环。若要将控制传递给下一个迭代但不退出循环，则使用 continue 语句。

【例 3-7】 用 while 语句计算累加和：S=1+2+3+4+…+n。

程序界面设计：程序运行的界面如图 3-16 所示。设计时两个文本框的 text 属性都设置为空；两个标签的 Text 属性分别设置为“n=”和“s=”；命令按钮的 text 属性设置为“计算”；所有对象的名称均采用默认名称。

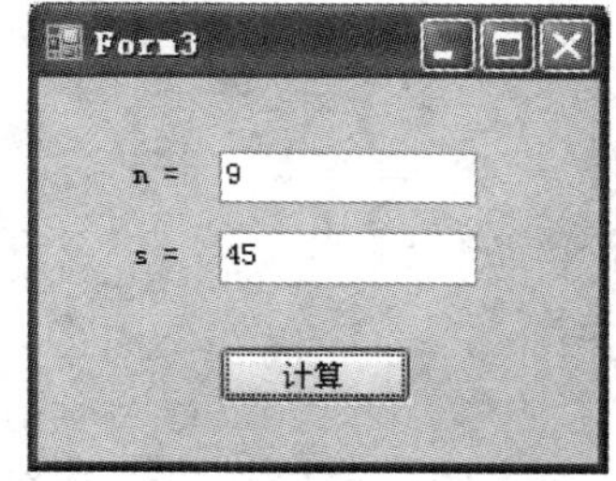

图 3-16　运行界面

程序代码设计如下：

```
private void button1_Click(object sender, EventArgs e)
{
    int n;
    int s;
    n=Convert.ToInt32(textBox1.Text);
    int i=1;
    s=0;
    while(i<=n)
    {
        s +=i;
        i++;
    }
    textBox2.Text=s.ToString();
}
```

保存工程，运行程序，在文本框 textBox1 中输入 n 的值，单击“计算”命令按钮，文本框 textBox2 中将输出累加和。

（2）直到型循环语句（do…while 语句）

do…while 语句重复执行一个语句或一个语句块，直到指定的表达式求得 false 值为止。它的形式为：

```
do
  <语句>
while  (<表达式>);
```

其中：表达式是一个可隐式转换为 bool 型或包含重载 true 和 false 运算符类型的表达式，用于测试循环终止条件。

与 while 语句不同，do…while 语句的循环体至少执行一次，与表达式的值无关。

【例 3-8】 用 do…while 语句计算累加和：S=1+2+3+4+…+n。

程序界面设计可参考【例 3-7】。

程序代码设计如下：

```
private void button1_Click(object sender, EventArgs e)
{
    int n;
    int s;
    n=Convert.ToInt32(textBox1.Text);
    int i=1;
    s=0;
    do
    {
        s +=i;
        i++;
    } while(i<=n);
    textBox2.Text=s.ToString();
}
```

保存工程，运行程序，在文本框 textBox1 中输入 n 的值，单击“计算”命令按钮，文本框 textBox2 中将输出累加和。

2．for 语句

for 语句用于循环重复执行一个语句或一个语句块，直到指定的表达式求得 false 值为止。

```
for(<表达式 1>;<表达式 2>;<表达式 3>)
    <语句>
```

说明：

在圆括号内的 3 个表达式之间用分号“;”隔开；表达式 1 称为循环初始化表达式，通常为赋值表达式，简单情况下为循环变量赋初值；表达式 2 称为循环条件表达式，通常为关系表达式或逻辑表达式，简单情况下为循环结束条件；表达式 3 称为循环增量表达式，通常为赋值表达式，简单情况下为循环变量增量。语句部分为循环体，它可以是单个语句，若是多个语句，则必须用花括号“{}”将多个语句括起来构成一个复合语句。

for 语句的所有表达式都是可选的，例如，下面语句可用于一个无限循环。

```
for(;;) {
   ...
}
```

【例 3-9】 用 for 语句计算累加和 S=1+2+3+4+…+n。

程序界面设计可参考【例 3-7】。

程序代码设计如下：

```
private void button1_Click(object sender, EventArgs e)
{
    int n;
    int s;
    n=Convert.ToInt32(textBox1.Text);
    s=0;
    for(int i=1; i<=n; i++)
    {
        s +=i;
        i++;
    }
    textBox2.Text=s.ToString();
}
```

保存工程，运行程序，在文本框 textBox1 中输入 n 的值，单击“计算”按钮，文本框 textBox2 中将输出累加和。

3.4 数组

数组是具有相同数据类型的项的有序集合。数组元素通过数组名及索引（也称为数组下标）进行访问。C#中数组从 0 开始建立索引，即数组索引从 0 开始。所有数组元素必须为同一类型，该类型称为数组的元素类型。数组元素可以是任何类型，包括数组类型。数组可以是一维数组或多维数组。数组类型是从抽象基类型 System.Array 派生的引用类型。C#中数组的工作方式与在大多数其他流行语言中的工作方式类似，但还有一些差异应引起注意。

1）声明数组时，方括号（[]）必须跟在类型后面，而不是标识符后面。在 C#中，将方括号放在标识符后是不合法的。

```
int[] table;  // int table[];  错误
```

2）与 C 语言不同，数组的大小不是其类型的一部分，因此可以根据需要确定数组的长度。

```
int[] numbers;
numbers=new int[10];  //定义数组长度为 10
numbers=new int[20];  //定义数组长度为 20
```

也可以如下所示，直接声明一个由 5 个整数组成的数组：

```
int[] myArray=new int[5];
```

此数组包含从 myArray[0] 到 myArray[4]的 5 个元素。new 运算符用于创建数组并将数组元素初始化为它们的默认值。在此例中，所有数组元素都初始化为 0。

用户可以用相同的方式声明存储字符串元素的数组。例如：

```
string[] myStringArray=new string[6];
```

3.4.1 数组概述

1．声明数组

C#支持一维数组、多维数组（矩形数组）和数组的数组（交错数组）。下面的示例展示如何声明不同类型的数组。

一维数组：

```
int[] numbers;
```

多维数组：

```
string[,] names;
```

数组的数组（也称为交错数组）：

```
byte[][] scores;
```

声明数组（如上所示）并不实际创建它们。在 C#中，数组是对象，必须进行实例化。下面的示例展示如何创建数组。

一维数组：

```
int[] numbers=new int[5];
```

多维数组：

```
string[,] names=new string[5, 4];
```

数组的数组（交错数组）：

```
byte[][] scores=new byte[5][];
for(int x=0; x<scores.Length; x++)
{
   scores[x]=new byte[4];
}
```

还可以有更大的数组，例如，可以有三维的矩形数组：

```
int[, ,] buttons=new int[4, 5, 3];
```

2．数组常用方法

在 C#中，数组实际上是对象，而不只是像 C 和 C++中那样的可寻址连续内存区域。Array 是所有数组类型的抽象基类型，可以使用 Array 具有的属性和包含的其他类成员。Array 的长度是它可包含的元素总数，Array 的秩是 Array 中的维数。每一维的下限是该维的起始索引，多维 Array 的每一维可以有不同的界限。

（1）数组的长度

通常使用 Length 属性来获取数组的长度：

```
public int Length { get; }
```

函数返回一个 32 位整数，该整数表示 Array 的所有维数中元素的总数。如下所示：

```
int[] numbers=new int[5];
string[,] names=new string[5, 4];
int[, ,] buttons=new int[4, 5, 3];
int length;
length=numbers.Length; // length=5
length=names.Length; // length=4×5=20
length=buttons.Length; // length=4×5×3=60
```

（2）数组的秩

数组的秩通过 Rank 属性获得：

```
public int Rank { get; }
```

函数返回一个整数，该整数为 Array 的秩（维数）。如下所示：

```
int[] numbers=new int[5];
string[,] names=new string[5, 4];
int[, ,] buttons=new int[4, 5, 3];
int rank;
rank=numbers.Rank; // Rank=1
rank=names.Rank; // Rank=2
rank=buttons.Rank; // Rank=3
```

（3）元素引用

数组元素的引用通过索引器（类似于 C\C++中的下标）来进行引用：

```
<数组名>[下标表达式]
```

如下所示：

```
int[] myArray={ 1, 3, 5, 7, 9 };
string[] weekDays={ "Sun", "Sat", "Mon", "Tue", "Wed", "Thu", "Fri" };
int[,] array2D=new int[4, 2]
   { { 1, 2 }
   , { 3, 4 }
   , { 5, 6 }
```

```
        , { 7, 8 } };
int[, ,] array3D=new int[2, 1, 3] { { { 1, 2, 3 } }, { { 4, 5, 6 } } };

int myInt=myArray[0];           //=1;
string myStr=weekDays[2];       //="Mon"
myInt=array2D[2, 1];            //=6
myInt=array3D[1, 0, 2];         //=6
```

3.4.2 一维数组的定义与引用

1．初始化

可以在声明数组时将其初始化，在这种情况下不需要级别说明符，因为级别说明符已经由初始化列表中的元素数提供。例如：

```
int[] myArray=new int[] { 1, 3, 5, 7, 9 };
```

用户可以用相同的方式初始化字符串数组。下面声明一个字符串数组，其中每个数组元素用星期的名称初始化：

```
string[] weekDays=new string[]
   { "Sun", "Sat", "Mon", "Tue", "Wed", "Thu", "Fri" };
```

如果在声明数组时将其初始化，则可以使用下面的快捷方式：

```
int[] myArray={ 1, 3, 5, 7, 9 };
string[] weekDays={ "Sun", "Sat", "Mon", "Tue", "Wed", "Thu", "Fri" };
```

用户可以声明一个数组变量但不将其初始化，但在将数组分配给此变量时必须使用 new 运算符。例如：

```
int[] myArray;
myArray=new int[] { 1, 3, 5, 7, 9 };   // OK
myArray={1, 3, 5, 7, 9};   // Error
```

2．值类型数组和引用类型数组

在数组声明中：

```
MyType[] myArray=new MyType[10];
```

声明的数组结果取决于 MyType 是值类型还是引用类型。如果是值类型，则该语句将创建一个由 10 个 MyType 类型的实例组成的数组。如果 MyType 是引用类型，则该语句将创建一个由 10 个元素组成的数组，其中每个元素都初始化为空引用。

3．将数组作为参数传递

可以将初始化的数组传递给方法。例如：

```
PrintArray(myArray);
```

也可以在一个步骤中初始化并传递新数组。例如：

```
PrintArray(new int[] { 1, 3, 5, 7, 9 });
```

【例 3-10】 某班有 10 个学生进行了数学考试，现要求将他们的数学成绩按由低到高的顺序排序。

分析：排序是指将一组无序的数据从小到大（升序）或从大到小（降序）的次序重新排列。常用的排序方法有冒泡法、选择法和擂台法 3 种。这里介绍冒泡法。

使用冒泡法进行排序，其基本思想是逐轮逐次对数据序列中相邻的两个数进行比较，比较中若发现不符合排序规律，即把两数进行交换。用冒泡法对 n 个数进行排序，需要进行 $n-1$ 轮比较，而每轮的比较次数则从第一轮起依次减少，第一轮为 $n-1$ 次，第二轮为 $n-2$ 次，依此类推。图 3-17 是使用冒泡法对 5 个数进行排序的过程说明。

7	5	5	5	5
5	7	6	6	6
6	6	7	3	3
3	3	3	7	2
2	2	2	2	7

第 1 轮，比较 4 次

5	5	5	5
6	6	3	3
3	3	6	2
2	2	2	6
7	7	7	7

第 2 轮，比较 3 次

3	3	3
5	5	2
2	2	5
6	6	6
7	7	7

第 3 轮，比较 2 次

3	2
2	3
5	5
6	6
7	7

第 4 轮，比较 1 次

图 3-17　冒泡法排序

程序界面设计：程序运行界面如图 3-18 所示。设计时两个文本框的 Text 属性都设置为空，两个标签的 Text 属性分别为“排序前:”和“排序后:”，命令按钮的 Text 属性为“排序”，给窗体添加 Load 事件，其他使用默认设置。

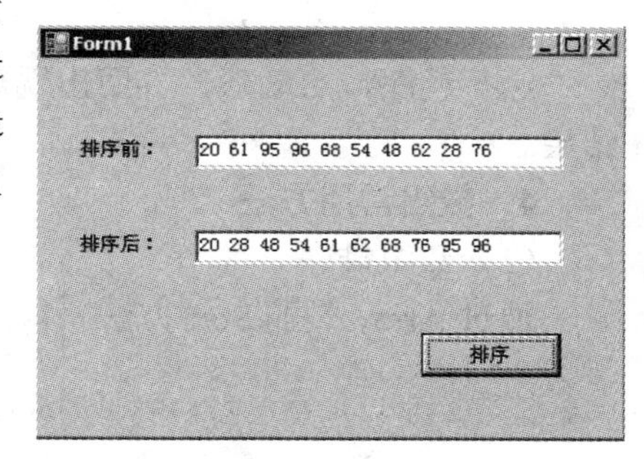

图 3-18　运行界面

程序代码设计如下：

```
    // 定义这个成员变量来保存要排序 10 人的成绩数组
    private int[] a=new int[10];
    private  void  Form1_Load(object  sender,
EventArgs e)
    {
        //初始化随机数产生器
        Random rand=new Random();
        string s="";
        for(int i=0; i<10; i++)
        {
            //利用随机数产生器产生 10 个随机成绩
            a[i]=(int)Math.Floor(rand.NextDouble()*(100-1))+1;
            s +=string.Format("{0,-3}", a[i]);
        }
        textBox1.Text=s;
    }
    private void button1_Click(object sender, EventArgs e)
    {
        int n=10;//数组长度
```

```
        //利用冒泡法排序
        for(int i=0; i<n-1; i++)
        {
            for(int j=0; j<n-i-1; j++)
            {
                if(a[j]>a[j+1])
                {
                    int temp=a[j];
                    a[j]=a[j+1];
                    a[j+1]=temp;
                }
            }
        }
        //输出排序结果
        string s="";
        for(int i=0; i<n; i++)
        {
            s +=string.Format("{0,-3}", a[i]);
        }
        textBox2.Text=s;
    }
```

运行程序，启动后，界面出现需要排序的成绩，单击“排序”按钮，显示排序后的成绩结果。

4．数组常用方法

（1）数组排序

通过 Array 类的 Sort 方法获得：

```
public void Sort (Array array)
```

如对上例中的数组 a 进行排序：

```
Array.Sort(a);
```

（2）数组逆序

通过 Array 类的 Reverse 方法获得：

```
public void Reverse(Array array)
```

如对上例中排好序的数组 a 进行逆序：

```
Array.Reverse(a);
```

3.4.3　二维数组的定义与引用

数组可以具有多个维度，与一维数组相对应的是多维数组，其中三维及三维以上数组的使用范围有限。下列声明创建一个二维数组（每维长度分别为 4、2）及一个三维数组（每维长度分别为 4、2 和 3)：

```
int[,] myArray=new int[4, 2];              //创建一个二维数组
int[, ,] myArray=new int[4, 2, 3];         //创建一个三维数组
```

1．数组初始化

可以在声明数组时将其初始化，如下例所示：

```
int[,] myArray=new int[,] {{1, 2}, {3, 4}, {5, 6}, {7, 8}};
```

也可以初始化数组但不指定级别：

```
int[,] myArray={{1, 2}, {3, 4}, {5, 6}, {7, 8}};
```

如果要声明一个数组变量但不将其初始化，则在赋值时必须使用 new 运算符将数组空间分配给此变量。例如：

```
int[,] myArray;                              //声明数组变量，但不初始化
myArray=new int[,] {{1, 2}, {3, 4}, {5, 6}, {7, 8}};   //正确
myArray={{1,2}, {3,4}, {5,6}, {7,8}};   //错误
```

也可以给单个数组元素赋值，例如：

```
myArray[2, 1]=25;
```

2．将数组作为参数传递

可以将初始化的数组传递给方法，例如：

```
PrintArray(myArray);
```

也可以在一个步骤中初始化并传递新数组，例如：

```
PrintArray(new int[,] {{1, 2 }, {3, 4}, {5, 6}, {7, 8}});
```

3.4.4　数组列表（ArrayList）

数组列表是一种特殊的数据类型，有时也称为动态数组。它可以动态地增加和删除元素，灵活地设置数组的大小。

ArrayList 的容量是该列表可包含的元素数。随着向 ArrayList 中添加元素，容量通过重新分配按需自动增加，可通过调用 TrimToSize 或通过显式设置 Capacity 属性来减少容量。此集合中的索引从 0 开始。

ArrayList 虽然经常当作可变长的一维数组来使用，但它的存储元素都是引用，也就意味着 ArrayList 可以存储不是同一类型的元素，ArrayList 接受空引用作为有效值并且允许重复的元素。

下面介绍一些 ArrayList 的常用方法。

1．声明和初始化

声明 ArrayList 需要引用命名空间 System.Collections：

```
using System.Collections;
```

其声明和初始化语句如下：

```
ArrayList myAL=new ArrayList();
```

2．数组容量和长度

Capacity 是 ArrayList 可以存储的元素数。Count 是 ArrayList 中实际存储的元素数。

Capacity 总是大于或等于 Count。如果在添加元素时 Count 超过 Capacity，则通过在复制旧元素和添加新元素之前重新分配内部数组来使容量自动增加（自动完成）。

使用 Count 属性返回 ArrayList 中实际包含的元素数，其语句如下：

```
public virtual int Count{get;}
```

3．添加和插入元素

往数组列表添加元素，需要调用 ArrayList 的 Add 函数：

```
public virtual int Add(
    Object value
)
```

将对象添加到 ArrayList 的结尾处，并返回 ArrayList 索引，代码如下：

```
ArrayList myAL=new ArrayList();
string s="Hello";
myAL.Add(s);
int i=123;
myAL.Add(i);
myAL.Add("!");
```

往数组列表添加元素时还可以使用插入元素的 Insert 函数，其语句如下：

```
public virtual void Insert(
   int index,
   Object value
)
```

其中 index 参数为从零开始的索引，应在该位置插入 value。

4．访问元素

数组列表的元素访问和一维数组很相似，都是通过索引进行访问：

```
<数组列表名>[下标表达式]
```

不同的是，ArrayList 返回的值为引用（object），需要转换成正确的类型。

下面示例演示了 ArrayList 元素的访问和赋值清空：

```
ArrayList myAL=new ArrayList();
string s="Hello";
myAL.Add(s);
```

```
int i=123;
myAL.Add(i);
myAL.Add("!");
string d=(string)myAL[0]; // d="Hello"
myAL[1]="world";  //重新赋值，原先为整数 123
d=(string)myAL[1];    // d="world"
```

5．移除和清空元素

如果要移除数组列表中的元素，有如下两种方法。

（1）使用 Remove 方法

```
public virtual void Remove(
    Object obj
)
```

参数 obj 为要从 ArrayList 移除的 Object。

该方法用于从 ArrayList 中移除特定对象的第一个匹配项。如果 ArrayList 不包含指定对象，则 ArrayList 保持不变。此方法执行线性搜索，已移除元素之后的元素上移以占据空出的位置。

（2）使用 RemoveAt 方法

```
public virtual void RemoveAt(
    int index
)
```

参数 index 指定要移除的元素的从 0 开始的索引。

该方法移除 ArrayList 的指定索引处的元素。如果清空数组列表中的所有元素，则需要调用 ArrayList 的 Clear 函数：

```
public virtual void Clear()
```

该函数将从 ArrayList 中移除所有元素。

【例 3-11】 定义一个数组列表，并进行添加、插入、删除数组元素的操作，分别显示数组列表中各元素的值、数组列表容量、数组列表中元素个数，如图 3-19 所示。

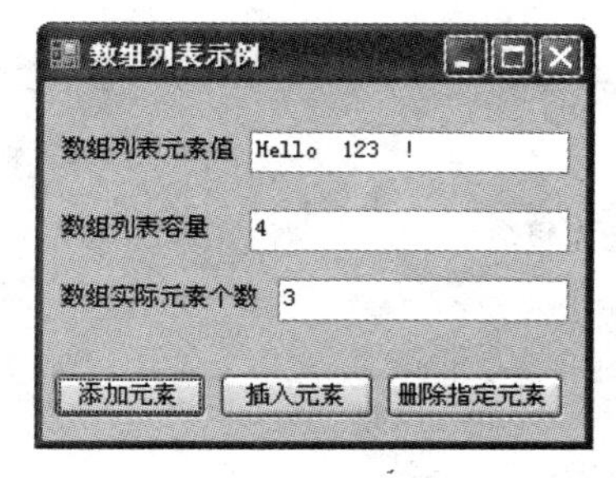

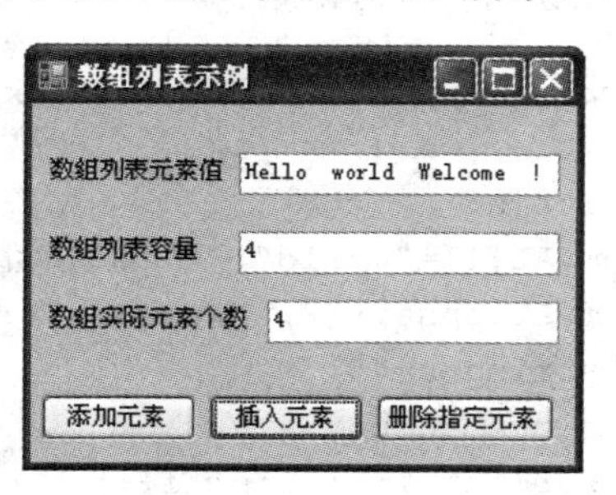

图 3-19 数组列表元素操作界面

1）新建解决方案 Project3。

2）窗体属性设置如下：Name 为 frm_myAL；Text 为“数组列表示例”。

3）添加控件与设置控件属性。

将文本框分别命名为：txt_myAL、txt_Capacity、txt_Count；将按钮控件 btn_Add、btn_Insert、btn_RemoveAt 分别命名为“添加元素”“插入元素”“删除指定元素”。

4）引用命名空间并定义数组列表 myAL：

```
using System.Collections;
ArrayList myAL=new ArrayList();
```

5）添加窗体 Load 事件：

```
private void Form1_Load(object sender, EventArgs e)
{
    txt_Capacity.Text=Convert.ToString(myAL.Capacity);
    txt_Count.Text=Convert.ToString(myAL.Count);

}
```

6）添加按钮事件处理函数：

```
private void btn_Add_Click(object sender, EventArgs e)
{
    string s="Hello";
    myAL.Add(s);
    int i=123;
    myAL.Add(i);
    myAL.Add("!");
    s="";
    for(i=0; i<3; i++)
        s+=Convert.ToString(myAL[i])+"  ";
    txt_myAL.Text=s;
    txt_Capacity.Text=Convert.ToString(myAL.Capacity);
    txt_Count.Text=Convert.ToString(myAL.Count);
}
```

7）插入按钮事件处理函数：

```
private void btn_Insert_Click(object sender, EventArgs e)
{
    int n;
    myAL[1]="world";  //重新赋值，原先为整数
    myAL.Insert(2, "Welcome");
    string s="";
    n=myAL.Count;
    for(int i=0; i<n; i++)
        s +=Convert.ToString(myAL[i])+"  ";
    txt_myAL.Text=s;
    txt_Capacity.Text=Convert.ToString(myAL.Capacity);
    txt_Count.Text=Convert.ToString(myAL.Count);
```

```
}
```

8）删除按钮事件处理函数：

```
private void btn_RemoveAt_Click(object sender, EventArgs e)
{
    int n;
    myAL.RemoveAt(2);
    string s="";
    n=myAL.Count;
    for(int i=0; i<n; i++)
        s +=Convert.ToString(myAL[i])+"  ";
    txt_myAL.Text=s;
    txt_Capacity.Text=Convert.ToString(myAL.Capacity);
    txt_Count.Text=Convert.ToString(myAL.Count);
}
```

3.4.5 对数组或数组列表使用 foreach

C#用 foreach 语句提供一种简单、明了的方法来循环访问数组的元素。

1．foreach 语句

foreach 语句列举出一个集合（collection）中的所有元素，并执行关于集合中每个元素的访问。语句格式如下：

```
foreach(<数据类型><变量> in<表达式>)<语句>
```

foreach 语句括号中的变量是一个只读的局部变量（又称为重复变量），有效区间为整个嵌套语句内。在 foreach 语句执行过程中，重复变量代表着当前操作针对的集合中相关元素。不允许对重复变量赋值，也不允许把重复变量当作 ref 或者 out 参数传递。foreach 语句的表达式类型必须为集合（collection）类型（正如下面定义的那样），必要时进行显式转换，将集合的元素类型转换为重复变量的类型。

2．对数组或数组列表使用 foreach

System.Array 类型为 collection 类型，而且所有数组类型均由 System.Array 类派生而来，所以 foreach 语句中可以出现任意数组类型的表达式。对一维数组，foreach 语句将依次列出数组元素；对于多维数组，foreach 语句将逐行地列出数组元素。

在 foreach 语句的嵌套语句内，break 语句可以用来将程序控制跳转到 foreach 语句的结尾（即终止嵌套语句的重复执行），continue 语句也可以将程序控制跳转到 foreach 语句的结尾（进行 foreach 语句的下一次执行）。

例如，下面的代码创建一个名为 numbers 的数组，并用 foreach 语句循环访问该数组：

```
int[] numbers={4, 5, 6, 1, 2, 3, -2, -1, 0};
foreach(int i in numbers)
{
    System.Console.WriteLine(i);
}
```

由于有了多维数组，可以使用相同方法来循环访问元素，例如：

```
int[,] numbers=new int[3, 2]{{9, 99}, {3, 33}, {5, 55}};
foreach(int i in numbers)
{
    Console.Write("{0}", i);
}
```

该示例的输出为：9 99 3 33 5 55。

但对多维数组来说，使用嵌套 for 循环可以更好地控制数组元素。

【例 3-12】 用 foreach 语句产生 12 个能被 7 整除的两位数，并输出到界面上。

程序界面设计：程序运行时的界面如图 3-20 所示，标签的 Text 属性为空，添加窗体的 Load 响应函数，其他使用默认名称。

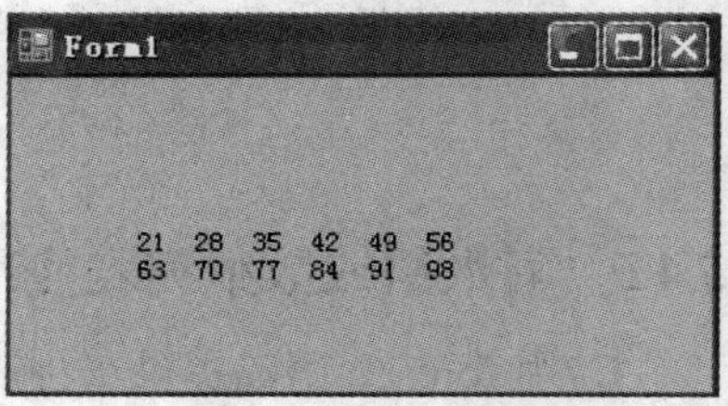

用户可以采用数组或数组列表来保存创建的两位数。代码分别如下：

图 3-20　运行界面

1）使用数组保存数据。

```
    private  void  Form1_Load(object  sender,
EventArgs e)
    {
        int[] a=new int[12];
        int js=14;
        for(int i=1; i<=a.Length; i++)
        {
            js +=7;
            a[i-1]=js;
        }
        string s="";
        js=0;
        foreach(int i in a)
        {
            js +=1;
            s +=string.Format("{0,-4}", i);
            if(js % 6==0)
                s +="\n";
        }
        label1.Text=s;
    }
```

2）使用数组列表保存数据。

```
private void Form1_Load(object sender, EventArgs e)
{
    ArrayList a=new ArrayList();
    int js=14;
    for(int i=1; i<=12; i++)
```

```
        {
            js +=7;
            a.Add(js);
        }
        string s="";
        js=0;
        foreach(int i in a)
        {
            js +=1;
            s +=string.Format("{0,-4}", i);
            if(js % 6==0)
                s +="\n";
        }
        label1.Text=s;
    }
```

3.5　类与对象

C#是面向对象的程序设计，类是其基本程序单位，本章在第 3.1 节简单介绍了 C#窗体应用程序中类的分类和组成，本节将进一步介绍类的定义和使用。

3.5.1　基本概念

1．类与对象

对象是系统中用来描述客观事物的一个实体，它是构成系统的一个基本单位。一个对象由一组属性和对这组属性进行操作的一组服务组成。类是具有相同属性和服务的一组对象的集合，它为属于该类的所有对象提供了统一的抽象描述，它封装了一组属性和有权对这些属性进行操作的一组服务。

2．面向对象程序设计的基本特征

（1）封装性

封装性就是把对象的属性和服务结合成一个独立的单位，并尽可能隐蔽对象的内部细节，使得对象以外的部分不能随意存取对象的内部数据（属性），从而有效地避免了外部错误对它的“交叉感染”，使软件错误能够局部化，大大减少了查错和排错的难度。

（2）继承性

子类可以从父类部分或全部地继承各种属性和服务，并增加新的方法或属性，类的封装性为继承提供了基础，利用继承性可以提高代码重用效率。

（3）多态性

对象的多态性是指在一般类中定义的属性或服务被特殊类继承之后，可以具有不同的数据类型或表现出不同的行为，这使得同一个属性或服务在一般类及其各个特殊类中具有不同的语义。多态分为编译时多态和运行时多态。

3.5.2　类

类是 C#中一种重要的引用数据类型，是组成 C#程序的基本要素。它封装了一类对象的状态和方法，是这一类对象的原型。一个类的实现包括两个部分：类声明和类体。

1．类声明

```
[public][internal|abstract|sealed] class className:baseClassName
{…}
```

其中，修饰符 public、internal、abstract、sealed 说明了类的访问属性，className 为类名，baseClassName 为类的父类名字。

- public：公有访问；
- internal：内部类，如果不指定访问修饰符，则默认为 internal。同一程序集中的任何代码都可以访问该类型，但其他程序集中的代码不能访问它；
- abstract：抽象类，不能生成对象；
- sealed：密封类，不能继承。

2．类体

类体定义如下：

```
class className
{
  [public|protected|private ] [internal]
   variableName;                          //成员变量
  [public|protected|private ] [internal]
   returnType methodName([paramList]) [throws exceptionList]
   {  statements  }                       //成员方法
}
```

类的字段、属性、方法和事件统称为“类成员”。修饰符 public、protected、internal、protected internal 和 private 说明了类成员的访问属性。

- public：公有访问，访问不受限制；
- protected：访问仅限于包含类或从包含类派生的类型；
- internal：只有在同一个程序集的文件中，内部类型或成员才是可以访问的；
- protected internal：访问仅限于当前程序集或从包含类派生的类型；
- private：访问仅限于包含类型。如果一个类的构造方法声明为 private，则其他类不能生成该类的一个实例。

3．构造函数

构造函数用于完成对成员变量的初始化工作，由类实例化对象时自动调用。构造函数名必须与类名相同，且无返回类型，可以重载（也即可以有多个参数不同的构造函数）。构造函数形式如下：

```
public className()
{
}
```

4．析构函数

析构函数用于撤销对象，并回收对象占用的内存空间。析造函数名由类名前加“~”组成，无参数，且无返回类型，不允许重载。与 C++不同，.NET Framework 的自动回收机制能够自动回收系统中的资源，通常该函数可以不写。析构函数形式如下：

```
~className()
{
}
```

5．字段

字段也即类的成员变量，是类的一个构成部分，使得类可以封装数据。

6．属性

属性是与字段相关的一个概念，它提供了一种灵活的机制来读取、编写或计算私有字段的值，通常包括 get 和 set 代码块。

【例 3-13】 定义一个学生类，该类包含了学生学号、姓名、性别、生日、班级等一些基本信息。

```
class Student
{
    string xueHao;                   //学生学号字段
    public string XueHao             //学生学号属性
    {
        get{return xueHao;}
        set{xueHao=value;}
    }

    string xingMing;                 //学生姓名
    public string XingMing
    {
        get{return xingMing;}
        set{xingMing=value;}
    }

    string xingBie;                  //学生性别
    public string XingBie
    {
        get{return xingBie;}
        set
        {
            if(value=="男"||value=="女")
                xingBie=value;
            else
                System.Windows.Forms.MessageBox.Show("输入错误！");
        }
    }
```

```
        string shengRi;                  //学生生日
        public string ShengRi
        {
            get{return shengRi;}
            set{shengRi=value;}
        }

        string banJi;                    //学生班级
        public string BanJi
        {
            get{return banJi;}
            set{banJi=value;}
        }

        public Student(string xh,string xm,string sr,string xb,string bj)
         { //类的构造函数，用于初始化对象
            XueHao=xh;
            XingMing=xm;
            XingBie=xb;
            ShengRi=sr;
            BanJi=bj;
         }
    }
```

由【例 3-13】可知，通过属性限定了学生性别字段输入的值为"男"或"女"，与实际更加符合。

应当注意的是，如果只写 get 代码块，则属性是只读的。

7．方法

方法是包含一系列语句的代码块，类似于 C++中的函数。程序通过"调用"方法并指定所需的任何方法参数来执行语句。在 C#中，每个执行指令都是在方法的上下文中执行的。Main 方法是每个 C#应用程序的入口点，在启动程序时由公共语言运行时（CLR）调用。

通过指定方法的访问级别（如 public 或 private）、可选修饰符（如 abstract 或 sealed）、返回值、名称和任何方法参数，可以在类或结构中声明方法。

3.5.3 对象

用类定义的变量称为对象，对象需要实例化才能分配存储空间使用。

1．对象的定义与实例化

以【例 3-13】中定义的学生类为例，定义并实例化一个学生类的代码如下：

```
Student stu1=new Student("2001","张三", "男", "1992.8","软件 31231");
```

2．对象的使用

通过运算符"."可以实现对已实例化对象的字段、属性的访问和方法的调用，通过设定访问权限来限制其他对象对它的成员的访问。

类属于引用类型，对象的变量引用该对象在托管堆上的地址，所以将同一类型的第二个对象分配给第一个对象时，两个变量引用同一个地址空间。

【例 3-14】 定义【例 3-13】所创建学生类的两个对象 stu1 和 stu2，实例化 stu1，为 stu2 赋值，使 stu2=stu1，修改 stu2 的出生年月，然后输出 stu1 和 stu2 的出生年月。

程序界面设计：程序运行界面如图 3-21 所示。设计两个标签显示提示信息，两个文本框输出 stu1 和 stu2 的出生年月，所有对象保持默认名称。

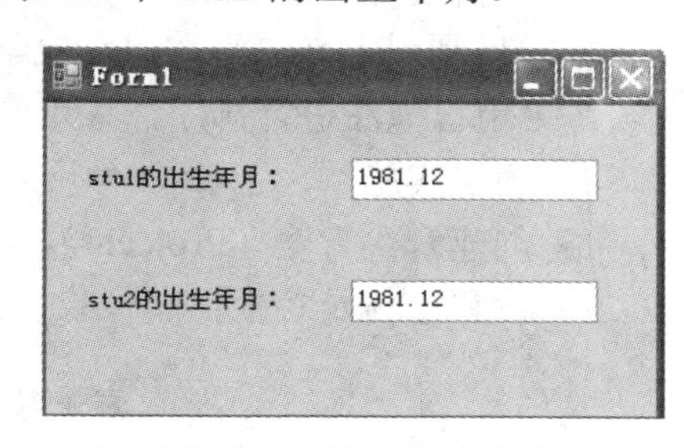

图 3-21 程序运行界面

程序代码设计如下：

```
    private void Form1_Load(object sender, EventArgs e)
    {
        Student stu1=new Student("2001","张三", "男", "1992.8","软件 31231");
        Student stu2=stu1;
        stu2.ShengRi="1981.12";
        textBox1.Text=stu1.ShengRi;
        textBox2.Text=stu2.ShengRi;
    }
```

由【例 3-14】可知，由于两个变量引用同一个地址空间，对 stu2 的修改就是对 stu1 的修改。

3．对象的清除

当不存在对象的引用时，该对象成为一个无用对象。C#的垃圾收集器自动扫描对象的动态内存区，把没有引用的对象作为垃圾收集起来并释放空间。

工作任务

工作任务 5　学生成绩评定模块设计

1．项目描述

本项目能输出学生的各阶段成绩，根据各阶段成绩计算总评成绩，如图 3-22 所示；根据学生的平均成绩进行排序，并将百分制成绩转换为等级制输出，如图 3-23 所示。

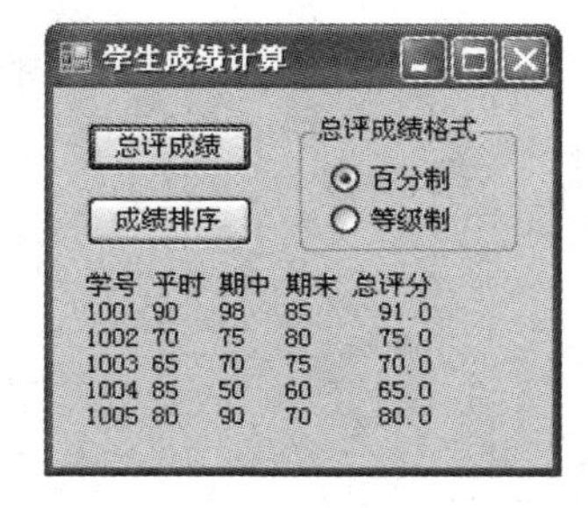

图 3-22 计算总评成绩并输出

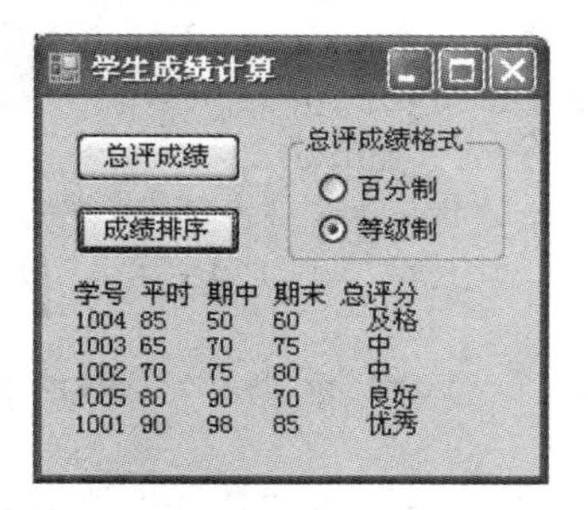

图 3-23 成绩排序及转换

2．相关知识

本项目的实现，需要了解 C#的组成，熟悉循环、分支的概念及字符串格式化输出的概念，会使用二维数组，了解函数调用的概念。

3．项目设计

本项目利用定义二维数组存放学生的各个阶段成绩及总评成绩；用 Label 控件显示学生成绩；采用冒泡法进行排序，采用 Switch 语句进行百分制与等级制的成绩转换。

4．项目实施

1）创建解决方案（Project4）。

2）设置窗体及各控件属性设置，如表 3-18 所示。

表 3-18　学生成绩计算各控件属性设置

窗体与控件	Name 属性	其 他 属 性
Form1	frmScore	Text：学生成绩计算
Button1	btnAverage	Text：总评成绩
Button2	btnSort	Text：成绩排序
radioButton1	rbtnScore	Text：百分制
radioButton2	rbtnGrade	Text：等级制
Label1	label1	Text：

3）编写成绩转换、成绩输出的功能函数：

```
private string mySwitch(float score)
{  //定义成绩转换方法
    string Grade="";
    switch(Convert.ToInt32(score) / 10)
    {
        case 10:
        case 9: Grade="优秀"; break;
        case 8: Grade="良好"; break;
        case 7: Grade="中"; break;
        case 6: Grade="及格"; break;
        default: Grade="不及格"; break;
    }
    return Grade;
}
private void Output()
{   //定义输出方法
    string s="学号 平时 期中 期末 总评分\n";
    for(int i=0; i<5; i++)
    {
        for(int j=0; j<4; j++)
        {
            s +=string.Format("{0,-4} ", a[i, j]);
        }
```

```
            if(rbtnScore.Checked==true)
                s +=string.Format("  {0:f1}\n", a[i,4]);
            else
                s +=string.Format("  {0:f1}\n", mySwitch(a[i,4]));
        }
        label1.Text=s;
    }
```

4）编写窗体加载，为“总评成绩”按钮、“成绩排序”按钮添加事件过程：

```
    int[,] a;
    int N=5;          //5个学生成绩记录
    private void frmScore_Load(object sender, EventArgs e)
    {  //成绩初始化，并输出
        a=new int[5, 5] { {1001, 90, 98, 85,-1}
            ,{1002, 70, 75, 80,-1}
            ,{1003, 65, 70, 75,-1}
            ,{1004, 85, 50, 60,-1}
            ,{1005, 80, 90, 70,-1}};
        Output();
    }
    private void btnAverage_Click(object sender, EventArgs e)
    {
        for(int i=0; i<5; i++)
        {
            float sum=0;
            for(int j=1; j<4; j++)
            {   //计算总成绩
                sum +=a[i, j];
            }
            a[i,4]=(int )sum / 3;  //计算每个人的总评成绩
        }
        Output();
    }
    private void btnSort_Click(object sender, EventArgs e)
    {    //利用冒泡法排序
        int temp=0;
        for(int i=0; i<N-1; i++)
        {
            for(int j=0; j<N-i-1; j++)
            {
                if(a[j, 4]>a[j+1, 4])
                {
                    for(int k=0; k<=4; k++)
                    {
                        temp=a[j, k];
                        a[j, k]=a[j+1, k];
```

```
                    a[j+1, k]=temp;
                }
            }
        }
    }
    Output();
}
```

5．项目测试

运行程序，单击“总评成绩”按钮，观察输出、计算功能是否实现；选择“等级制”，单击“成绩排序”按钮，观察排序功能、转换功能是否实现。

6．项目小结

本项目利用二维数组存放、显示成绩；利用分支语句中的 Case 语句进行成绩转换；利用冒泡法进行成绩排序；同时也利用了单选按钮的性质。

在信息的输出中，也可以使用 ListBox 控件代替 Label 控件来进行显示。

工作任务 6　学生信息管理模块设计

1．项目描述

本模块将实现简单的学生信息管理功能。学生信息包括学号、姓名、性别、生日、班级 5 项内容，本模块将实现学生信息的显示、添加、删除、查找、修改功能，如图 3-24 所示。

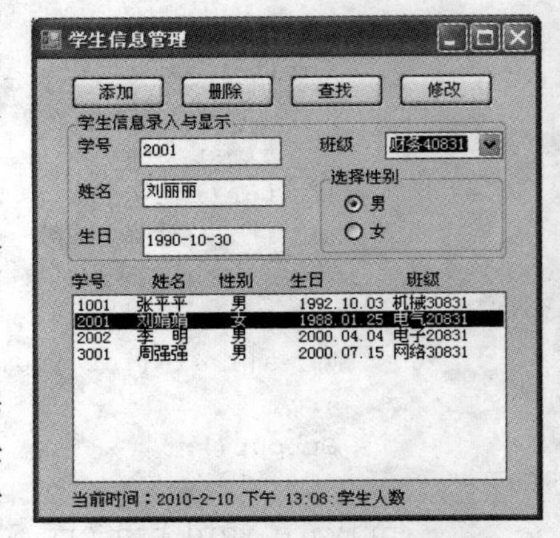

图 3-24　学生信息管理模块实现效果

2．相关知识

本模块主要应用了类、数组列表的相关知识，同时包含业务功能与界面分离的概念。

3．项目设计

本模块创建学生类（Student）作为学生信息的数据结构，并利用数组列表（StuDB）模拟数据库，作为学生信息的存储；利用数组列表（StuInfo）存放需要在窗体上显示的学生信息，用列表框控件（lstStu）显示学生信息。

使用 ComboBox 控件用于选择班级信息，使用 RadioButton 单选按钮用于控制性别的选择，设置两个 MaskedTextBox 控件、一个 TextBox 控件，分别用于学号、生日、姓名的输入及显示。设置若干 Label 控件用于提示信息。使用 4 个按钮用于添加、删除、修改、查找学生信息，各功能的实现细节如下。

- 显示：将显示信息的代码编写为函数，从 StuDB 获取所要显示的信息并放置在 StuInfo 中，以便在窗体上显示相应信息。
- 添加：获取学生详细信息，将该信息插入 StuDB 中，每次学生信息发生变化时都调用函数显示学生最新信息。

● 删除：获取相应学号，根据学号删除 StuDB 中的相应记录，显示所有信息。
● 修改：获取学生学号，根据学号修改 StuDB 中的相应记录，显示所有信息。
● 查找：获取相应学号，根据学号查找 StuDB 中的相应记录，显示查找到的信息。

4．项目实施

1）创建解决方案（Project5），添加窗体 frmStudent。

2）设置窗体与控件属性，frmStudent 窗体上各控件属性设置如表 3-19 所示。

表 3-19　学生信息管理窗体各控件属性设置

窗体与控件	Name 属性	其 他 属 性
Form1	frmStudent	Text：学生信息管理
ListBox1	lstStu	Items：
ComboBox1	cboStuClass	Items：
Button1	btnInsert	Text：添加
Button2	btnDelete	Text：删除
Button3	btnFind	Text：查找
Button4	btnUpdate	Text：修改
MaskedTextBox1	mtxtStuNo	Text：
MaskedTextBox2	mtxtStuBirth	Text：
TextBox1	txtStuName	Text：
radioButton1	rbtnMale	Text：男
radioButton2	rbtnFemale	Text：女
Label1	lblTime	Text：当前时间：
其他 Label 等控件	略	Text：

3）为 4 个按钮分别添加 Click 事件过程，完善程序代码。

```
using System.Collections;  //引用命名空间，数组列表的使用
ArrayList StuDB=new ArrayList();  //创建数组列表，用于数据的存储
ArrayList StuInfo=new ArrayList();  //创建数组列表，用于存放获取的学生信息
private void frmStudent_Load(object sender, EventArgs e)
{
    lblTime.Text="当前时间："+Convert.ToString(DateTime.Now); //显示当前时间
    InitDatabase();                         //初始化学生信息的数据存储
    GetStuByAll();                          //获取需要显示的信息
    DisplayStudent(StuInfo);                //在列表框中显示学生信息
}
private void btnInsert_Click(object sender, EventArgs e)
{   //添加学生信息。第一步：获取欲添加的学生各项信息
    string xh=mtxtStuNo.Text.ToString();
    string xm=txtStuName.Text.ToString();
    string sr=Convert.ToString(mtxtStuBirth.Text );
    string xb=(rbtnFemale.Checked==true ?"女":"男"); //回顾三目运算符
    string bj=cboStuClass.Text.ToString();
    //第二步：把相应信息插入
```

```
        //通常需要先判断输入类型是否合法，学号是否重复等，本项目并没有判断
        InsertStu(xh, xm, sr, xb, bj);
        //第三步：重新获取数据、显示数据
        GetStuByAll();
        DisplayStudent(StuInfo);
    }
    private void btnDelete_Click(object sender, EventArgs e)
    {//根据学号删除相应学生信息
        string stuNo=mtxtStuNo.Text.ToString(); //第一步：取得要删除学生的学号
        DeleteStuByNo(stuNo);                  //第二步：根据学号删除相应学生
        GetStuByAll();                         //第三步：重新获取数据、显示数据
        DisplayStudent(StuInfo);
    }
    private void btnFind_Click(object sender, EventArgs e)
    {  //根据学号查找相应学生
        string stuNo=mtxtStuNo.Text.ToString();   //第一步：取得该学生的学号
        GetStuByNo(stuNo);                        //第二步：根据学号获取相应学生数据
        DisplayStudent(StuInfo);
    }
    private void lstStu_SelectedIndexChanged(object sender, EventArgs e)
    {  //列表框被单击，需要详细列出被选中学生的信息。第一步：获取该学生的学号
        int index=lstStu.SelectedIndex;
        string  stuNo=Convert.ToString(lstStu.Items[index]).Substring(0,  4);
        //第二步：根据学号查询相应学生
        GetStuByNo(stuNo);
        //第三步：把得到的学生信息显示到界面上方各信息栏中
        Student Stu=(Student)StuInfo [0];
        mtxtStuNo.Text=Stu.XueHao;
        txtStuName.Text=Stu.XingMing;
        mtxtStuBirth.Text=Stu.ShengRi;
        cboStuClass.Text=Stu.BanJi;
        if(Stu.XingBie=="女")
           rbtnFemale.Checked=true;
        else
           rbtnMale.Checked=true;
    }
    private void InitDatabase()
    { //学生信息初始化
        StuDB.Add(new Student("1001", "张平平", "男", "1992.10.03", "机械
30831"));
        StuDB.Add(new Student("2001", "刘娟娟", "女", "1988.01.25", "电气
20831"));
        StuDB.Add(new Student("2002", "李  明", "男", "2000.04.04", "电子
20831"));
        StuDB.Add(new Student("3001", "周强强", "男", "2000.07.15", "网络
30831"));
```

```
}
private void DisplayStudent(ArrayList ArrStu)
{   //为列表框添加新的学生信息
    if(lstStu.Items.Count>0) lstStu.Items.Clear();
    for(int i=0; i<ArrStu.Count ; i++)
    {
        Student Stu=(Student)ArrStu[i];
        string strStu=string.Format("{0,-6:G} ", Stu.XueHao);
        strStu +=string.Format("{0,-8:G}", Stu.XingMing);
        strStu +=string.Format("{0,-6:G} ", Stu.XingBie);
        strStu +=string.Format("{0,-6:G} ", Stu.ShengRi);
        strStu +=string.Format("{0,-6:G} ", Stu.BanJi);
        lstStu.Items.Add(strStu);
    }
}
private void InsertStu(string xh, string xm, string sr, string xb,
string bj)
{
    StuDB.Add(new Student(xh, xm, sr, xb, bj));
}
private void DeleteStuByNo(string stuNo)
{   //从后往前删除数据，可以避免数据移动造成的影响
    for(int i=StuDB.Count-1; i >=0 ; i--)
    {
        Student Stu=(Student)StuDB[i];
        if(Stu.XueHao==stuNo) StuDB.Remove(Stu);
    }
}
private void GetStuByNo(string stuNo)
{   //遍历 StuDB，把匹配到的学生记录添加 StuInfo 中
    StuInfo.Clear();
    foreach(Student Stu in StuDB)
    {
        if(Stu.XueHao==stuNo)
            StuInfo.Add(Stu);
    }
}
private void  GetStuByAll()
{   //遍历 StuDB，把所有的学生记录添加到 StuInfo 中
    StuInfo.Clear();
    foreach(Student Stu in StuDB)
    {
        StuInfo.Add(Stu);
    }
}
```

5．项目测试

1）输入学生信息，执行“添加”命令。

2）选择学生，执行“删除”命令。

3）输入学生学号（例如 3001），执行“查找”命令。

问题 1：输入不完整的学生信息，能完成添加功能，但在列表框中选择该学生时出错。

原因：本项目没有进行数据类型及信息完整性的检查。

问题 2：能重复插入并查找相同学号的学生信息。

原因：程序没有进行数据唯一性验证。

6．项目小结

在数据应用程序开发中主要考虑 3 个过程：数据的获取、数据的显示、数据的操纵，如图 3-25 所示。

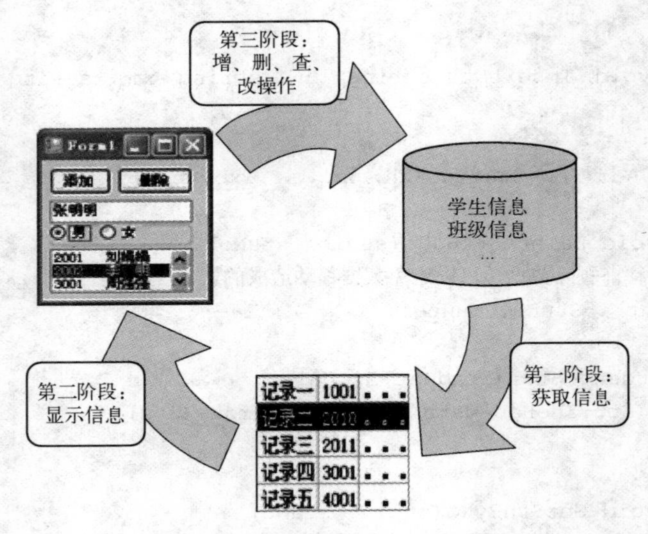

图 3-25　数据应用程序的一般过程

第一阶段是数据的获取，即从数据存储地获取将要显示的信息。

第二阶段是数据的显示，即把获取的信息显示到窗体上。

第三阶段是数据的操纵，即根据不同的命令，利用窗体中编辑过的数据对数据存储进行增删查改操作。

接下去再进行新一轮的循环。

本章小结

本章简要介绍了 C#应用程序的组成和程序语句书写规则，重点介绍了 C#的数据类型，包括基本数据类型、数组、类、常用类和接口，以及程序流程控制结构。内容包括：

1．C#应用程序的组成

VS 2010 使用项目来管理构成每一个 C#应用程序的所有文件。一个项目主要包括：

1）跟踪所有部分的项目文件（. csproj）；

2）窗体（.cs + .Designer.cs + .resx）；

3）类（.cs）；

4）资源文件（*.resx, *.config, *.xml, *.ico, ……）。

2．C#的数据类型

C#数据类型分为两大类：值类型和引用类型。值类型中既包含了丰富的内置基本数据类型，也可以通过结构（struct）定义基本类型的组合，另外枚举也是重要的值类型。引用类型包括数组和类。

程序执行过程中值不能改变的量称为常量，常量包括直接常量和符号常量；程序执行过程中值可以改变的量称为变量，变量必须按照 C#命名规则进行命名，变量分为局部变量、参数变量和类成员变量。

运算符是在代码中对各种数据进行运算的符号，C#中有赋值运算符、算术运算符、字符串运算符、关系运算符和逻辑运算符，运算符的优先级是“算术运算符→字符串运算符→关系运算符→逻辑运算符→赋值运算符”。用运算符将运算对象连接起来的式子称为表达式，C#中有算术表达式、关系表达式和逻辑表达式。

C#提供了多种有用的公共类与函数，可以在程序中直接使用，包括数学类、字符串类、转换类、日期时间类和格式化。利用格式说明字符串可以将输出格式化。

3．程序结构及程序流程控制语句

按程序执行流程，程序结构可分为 3 类：顺序结构、分支结构和循环结构。C#中使用 if 语句和 switch case 语句实现分支结构，使用 do…while 语句和 for 语句实现循环结构，foreach 语句用于对集合变量进行遍历。

4．数组

数组是一组有序变量的集合，数组中的每一个成员称为数组元素，每个数组元素都有自己的编号即下标，它决定了数组元素在数组中的位置。根据数组元素下标的个数，数组分为一维数组和多维数组。C#中的数组是一种引用类型，必须先实例化再使用。

数组类型由抽象基类型 System.Array 派生而来，可以使用 Array 类包含的一些方法。

C#中的数组包括一维数组、多维数组、交错数组和数组列表。

5．类

类是 C#应用程序的基本组成单元，由类声明和类体两部分组成。类可以声明为公有访问（public）、同一程序集中访问（internal）、抽象类（abstract）和密封类（sealed），默认指同一程序集中访问。类体由类成员组成，包括成员变量和成员方法，类成员的访问属性包括 public、protected 和 internal 等。

构造函数是与类名相同的无返回值的公有函数，主要完成对成员变量的初始化工作，由类实例化对象时自动调用，允许重载。析构函数是与类名相同的无返回值的公有函数，不允许重载，用于回收对象中的无用资源，自动调用。

习题 3

1．简述 C#应用程序的结构。

2．C#程序一般遵循什么样的命名规范？

3．C#中有哪些基本数据类型？

4．程序的 3 种基本控制结构是什么？

5．循环结构有几种？用于实现循环结构的循环语句有哪 3 种？它们有何区别？

6．使用 switch 开关语句时应注意哪些问题？

7．日期时间类有哪些常用属性、方法？分别返回哪些日期数据？

8．列举字符串类的常用属性和方法，并简述其功能。

9．设有一个数列，它的前 4 项为 0、0、2、5，以后每项分别是其前 4 项之和，编程求此数列的前 20 项。要求按每行 4 个数将结果在标签中输出。

10．用 100 元钱买 100 支笔，其中钢笔每支 3 元，圆珠笔每支 2 元，铅笔每支 0.5 元，问钢笔、圆珠笔和铅笔可以各买多少支（每种笔至少买 1 支）？要求调用按钮的单击事件过程，将三种笔的购买支数在标签上显示出来。

11．编程求 1!+2!+3!+4!+…+10 !。要求界面上放两个文本框，一个用来输入数字“10”，另一个用来输出结果。

12．已有一个按从小到大次序排好的数组，现输入一个数，要求按原来排序的规律将它插入到数组中。要插入的数通过文本框输入，插入后的有序数组在另一个文本框中输出。

13．输入一个 5 行 5 列的二维数组，编程实现：

1）求出其中的最大值和最小值及其对应的行列位置；

2）求出对角线上各元素之和。

数组的输入可使用随机函数实现，计算结果可在文本框中输出，输出结果的同时，要求将数组按逻辑结构在标签中打印出来。

14．什么叫类？什么叫对象？举两个可用类描述的实例。

15．列举类成员的访问属性，并简述其在类内、外的访问权限。

16．在方法的调用中，参数传递方式有哪两种？这两种传递方式有什么区别？

17．属性与字段有何区别与联系，引入属性有什么优点？

18．简述密封类、抽象类和内部类的概念。

实验 3

1．设计一个程序，输入一个华氏温度值，要求输出其对应的摄氏温度值。温度转换公式为：$c=(f-32)*5/9$。

2．参考【例 3-5】设计一个程序求下列分段函数的值。程序运行时通过文本框输入 x 的值，单击命令按钮，在另一个文本框中输出 y 的值。

$$y=\begin{cases}-x+2.5 & (x<2)\\ 2-1.5(x-3)^2 & (2\leqslant x<4)\\ \dfrac{x}{2}-1.5 & (x\geqslant 4)\end{cases}$$

3．商店打折售货。不同的货品有不同的折扣。具体情况为（good：货物，discount：折扣率）：

序号	货物	折扣率
0	食品	d=0%
1	饮料	d=5%
2	衣服	d=7.5%
3	电器	d=10%
4	礼品	d=15%

根据用户所购货物和单价计算用户应付的金额。

4．设计一个程序，从键盘输入 a、b、c 共 3 个整数，将它们按照从大到小的次序输出。程序运行时通过 3 个文本框分别输入 a、b、c 的值，单击“排序”命令按钮，在另外文本框中输出排序后的值。

5．编程计算 $y=1+\frac{1}{x}+\frac{1}{x^2}+\frac{1}{x^3}+\cdots$ 的值（x>1），直到最后一项小于 10^{-4} 为止。参考图 3-13 进行程序界面设计，程序运行时通过文本框输入 x 的值，单击命令按钮，在另一个文本框中输出 y 的值。

6．编写程序，求一元二次方程 $ax^2+bx+c=0$ 的解。

程序界面设计：设计 5 个文本框，其 Text 属性都设置为空，用于输入相关参数；设计 5 个标签，其 Text 属性分别设置为“a”、“b”、“c”、“x1=”和“x2=”，单击按钮输出求解结果。

7．编程输出斐波那契数列的前 40 项。

斐波那契数列的前几个数为 1，1，2，3，5，8，…，其规律如下：

$F_1=1$　　　　（n=1）

$F_2=1$　　　　（n=2）

$F_n=F_{n-1}+F_{n-2}$　　（$n\geqslant 3$）

8．设计程序，按下列格式输出九九乘法表。

```
*   1   2   3   4   5   6   7   8   9
1   1
2   2   4
3   3   6   9
4   4   8   12  16
5   5   10  15  20  25
6   6   12  18  24  30  36
7   7   14  21  28  35  42  49
8   8   16  24  32  40  48  56  64
9   9   18  27  36  45  54  63  72  81
```

9．某班有 10 个学生进行了数学考试，实验数据由随机函数产生。现要求：

1）用擂台法将他们的数学成绩按由低到高的顺序排序，用 foreach 语句输出排序结果；

2）调用数组函数将他们的成绩由高到低进行排序，用 foreach 语句输出排序结果。

程序界面设计自由发挥。

擂台法的算法思想源于选择法，选择法中每次比较后，若发现不符合排序规律，则要进行交换，擂台法改每次交换为每轮交换，每轮只交换一次，减少了数据交换次数，当数组元素较多时程序效率的提高非常明显。具体做法为：每轮设一个擂主 *k*，起始值为“首”数索引，用擂主值（索引为擂主的数组元素值）依次与“后”数比较，比较中若发现不符合排序规律则修改擂主 *k* 为“后”数索引，继续比较，一轮结束后比较擂主 *k* 与首数索引，若不同则交换擂主值与首数值，每轮比较完毕，“首”数下移。

10．定义一个数组列表，给数组列表添加 6 个实验数据（1，25.8，‘a’，“Hello”，38，“!”），然后逆序输出这 6 个实验数据。要求用 foreach 语句输出逆序结果。

11．创建学生档案管理系统的学生信息类。

1）定义一个学生类，该类包含了学生学号、姓名、性别、生日、班级 5 个私有字段。然后用属性封装相关字段，并定义其构造函数。

2）创建一个包含 10 个上述学生类元素的数组，然后对数组元素按姓名升序排列，最后输出排好序的数组。

程序界面由学生自己设计。

第 4 章　菜单、工具栏、状态栏与对话框

Windows 应用程序的界面通常由窗体、菜单、工具栏、状态栏及对话框等组成，本章将依次介绍菜单、工具栏、状态栏、对话框的设计方法，以及多文档窗体的概念及其设计。文本编辑器、学生档案管理系统主界面两个任务的设计与实现是本章各知识点的综合应用。

理论知识

4.1　菜单设计

使用过 Windows 应用程序的用户一般都使用过菜单，菜单可以方便用户使用程序提供的功能，是一般可视化应用程序中不可或缺的元素。为了帮助用户创建应用程序的菜单，Visual Studio.NET 提供了菜单控件，使用菜单控件可以快速创建简单的菜单。

Windows 应用程序中的菜单主要有两种：一种是主菜单，即下拉式菜单，主菜单一般放置在窗口的顶端，通常包含顶级菜单项，如“校历”“录入”“统计”等菜单项；另一种是上下文菜单，也称为弹出式菜单，如图 4-1 所示。

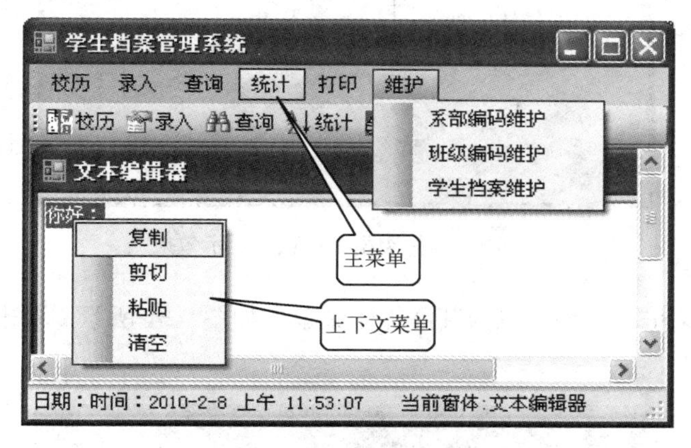

图 4-1　主菜单和上下文菜单

4.1.1　主菜单

1．创建主菜单

首先创建一个窗体，再从工具箱中选择 MenuStrip 控件，并拖放在窗体上。为了使添加的 MenuStrip 控件显示在窗体的顶端，需要设置控件的 Dock 属性，以控制其停留的位置。Dock 属性只能被设置为 6 种状态，分别是 Top（顶部）、Bottom（底部）、Left（左边）、Right（右边）、Fill（填满）和 None（不设置）。添加 MenuStrip 控件到空白窗体，默认其将

放置在窗体的顶端。

在 MenuStrip 控件上双击“请在此处键入”处，可以输入菜单项显示的文本，新的菜单项控件就添加到菜单上了。

在新添加菜单项时，可以设置菜单项的类型。单击“请在此处键入”右侧的倒三角，打开设置菜单项类型的下拉菜单，选择所要设置的菜单项的类型，如图 4-2 所示。

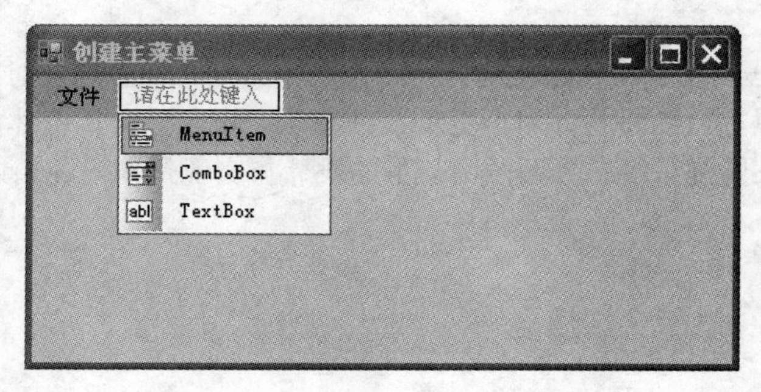

图 4-2　选择要设置菜单项的类型

菜单项的类型有 3 种，分别是 MenuItem（菜单项）、ComboBox（下拉框）和 TextBox（文本框）。3 种类型的菜单项的显示效果如图 4-3 所示。

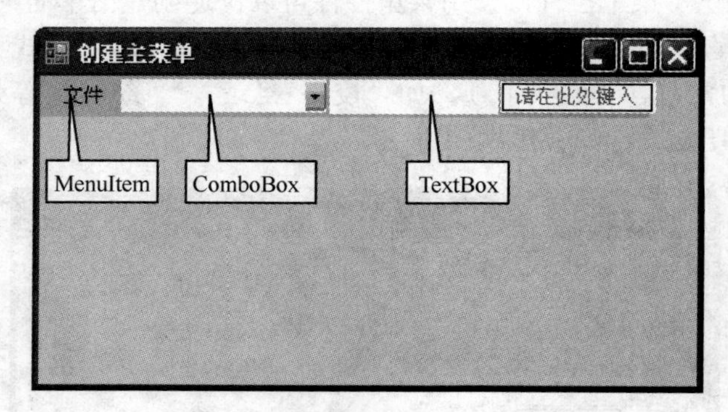

图 4-3　3 种类型菜单项的显示效果

对已经添加的菜单项，还可以为其添加子菜单。如图 4-4 所示，单击菜单项，在菜单项下方弹出子菜单。

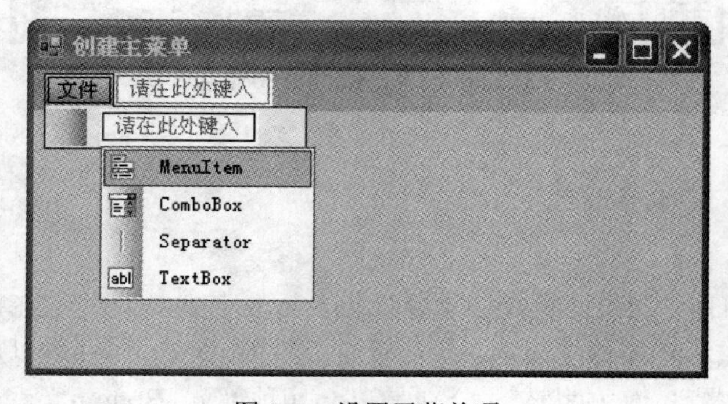

图 4-4　设置子菜单项

可添加的子菜单项类型与菜单项相同，除了添加子菜单项之外，还可以添加分割线（Separator），添加方法如下：右击“子菜单项”→“插入”→“Separator”，即在相应子菜单项上方插入了分割线。添加分割线的效果如图 4-5 所示。

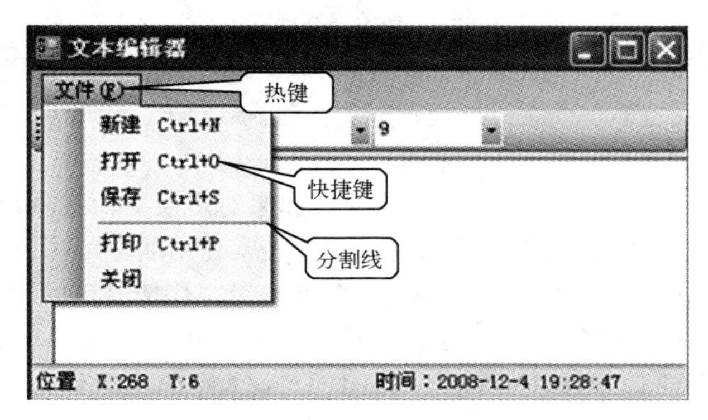

图 4-5　为子菜单项添加分割线效果

2．项集合编辑器

除了直接在界面上添加菜单项之外，还可以通过“项集合编辑器”进行添加、修改和删除菜单项。“项集合编辑器”可以通过菜单或菜单项属性中的 Items 属性打开。

“项集合编辑器”的界面分为 3 部分，如图 4-6 所示。左侧上方下拉菜单可以选择要添加的菜单项的属性，左侧下方是已经添加的菜单项列表，右侧是选中菜单项的属性列表。通过单击“添加”按钮可以添加新菜单项。菜单项列表右侧的按钮、和用于调整菜单项之间的位置和删除菜单项。右侧属性列表列出了选中菜单项的属性，用以显示和设置菜单项的属性。

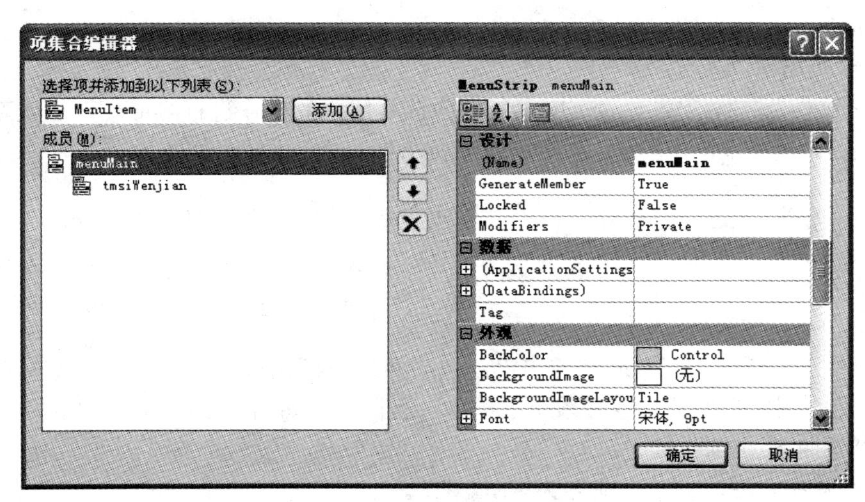

图 4-6　“项集合编辑器”界面

3．设置热键

大多数商用软件都为菜单设置了热键和快捷键，以方便用户使用。例如 Visual Studio 和 Office Word 可以使用热键完成多数常用的操作，如打开“文件”菜单为〈Alt+F〉，关闭窗体为〈Alt+F4〉。通过这些热键可以更加方便地操作软件，下面简单介绍一下如何设置热键。

在 Windows 应用程序中设置热键非常简单，只需要修改所要添加热键的菜单项的 Text 属性，如设置菜单项的 Text 属性为“文件（&F）”。

显示效果如图 4-5 所示，在“文件”菜单项的标签“文件”后的括号内的 F 下增加了下画线，而没有显示“&”，使用〈Alt+F〉即可打开“文件”菜单项的子菜单。菜单项的 Text 属性中，字符“&”后的第一个字符被设置成为热键。

4．设置快捷键

我们经常需要选择一个菜单项的子菜单项，如果对多层菜单使用基于〈Alt〉键的热键就会显得很烦琐。解决这个问题的一个方法就是给经常使用的菜单项分配快捷键。通过设置菜单项的 ShortcutKeys 属性，可以为菜单项分配快捷键。快捷键可以设置为组合键，既可以选择〈Ctrl〉〈Shift〉和〈Alt〉中的一个或多个，也可以不选，然后与键盘中的一个按键组合，如设置“新建”菜单项的快捷键为〈Ctrl〉与〈N〉的组合键。快捷键的显示效果如图 4-5 所示。

在应用程序中，一些快捷键的设置已经成为一种约定，它们具有了通用的含义。下面列出一些常用的快捷键。

- 〈Ctrl+N〉——创建新文件。
- 〈Ctrl+O〉——打开一个已有的文件。
- 〈Ctrl+S〉——保存当前文件。
- 〈Ctrl+Z〉——取消。
- 〈Ctrl+X〉——剪切。
- 〈Ctrl+C〉——复制。
- 〈Ctrl+V〉——粘贴。
- 〈Alt+F4〉——关闭窗口。

5．设置菜单事件

当用户单击菜单时，Windows 应用程序应该对用户的操作进行响应。双击“新建”子菜单项，添加菜单的 Click（单击）事件，如下所示：

```
private void tmsiNew_Click(object sender, EventArgs e)
{
    MessageBox.Show("新建文件！");
}
```

当用户单击“新建”菜单时将弹出“新建文件！”对话框。

【例 4-1】 创建学生档案管理系统主菜单，运行结果如图 4-1 所示。

设计步骤如下。

1）创建解决方案，将项目命名为 XSDAGL。

2）创建空白窗体 FrmMain，设置其属性如下。

- Name：FrmMain；
- Text：学生档案管理系统；
- WindowsState：Maximized。

3）为窗体添加主菜单 msMain。

4）通过“项集合编辑器”设置主菜单 Items 属性。

5）建立菜单项事件过程。

在窗体设计器中，选择并单击“退出”菜单，进入代码编辑器，输入如下代码：

```
private void tsmiExit_Click(object sender, EventArgs e)
{
    this.close();
}
```

4.1.2 上下文菜单

上下文菜单在 Windows 应用程序中被广泛应用。一个上下文菜单一般被分配给窗体的一个或一组控件，通常通过鼠标右键激活。在工具箱中，ContextMenuStrip 控件提供了应用程序中上下文菜单的创建。

上下文菜单编辑菜单项的方式与主菜单一样，既可以在“请在此处键入”处输入菜单项显示的名称，菜单项的其他属性通过菜单项的属性进行编辑，也可以通过项集合编辑器进行设置和编辑。

菜单项的类型有 4 种，分别是 MenuItem（菜单项）、ComboBox（下拉框）、Separator（分割线）和 TextBox（文本框）。

上下文菜单需要与其他控件关联使用。框架中的每个控件都有一个 ContextMenuStrip 属性，通过它可以为控件设置上下文菜单。

【例 4-2】 创建学生档案管理系统文档编辑器，运行结果如图 4-7 所示。

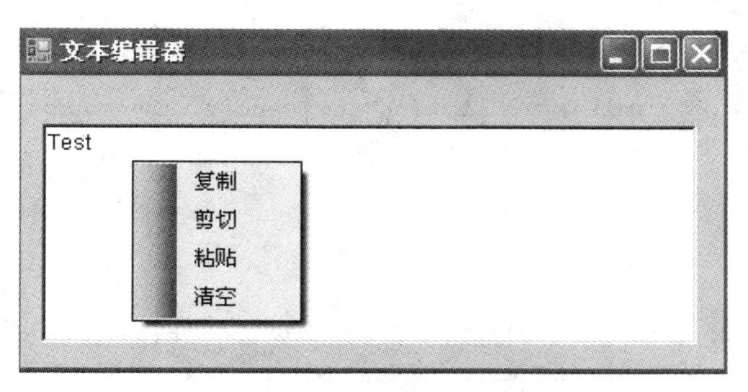

图 4-7　文档编辑器运行结果

设计步骤如下。

1）新建窗体 FormEditor。

2）为窗体添加上下文菜单 cmsEdit。

3）为上下文菜单添加 4 个菜单项，分别为“复制”“剪切”“粘贴”和“清空”，并且将它们的 Name 属性设置为“tsmiCopy”“tsmiCut”“tsmiPaste”和“tsmiClear”。

4）添加 RichTextBox 控件，其 Name 属性设置为 rtxtText，并将 rtxtText 控件的 ContextMenuStrip 属性设置为刚刚添加的上下文菜单 cmsEdit，实现右击 RichTextBox 控件时弹出上下文菜单 cmsEdit。

5）为上下文菜单项添加事件，以响应菜单的操作。

分别为“复制”“剪切”“粘贴”和“清空”菜单选项添加 Click 事件。

“复制”菜单选项的 Click 事件代码如下：

```
private void tsmiCopy_Click(object sender, EventArgs e)
{
    Copy();
}
private void Copy()
{
    Clipboard.SetDataObject(rtxtText.SelectedText);
                                              //将选择的文本置于系统剪贴板
}
```

“剪切”菜单选项的 Click 事件代码如下：

```
private void tsmiCut_Click(object sender, EventArgs e)
{
    Cut();
}
private void Cut()
{
    Clipboard.SetDataObject(rtxtText.SelectedText);
    rtxtText.SelectedText=String.Empty;
}
```

“粘贴”菜单选项的 Click 事件代码如下：

```
private void tsmiPaste_Click(object sender, EventArgs e)
{
    Paste();
}
private void Paste()
{
    IDataObject iData=Clipboard.GetDataObject();
    if (iData.GetDataPresent(DataFormats.Text))
    {
        rtxtText.SelectedText=(String)iData.GetData(DataFormats.Text);
    }
}
```

“清空”菜单选项的 Click 事件代码如下：

```
private void tsmiClear_Click(object sender, EventArgs e)
{
    rtxtText.Text=String.Empty;
}
```

添加这些菜单项的 Click 事件后，RichTextBox 控件的上下文菜单就完成了。

4.2 工具栏设计

工具栏为 Windows 应用程序提供了一种方便使用常用操作的方式。在工具栏控件 ToolStrip 中可以添加按钮，并且为了形象地表示按钮的功能，通常都为这些按钮设置图像、文字和提示。

4.2.1 创建工具栏

要在窗体中添加一个空白工具栏，只需从工具箱中向窗体拖放一个 ToolStrip（工具栏）控件即可。工具栏默认放置在窗体顶部主菜单下面，可以通过 Dock 属性设置其位置。

创建好一个空白的工具栏后，需要在工具栏中添加按钮等控件。可以添加到工具栏中的控件有 8 种，分别是 Button（工具栏按钮）、Label（工具栏标签）、SplitButton（工具栏分隔按钮）、DropDownButton（工具栏菜单按钮）、Separator（工具栏分割线）、ComboBox（工具栏下拉框）、TextBox（工具栏文本框）和 ProgressBar（工具栏进度条）。在工具栏中添加控件时，可以单击右侧的倒三角，打开选择控件类型的下拉菜单即可选择。

8 种类型的控件在工具栏中的显示效果如图 4-8 所示。

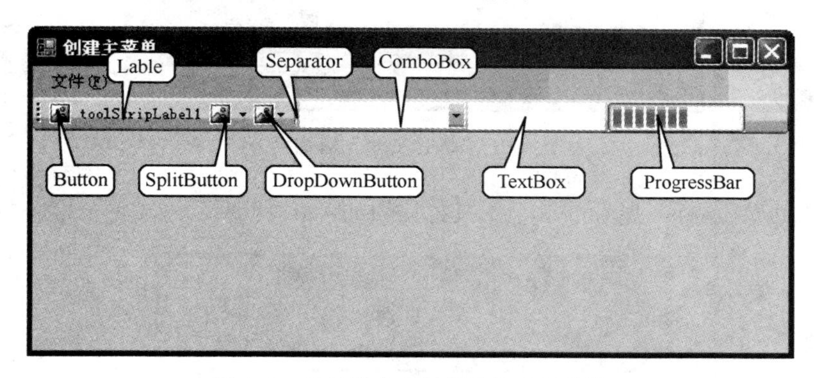

图 4-8　工具栏中 8 种控件的显示效果

【例 4-3】 为学生档案管理系统文档编辑器添加工具栏。

设计步骤如下。

1）为【例 4-2】中的文档编辑器窗体添加工具栏 tsEdit。

2）在工具栏中放置 3 个 Button，分别用于实现 RichTextBox 控件中被选中文本的复制、剪切、粘贴功能，将 3 个 Button 控件的 Name 属性分别设置为“btnCopy”“btnCut”和“btnPaste”。

3）在工具栏上放置 2 个 ComboBox，用于为 RichTextBox 控件中的文本选择字体与字号，将 2 个 ComboBox 控件的 Name 设置为“cboFont”和“cboSize”。可以直接在工具栏中添加，也可以通过工具栏的 Items 属性打开“项集合编辑器”，对工具栏中的控件进行添加和编辑。

这里不妨为 cboFont 控件的 Items 属性添加两个值：宋体、楷体。对 cboSize 控件，可以在窗体初始化时再添加字号的值。

4）为按钮设置一个图标，以方便用户的使用。

首先设置按钮的 DisplayStyle 属性。按钮的 DisplayStyle 属性用于获取或设置工具栏按钮的显示方式，有 4 种方式，分别是“None（不显示）”“Text（文本）”“Image（图像）”和“ImageAndText（图像和文本）”。这里需要为按钮设置一个图标，所以将 DisplayStyle 属性设置为“Image”。

然后，设置按钮的 Image 属性，单击 Image 属性的图标进入“选择资源”对话框，如图 4-9 所示。如果图标文件尚未被添加，则可以单击“导入”按钮，选择图标文件，加入到资源文件中。然后选中已添加的图标文件，单击“确定”按钮。这样该图标就被设置为工具栏按钮的图标了。

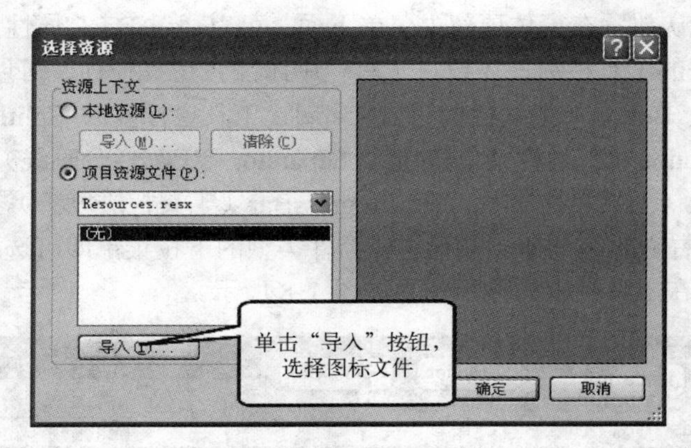

图 4-9 “选择资源”对话框

设置好 Image（图标）属性的 3 个工具栏按钮如图 4-10 所示。

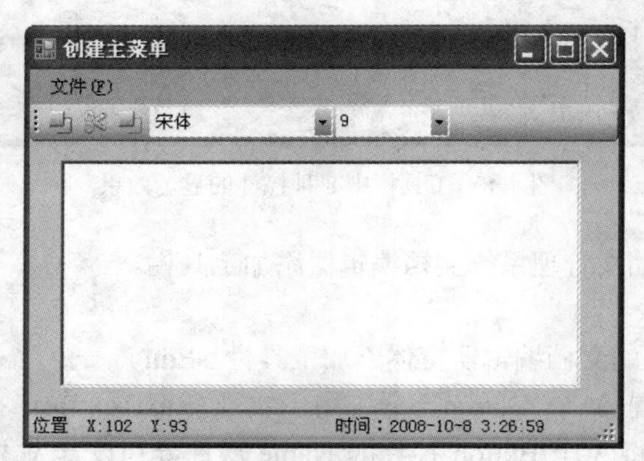

图 4-10 设置好图标的 3 个工具栏按钮

4.2.2 工具栏的属性

设置工具栏的属性有两种方式：一种是直接设置工具栏中控件的属性，如选中工具栏按钮 btnCopy，然后在其“属性”面板中修改按钮的属性；另一种方式是通过 ToolStrip 控件的 Items 属性，打开“项集合编辑器”进行设置，在编辑器中设置各个控件的属性与在菜单项属性中设置类似，此处不再赘述。

1．ShowItemToolTips 属性（显示提示）

该属性用于确定在程序运行过程中，鼠标移动到工具栏控件时是否出现控件提示。属性值为“True”时，出现控件提示；属性值为“False”时，不出现控件提示。

2．ToolTipText 属性（提示信息内容）

该属性用于设置提示信息的内容。当 ShowItemToolTips 属性为“True”时，鼠标滑过控件，则显示 ToolTipText 属性的值。

3．Visible 属性（工具栏可见）

该属性值为逻辑值，当值为“True”时工具栏可见，当值为“False”时工具栏隐藏。

4．Enabled 属性（可用）

该属性值为逻辑值，当值为“True”时工具栏可用，当值为“False”时工具栏变灰色不能用。

4.2.3 工具栏的事件

设置好工具栏之后，需要为工具栏添加事件，以响应用户的操作。

完善【例 4-3】，双击 btnCopy、btnCut 和 btnPaste 3 个工具栏按钮，为其添加事件，代码如下：

```
private void tsbtnCopy_Click(object sender, EventArgs e)
{
    Copy();
}
private void tsbtnCut_Click(object sender, EventArgs e)
{
    Cut();
}
private void tsbtnPaste_Click(object sender, EventArgs e)
{
    Paste();
}
```

Copy、Cut 和 Paste 3 个函数在介绍上下文菜单时已给出，分别为复制、剪切和粘贴文本。

接下来为工具栏下拉框添加事件。双击控件属性中的事件 SelectedIndexChanged，该事件在下拉选中的选项发生变化时进行响应。工具栏下拉框的 TextChanged 事件在下拉框的文本内容改变时进行响应。

为工具栏下拉框控件 cboFont 和 cboSize 添加 SelectedIndexChanged 事件，并且为工具栏下拉框 cboSize 设置 TextChanged 事件，代码如下：

```
private void cboFont_SelectedIndexChanged(object sender, EventArgs e)
{
    SetFont();
}
```

```
private void cboSize_SelectedIndexChanged(object sender, EventArgs e)
{
    SetSize();
}
private void cboSize_TextChanged(object sender, EventArgs e)
{
    SetSize();
}
//设置字体函数
private void SetFont()
{
    if (rtxtText.Text.Length != 0)
    {
        rtxtText.Font=new Font(cboFont.Text, rtxtText.Font.Size);
    }
}
//设置字号函数
private void SetSize()
{
    if (rtxtText.Text.Length != 0)
    {
        float dSize=0;
        dSize=Convert.ToSingle(cboSize.Text);
        rtxtText.Font=new Font(rtxtText.Font.Name, dSize);
    }

}
```

为工具栏下拉框设置事件后，还需要给定各控件的初始值。例如，前面已经设定字体的初始值，字号控件 cboSize 的 Items 值需要添加，代码如下：

```
private void InitiMyFont ()
{  //设定 rtxtText 文本框的文字的初始风格为"宋体"、"9 号"
    rtxtText.Font=new Font("宋体", 9);
    //为 cboSize 控件添加若干记录
    for (int i=9; i < 15; i++)
        cboSize.Items.Add(i);
    cboFont.SelectedIndex=0;
    cboSize.SelectedIndex=3;
}
```

窗体加载时调用上述函数，代码如下：

```
public FormEditor()
{
    InitializeComponent();
    InitiMyFont();   //调用初始化控件的函数
```

```
}
```

4.3 状态栏设计

状态栏用于显示 Windows 应用程序的状态信息，如当前光标位置、日期、时间等。状态栏的设计是通过控件 StatusStrip（状态栏）实现的，和 MenuStrip、ToolStrip 类似，可以通过为 StatusStrip 添加 StatusLabel 等控件实现状态栏的功能。

从工具箱中向窗体拖放一个 StatusStrip 控件就为窗体中添加了一个空白状态栏，默认位置在窗体底部。

状态栏中可以添加 4 类控件，分别是 StatusLabel（状态栏标签）、ProgressBar（状态栏进度条）、DropDownButton（状态栏菜单按钮）和 SplitButton（状态栏分隔按钮）。在状态栏中添加控件时，可以选择不同类型的控件。单击右侧的倒三角，打开选择控件类型的下拉菜单进行选择。

【例 4-4】 为学生档案管理系统文档编辑器添加状态栏。

设计步骤如下。

1）为【例 4-2】中的文档编辑器窗体添加状态栏 ssStatus。

2）在空白状态栏中添加两个 StatusLabel 控件，Name 属性分别设置为“tsslMousePosition”和“ssslTime”，它们分别用来显示当前鼠标的位置、当前的日期和时间。设置状态栏标签 tsslMousePosition 和 ssslTime 的 TextAlign 属性为“MiddleLeft”，使它们的文本左对齐。

3）在窗体中添加一个时间控件。

在工具箱中双击 Timer 控件，可将其放置在窗体中。设置 Timer 控件的 Enabled 属性为“True”，并且设置 Interval 属性为“1000”，即每隔 1000ms 触发一次 Timer 控件的 Tick 事件，最后添加 Timer 控件的 Tick 事件代码如下：

```
private void timer_Tick(object sender, EventArgs e)
{
    ssslTime.Text="时间：" + DateTime.Now.ToString();
}
```

该事件将系统日期赋给状态栏标签 ssslTime，即每隔 1s 刷新一次日期与时间的显示内容。

4）添加鼠标事件显示鼠标位置。

首先设置 RichTextBox 控件的 MouseMove 事件，当鼠标在 RichTextBox 控件上移动时，鼠标的位置将通过 MouseMove 事件的响应赋值给状态栏标签 tsslMousePosition，代码如下：

```
private void rtxtText_MouseMove(object sender, MouseEventArgs e)
{
    tsslMousePosition.Text="位置  X:" + e.X.ToString() + "  Y:" + e.Y.
ToString();
}
```

运行程序，鼠标位置和系统时间将显示在状态栏中，如图 4-10 所示。

4.4 对话框设计

在 Windows 应用程序中对话框用于与用户交互，C#中提供了多种类型的对话框控件，如 OpenFileDialog 控件（“打开文件”对话框）、SaveFileDialog 控件（“保存文件”对话框）、FolderBrowserDialog 控件（“浏览文件夹”对话框），这些对话框控件为用户提供了一种输入信息的方式，包括选择要打开的文件、设置要保存的文件路径和文件名及选择文件夹等。而 ColorDialog（“颜色”对话框）和 FontDialog（“字体”对话框）这两个对话框用于选择系统的颜色和字体。还有一些对话框被用来显示信息，最常用的如 MessageBox（信息框）。

4.4.1 对话框的属性

1．文件类属性（OpenFileDialog 控件、SaveFileDialog 控件）

1）FileName 属性用于设置或返回要“打开”“保存”“打印”的文件名。

2）Filter 属性用于文件过滤器，属性格式为：

```
描述1| 过滤器1| 描述2 | 过滤器2……
```

例如：

```
所有文件(*.*)|*.*| RTF格式(*.RTF)|*.rtf |文本文件(*.txt)|*.txt
```

打开文件的文件过滤器效果如图 4-11 下部的文件类型所示。

3）FilterIndex 属性用于指定默认的文件过滤器。例如 FilterIndex=3；表示指定默认文件过滤器为*.txt，如图 4-11 中文件类型框首行为文本文件（*.txt）。

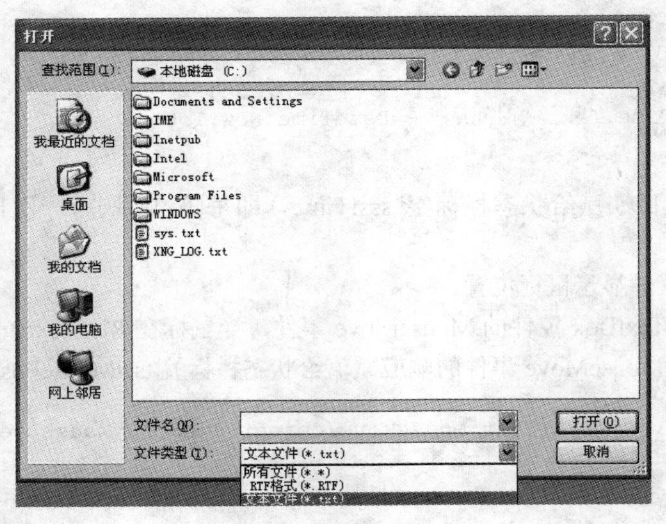

图 4-11　打开文件对话框

4）CheckFileExists 属性和 CheckPathExists 属性用于检查选中或设置的文件或路径是否存在。

5）SaveFileDialog 控件的 CreatePrompt 属性和 OverwritePrompt 属性用于提示用户是否“创建”不存在的文件及询问用户是否覆盖已有的文件。当 CreatePrompt 属性设置为“True”时，创建文件“新建.txt”的提示如图 4-12a 所示，图 4-12b 是在 OverwritePrompt 属性设置为“True”时的提示对话框，用于替换已有文件。

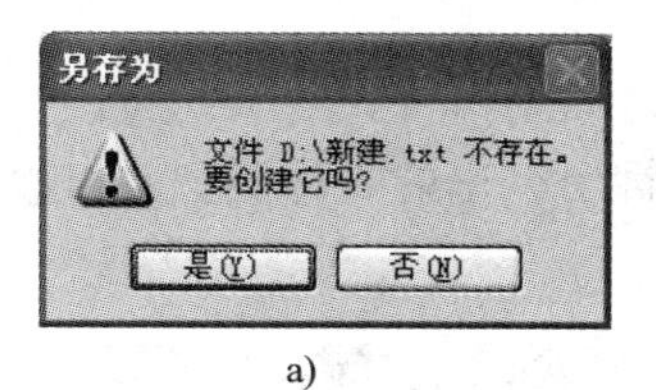

a)

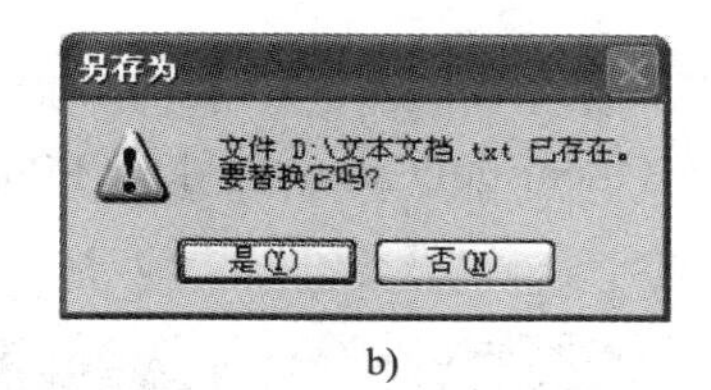

b)

图 4-12　创建文件及覆盖文件的提示

a) 创建不存在的文件　b) 覆盖已有的文件

6）SaveFileDialog 控件的 DefaultExt 属性用于保存文件时为未设置扩展名的文件指定默认的扩展名。

2．颜色类属性（ColorDialog 控件）

Color 属性用于返回用户在“颜色”对话框中所选择的颜色。

3．字体类属性（FontDialog 控件）

Font 属性用于返回对话框中选中的字体，包括字体的 Name（名称）、Size（大小）、Bold（是否粗体）、Underline（是否有下画线）、Italic（是否斜体）、Strikethru（是否有删除线）等。

4.4.2　对话框的应用

1．文件类对话框（OpenFileDialog 控件、SaveFileDialog 控件、FolderBrowserDialog 控件）

【例 4-5】 为学生档案管理系统文档编辑器添加“打开文件”“保存文件”的功能。

要求通过单击主菜单中“文件”的“打开”子菜单项打开指定文件，并载入文本编辑器；通过单击“保存”子菜单项，能够把文本编辑器中的内容保存到指定文件中。

1）首先是添加主菜单，运行结果如图 4-5 所示。

2）其次是添加文件打开的功能。有两种方式为文档编辑器添加 OpenFileDialog 控件，一是打开“工具箱”→“对话框”→“OpenFileDialog 控件”，将其拖放至窗体；另一种方式是在程序中实现，如本例所示。为菜单项 tsmiOpen 添加 Click 事件，代码如下：

```
    private void tsmiOpen_Click(object sender, EventArgs e)
    {
       OpenFileDialog dlgOpen=new OpenFileDialog();
       dlgOpen.InitialDirectory="c:\\";
       dlgOpen.Filter="所有文件(*.*)|*.*|RTF 格式(*.RTF)|*.rtf"|文本文件
(*.txt)|*.txt;
       dlgOpen.FilterIndex=2;
       dlgOpen.RestoreDirectory=true;
       if (dlgOpen.ShowDialog()==DialogResult.OK)
```

```
        { //参数 1 为文件路径，参数 2 为读取纯文本格式的文件
            rtxtText.LoadFile(dlgOpen.FileName, RichTextBoxStreamType.
PlainText);
        }
    }
```

单击“打开”菜单，将弹出“打开”对话框，如图 4-13 所示。通过在“文件类型”下拉框中可以选择 OpenFileDialog 控件的 Filter 属性所列出的文件类型，可以过滤所选类型外其他类型的文件。

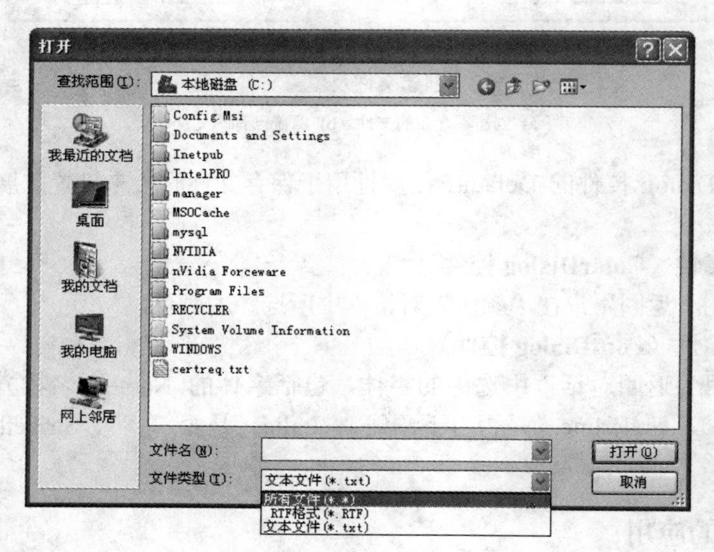

图 4-13 “打开”对话框

3）最后添加文件保存的功能。SaveFileDialog 控件的使用与 OpenFileDialog 控件类似。为菜单项 tsmiSave 添加 Click 事件，代码如下：

```
    private void tsmiSave_Click(object sender, EventArgs e)
    {
        SaveFileDialog dlgSave=new SaveFileDialog();
        dlgSave.Filter="所有文件(*.*)|*.*|RTF 格式(*.RTF)|*.rtf|文本文件(*.txt)
|*.txt";
        dlgSave.FilterIndex=2;
        if (dlgSave.ShowDialog()==DialogResult.OK)
        {
            rtxtText.SaveFile(dlgSave.FileName, RichTextBoxStreamType.
PlainText);
        }
    }
```

除了 OpenFileDialog 控件和 SaveFileDialog 控件外，文件类对话框还包括文件夹对话框 FolderBrowserDialog 控件，用来选择和设置文件夹。

2．字体类（FontDialog 控件）和颜色类（ColorDialog 控件）对话框

如果应用程序中需要为文本设置字体属性，可以通过 FontDialog 控件实现。在对话框中可以选择设置的字体、字形、大小和效果，同时显示当前设置下文本的显示示例。

设置文本框 rtxtText 中文本字体的代码如下：

```
FontDialog dlgFont=new FontDialog();
if (dlgFont.ShowDialog==DialogResult.OK)
{
    rtxtText.Font=dlgFont.Font;
}
```

设置颜色可以通过"颜色"对话框选择颜色。设置文本框 rtxtText 背景色的代码如下：

```
ColorDialog dlgColor=new ColorDialog();
if (dlgColor.ShowDialog==DialogResult.OK)
{
    rtxtText.BackColor=dlgColor.Color;
}
```

用户可以为文档编辑器工具栏增加一个字体背景色工具选项，并添加以上代码实现文本内容背景色设置。

4.5 MDI 多窗体程序设计

用户界面主要有两种：单文档界面（SDI）和多文档界面（MDI）。SDI 界面的一个实例就是记事本应用程序（NotePad）。在 NotePad 中，只能打开一个文档，想要打开另一个文档时，必须先关闭已打开的文档。然而有些应用程序则像 Microsoft Excel 和 Microsoft Word 那样，它们允许同时处理多个文档，且每一个文档都显示在自己的窗口中，这类用户界面称为多文档用户界面，即 MDI。本节之前所提到的窗体界面都是 SDI 界面。

MDI 多窗体程序由 MDI 主窗体与 MDI 子窗体组成。通常在执行菜单项命令或者工具栏中按钮命令时调用子窗体程序，被打开的子窗体界面将被限制在主窗体的用户工作区内。下面依次介绍创建 MDI 主窗体与子窗体的方法，及在主窗体内调用子窗体程序的方法。

4.5.1 创建 MDI 主窗体

新创建的普通窗体默认为 SDI 窗体，如果要将窗体设置为 MDI 主窗体，需要将相应窗体的 IsMdiContainer 属性设置为"True"。

4.5.2 建立 MDI 子窗体

1．创建 MDI 子窗体的方法

创建 MDI 子窗体，只需要设置创建窗体的 MdiParent 属性即可。如在主窗口中建立一个子窗体，可以在主窗体中添加如下代码：

```
Form form1=new Form();
```

```
form1.MdiParent=this;
form1.Show();
```

2．MDI 窗体运行时的特性

1）所有子窗体都显示在 MDI 窗体的工作空间内。

2）当最小化一个子窗体时，它的图标将显示在 MDI 窗体上而不是任务栏中。

3）当最大化一个子窗体时，它的标题会与 MDI 窗体的标题组合在一起并显示于 MDI 标题栏上。

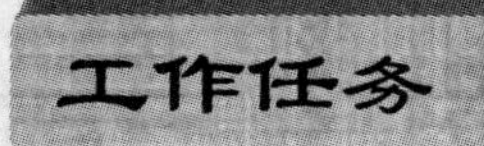

工作任务 7　创建文本编辑器

1．项目描述

文本编辑器能利用下拉式、弹出式菜单和工具栏来编辑指定格式的文件，包括打开文件、保存文件，以及剪切、复制、粘贴文件，改变文字字体与大小等常用的编辑功能。文本编辑器运行结果如图 4-14 所示。

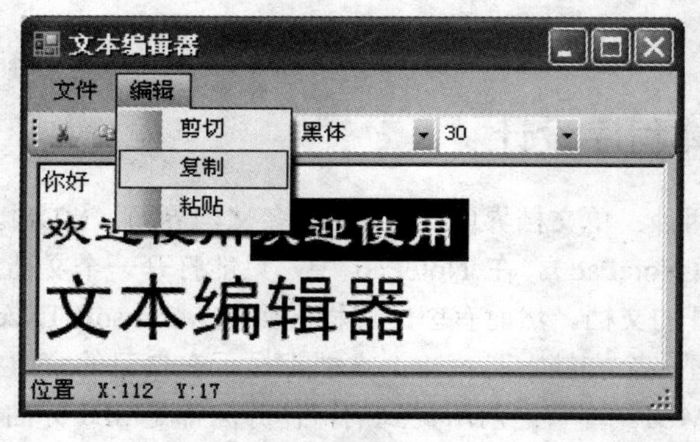

图 4-14　文本编辑器运行结果

2．相关知识

本模块的实现，需要熟练掌握菜单、工具栏、对话框、状态栏的相关知识。

3．项目设计

本模块利用 OpenFileDialog 对话框控件打开文件，利用 RichTextBox 控件作为文字编辑的容器，利用 SaveFileDialog 对话框控件保存文件，利用工具栏及两类菜单来控制剪切、复制、粘贴、改变文字字体及大小等编辑功能。

4．项目实施

1）新建项目 XSDAGL。将窗体重命名为“Frm65_Edit”，Text 属性设置为“文本编辑器”。

2）添加下拉式菜单 MenuStrip 控件，并编辑菜单项。

打开“工具箱”→“菜单与工具栏”，将 MenuStrip 控件添加到窗体中，并按表 4-1 进行菜单项编辑。菜单项命名为“tmsi+菜单项英文含义”。如“打开”子菜单项命名为“tmsiOpen”。

3）在窗体中添加上下文菜单 ContextMenuStrip 控件，并编辑菜单项。

打开“工具箱”→“菜单与工具栏”，将 ContextMenuStrip 控件添加到窗体中，并编辑 3 个菜单项，分别命名为“cmsiCut”（剪切）、“cmsiCopy”（复制）、“cmsiPaste”（粘贴）。

表 4-1　文本编辑器主菜单

文件（&F）	编辑（&E）
新建（Ctrl+N）	剪切（Ctrl+X）
打开（Ctrl+O）	复制（Ctrl+C）
保存（Ctrl+S）	粘贴（Ctrl+V）
打印（Ctrl+P）	
退出（Ctrl+E）	

4）添加 RichTextBox 控件。

打开“工具箱”→“公共控件”，将 RichTextBox 控件添加到窗体。调整其位置、大小，将其命名为“rtxtText”，并设置其 ContextMenuStrip 属性为“ContextMenuStrip1”，使用上步所添加的上下文菜单。

5）为下拉式菜单编写剪切、复制、粘贴的事件处理过程。

```
private void tsmiCut_Click(object sender, EventArgs e)
{  //剪切功能，将选择的文本置于系统剪贴板，并清空文本框
   Clipboard.SetDataObject(rtxtText.SelectedText);
   rtxtText.SelectedText=String.Empty;
}
private void tsmiCopy_Click(object sender, EventArgs e)
{   //复制功能，将选择的文本置于系统剪贴板
   Clipboard.SetDataObject(rtxtText.SelectedText);
}
private void tsmiPaste_Click(object sender, EventArgs e)
{  //粘贴功能，将系统剪贴板上的内容粘贴进文本框
   IDataObject iData=Clipboard.GetDataObject();
   if (iData.GetDataPresent(DataFormats.Text))
   {
      rtxtText.SelectedText =(String)iData.GetData(DataFormats.Text);
   }
}
```

6）为上下文菜单绑定剪切、复制、粘贴的事件处理过程。

由于与下拉式菜单使用完全相同的事件处理过程，因此没有必要重写代码。为上下文菜单中“剪切”按钮绑定事件过程的方法为：选择“剪切”按钮，在事件列表中单击 Click 右边的下拉按钮，选择单击事件 tsmiCut_Click，两个菜单中的“剪切”子菜单项指向了同一个事件过程。类似地设置复制、粘贴两个菜单单击事件。

7）为窗体添加工具栏控件 ToolStrip，并添加相应的事件过程。

打开“工具箱”→“公共控件”，将 ToolStrip 控件添加到窗体，编辑工具栏，添加 3 个按钮，分别命名为“tbtnCut”（剪切）、“tbtnCopy”（复制）、“tbtnPaste”（粘贴）。参照步骤 6）中的方式为 3 个按钮分别添加事件处理过程。

8）在工具栏中添加两个 ComboBox 组合框，分别用于设置字体、字号。为组合框 cboFont 添加“宋体”、“隶书”、“黑体”这 3 项，Text 值为“宋体”；为 cboSize 添加 10、20、30 这 3 项，Text 值为“10”。为两个组合框分别编写 SelectedIndexChanged 事件过程如下：

```
private void cboFont_SelectedIndexChanged(object sender, EventArgs e)
{
  rtxtText.SelectionFont=new Font(cboFont.Text,
                                   rtxtText.SelectionFont.Size);
}
private void cboSize_SelectedIndexChanged(object sender, EventArgs e)
{
   float dSize=0;
   dSize=Convert.ToSingle(cboSize.Text);
   rtxtText.SelectionFont=new Font(rtxtText.SelectionFont.Name, dSize);
}
```

9）利用 OpenFileDialog、SaveFileDialog 对话框，为文件的打开与保存添加事件过程如下：

```
private void tsmiOpen_Click(object sender, EventArgs e)
{
  OpenFileDialog dlgOpen=new OpenFileDialog();
  dlgOpen.InitialDirectory="c:\\";
  dlgOpen.Filter="所有文件(*.*)|*.*|文本文件(*.txt)|*.txt|RTF 格式
(*.RTF)|*.rtf ";
  dlgOpen.FilterIndex=1;
  if (dlgOpen.ShowDialog()==DialogResult.OK)
  {
     rtxtText.LoadFile(dlgOpen.FileName,
                       RichTextBoxStreamType.PlainText);
  }
}
private void tsmiSave_Click(object sender, EventArgs e)
{
  SaveFileDialog dlgSave=new SaveFileDialog();
  dlgSave.Filter="所有文件(*.*)|*.*|文本文件(*.txt)|*.txt|RTF 格式
(*.RTF)|*.rtf";
  dlgSave.FilterIndex=2;
  if (dlgSave.ShowDialog()==DialogResult.OK)
  {
     rtxtText.SaveFile(dlgSave.FileName,
                       RichTextBoxStreamType.PlainText);
  }
}
```

10）为文档编辑器添加状态栏，并设置编辑器控件的 MouseMove 事件以显示鼠标位置。

打开“工具箱”→“公共控件”，将 StatusStrip 控件添加到窗体，并将状态栏中的标签命名为“tsslMousePosition”。打开 rtxtText 控件的事件列表，添加 MouseMove 事件如下：

```
private void rtxtText_MouseMove(object sender, MouseEventArgs e)
{
  tsslMousePosition.Text ="位置 X:" + e.X.ToString() + " Y:" + e.Y.
```

```
ToString();
    }
```

5. 项目测试

1）在编辑器中输入文本，检查功能菜单及工具栏的剪切、复制、粘贴等功能是否正确。

2）选定文本，用工具栏上的选择框改变文字的字体、字号，测试功能是否正确。

3）测试下拉式菜单中的文件打开、文件保存功能是否正确。

问题：保存文本编辑器中编辑过的文字，重新打开后，只有统一的字体与字号。

原因：为方便起见，本项目只使用纯文本类型（RichTextBoxStreamType.PlainText）打开及保存文件。读者可以使用 RTF 类型（RichTextBoxStreamType.RichText）来打开并保存文件，但要注意文件格式兼容的问题。

对所选择的字体、字号未做合法性检测，对所编辑的文本未判断是否为空，都可能会引发异常。

6. 项目小结

本项目创建了简单的文本编辑器。通过文本编辑器的创建过程，可以体会到菜单、工具栏、状态栏、对话框的作用。本项目在对剪切、复制、粘贴的事件处理中，采用了“事件过程重用”的做法，即把多个动作触发了同一个事件，使用相同的处理方法。而例题中使用了“方法重用”的做法，即重复使用了 Copy、Cut、Paste 方法。两者重用的粒度不同，适用于不同的场合。

工作任务 8　学生档案管理系统窗体设计

1. 项目描述

创建学生档案管理系统的各个窗体。主窗体包含主菜单、工具栏、状态栏，用户通过单击主菜单项可以调用相应的子窗体程序，如图 4-15 所示。

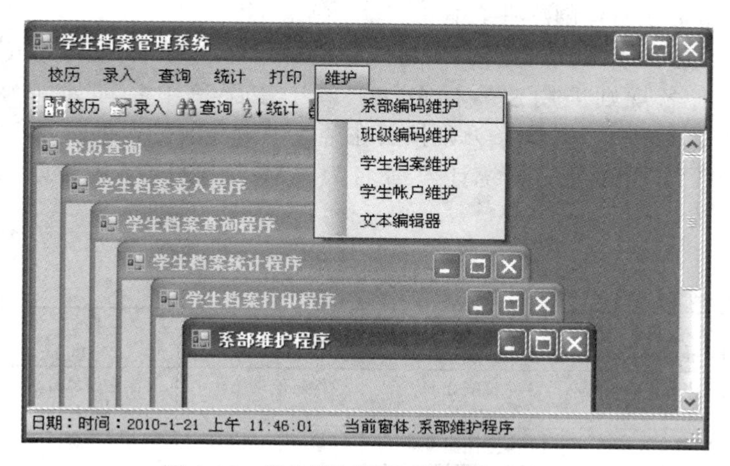

图 4-15　学生档案管理系统的各个窗体

2. 相关知识

本模块是对菜单、工具栏、状态栏及 MDI 窗体应用程序知识的综合应用。

3．项目设计

建立 1 个主窗体和 7 个子窗体；为主窗体添加下拉式菜单、工具栏、状态栏。

4．项目实施

（1）创建 MDI 主窗体

单击“文件”→“新建”→“项目”，设置“项目类型”为“VC# ”，“模板”为“Windows 应用程序”，“名称”为“XSDAGL”，“解决方案名称”为“XSDAGL”，单击“确定”按钮。

选择解决方案资源管理器，右击“Form1.cs”→“重命名”，更名为“FrmMain.cs”。设置新建窗体的 Name 属性为“FrmMain”，Text 属性为“学生档案管理系统”，IsMdiContainer 属性为“True”。这时，FrmMain 窗体就被设置为 MDI 主窗体。

（2）创建 7 个 MDI 子窗体

选择解决方案资源管理器，右击项目“XSDAGL”→“添加”→“Windows 窗体”，设置 Windows 窗体的 text 属性和窗体的 Name 属性（如 Frm11_Xiaoli）。重复执行上述操作，属性设置如表 4-2 所示。

表 4-2 设置窗体属性

子 窗 体	Name	Text
校历子窗体	Frm11_Xiaoli	校历管理程序
学生档案录入子窗体	Frm21_Luru	学生档案录入程序
学生档案查询子窗体	Frm31_Chaxun	学生档案查询程序
学生档案统计子窗体	Frm41_Tongji	学生档案统计程序
学生档案打印子窗体	Frm51_Dayin	学生档案打印程序
系部代码维护子窗体	Frm61_Weihu	系部代码维护程序
文本编辑器子窗体	Frm65_Edit	文本编辑器

（3）为 FrmMain 主窗体创建主菜单

从工具箱中拖曳 MenuStrip 控件到主窗体，并参照表 4-3 设计主菜单（详见菜单相关知识）。菜单项的命名规则采用位置标记法，其中主菜单项名称分别为“Menu_1”～“Menu_6”，一级子菜单（含分隔条）则按其在菜单中出现的位置来命名。如“校历管理”命名为“Menu_11”，“班级信息统计”命名为“Menu_42”，“用户账号维护”命名为“Menu_64”。

表 4-3 “学生档案管理”窗体的主菜单

校历 Menu_1	录入 Menu_2	查询 Menu_3	统计 Menu_4	打印 Menu_5	维护 Menu_6
校历管理 Menu_11	学生档案录入 Menu_21	学生档案查询 Menu_31	学生信息统计 Menu_41	学生信息打印 Menu_51	系部代码维护 Menu_61
退出(&E)	学生宿舍录入	树形学生档案查询	班级信息统计	班级信息打印	班级代码维护
	分隔线	分页学生档案查询			学生档案维护
	学生校历录入	列表学生档案查询			用户账号维护
	学生照片录入	树形学生相册查询			文本编辑器

（4）为主窗体添加状态栏

从工具箱中拖曳 StatusStrip 控件到窗体，使用两个状态标签项，标签 1 命名为“slblDate”，用于显示当前日期与时间，显示文本为“日期：时间”；标签 2 命名为“slblWindows”，用于显示当前激活的窗体名称，显示文本为“当前激活窗体:”。

（5）建立菜单项事件过程

1）在主窗体中选择并双击“退出”子菜单，添加代码如下：

```
private void Menu_12_Click(object sender, EventArgs e)
{      this.Close();      }
```

2）编写调用校历管理子窗体的事件过程，代码如下：

```
public static bool bXiaoliIsOpen=false; //静态变量，标记子窗体的状态
private void Menu_11_Click(object sender, EventArgs e)
{
    if (!bXiaoliIsOpen)  //确保相应子窗体不会重复打开
    {
        Frm11_XiaoLi frmXiaoli=new Frm11_XiaoLi();
        frmXiaoli.MdiParent=this;
        frmXiaoli.Show();
        slblWindows.Text="  当前窗体:" + frmXiaoli.Text;
        bXiaoliIsOpen=true;
    }
}
```

（6）为主窗体添加工具栏

从工具箱中拖曳 ToolStrip 控件到窗体，在工具栏中添加 5 个按钮，分别用于校历、录入、查询、统计、打印子窗体的快速调用。设置各按钮属性如表 4-4（详见工具栏相关知识），按钮图片可自行选择。

表 4-4　工具栏各按钮属性设置

Name	Text	ToolTipText
tbtnCalendar	校历	日历
tbtnImport	录入	学生档案录入
tbtnView	查询	学生档案查询
tbtnStat	统计	学生档案统计
tbtnPrint	打印	学生档案打印

（7）设置按钮单击事件

单击“校历”按钮，在“事件”对话框中单击 Click 右边下拉按钮，选择校历菜单单击事件 Menu_11_Click。类似地设置其他 4 个按钮单击事件。

（8）添加定时器 Timer

从工具箱中拖曳 Timer 控件到窗体，并设置 Interval 属性为“1000”。

（9）编写 Timer 事件处理程序

双击 Timer 控件，添加代码，在状态栏中显示当前日期与时间，代码如下：

```
private void timer1_Tick(object sender, EventArgs e)
{
    slblDate.Text="日期：时间：" + DateTime.Now.ToString();
}
```

5．项目测试

运行系统，依次单击菜单栏中相应菜单项，单击工具栏上的按钮，测试各窗体打开情况及状态栏显示信息。若各功能测试无误，则能顺利打开各子窗体，并正确显示状态信息。

❓问题：一旦把打开过的子窗体关闭，怎么不能再次打开相应子窗体？

原因：子窗体关闭时，没有修改相应静态变量的值。读者可参照工作任务 3 自行解决。

6．项目小结

Windows 应用程序中的主窗体、子窗体及功能菜单是最常用的概念之一。本项目对学生档案管理系统的主界面及菜单进行了演练。以后章节也将基于本项目，陆续完善各子窗体的功能。

本章小结

本章主要介绍了用主菜单、上下文菜单、工具栏、状态栏、对话框设计 Windows 应用程序用户界面的方法。掌握了如何创建主菜单、上下文菜单、工具栏、状态栏和对话框，结合第 2 章所介绍的基本控件，读者就可以创建出一个基本的 Windows 应用程序的界面了。主要内容包括：

1．菜单设计

菜单分为主菜单和上下文菜单两种形式，通过设置热键和快捷键，可以更方便地使用主菜单和上下文菜单。

2．工具栏设计

工具栏可以为用户提供快捷操作，通过向工具栏中添加按钮、标签、分割线、下拉框、文本框和进度条等工具栏控件，实现工具栏的设计。

3．状态栏设计

状态栏用于显示可视化应用程序的运行状态，在状态栏中可以添加状态栏标签、进度条、按钮等状态栏控件。

4．对话框设计

对话框控件主要包括文件对话框、颜色对话框和字体对话框，通过对话框用户可以选择文件、颜色和字体。

5．多窗体程序设计和学生档案管理系统窗体设计

MDI 多窗体程序由 MDI 主窗体与 MDI 子窗体组成。利用 MDI 多窗体程序可进行学生档案管理系统的窗体设计。

习题 4

1．下列约定的快捷键组合与其含义搭配错误的是_____。

A．〈Ctrl+Z〉——取消　　B．〈Alt+F4〉——关闭窗口

C．〈Ctrl+S〉——创建新文件　　D．〈Ctrl+O〉——打开一个已有的文件

2．下列控件类型中可以添加到工具栏但不能添加到状态栏的控件类型是_____。

A．标签　　B．文本框

C．按钮　　D．进度条

3．FolderBrowserDialog 对话框控件可用于 _____。

A．选择一种颜色　　B．选择一个要打开的文件

C．选择一个文件夹　　D．选择一种字体

4．Windows 应用程序中的菜单分为哪两种？

5．叙述主菜单的组成，如何创建主菜单？

6．热键与快捷键有何区别？为菜单项设置热键与快捷键的好处是什么？

7．什么是上下文菜单？用什么方法显示上下文菜单？

8．在 C#中用什么控件创建工具栏？简述工具栏的设计步骤。

9．如何将图像文件导入到工程的资源文件中？

10．工具栏控件 ToolStrip 中可以添加哪些控件？

11．对话框控件有哪些？如何使用这些控件创建“文件打开”“文件保存”“字体”“颜色”对话框？

实验 4

1．创建一个学生成绩管理系统工程文件，命名为“xscjgl”，添加一个窗体，窗体的 Name 属性设置为“Form_Main”。在窗体内设计主菜单，菜单内容如表 4-5 所示。

表 4-5　学生成绩管理系统主菜单

退出	数据录入	数据查询	数据统计	数据打印	系统维护
退出	学生成绩初始化	班级成绩查询	学生成绩统计	班级成绩打印	课程代码表维护
	学生成绩录入	个人成绩查询	补考成绩统计	补考成绩打印	数据编码表维护
	补考成绩录入	补考成绩查询		班级课程打印	用户管理
	班级课程录入	班级课程查询			

2．在实验题 1 的学生成绩管理系统中添加工具栏，在工具栏上添加 7 个工具栏按钮，分别用于退出、录入、查询、统计、打印、维护、文本编辑的快速调用。

3．在实验题 2 的学生成绩管理系统中添加状态栏，状态栏共有 2 个 StatusLabel 控件，分别显示当前光标的坐标位置（x，y）、日期与时间。

第 5 章　数据库应用程序的可视化设计

本章主要介绍数据库应用程序开发环境、服务器资源管理器，以及类型化数据集的概念，并生成项目开发所需要的类型化数据集。利用类型化数据集，能够方便地实现系部编码维护、课程编码维护、学生档案查询、统计、打印模块等功能，为下一章内容的展开做了准备。

理论知识

5.1　数据库基础

本书以 SQL Server 2005 数据库管理系统作为后台数据库，使用 C#进行前台开发，编写数据库应用程序。下面介绍一些数据库的基本概念及 SQL Server 数据库的使用。

5.1.1　数据库基本知识

1．数据处理技术的发展

数据处理技术的发展经历了 3 种方式，即程序管理方式、文件系统方式和数据库系统方式。

（1）程序管理方式

程序管理方式是将数据存放在由程序定义的内存变量中，所以在该方式中数据不能保存，数据不能独立于程序，数据不能共享。

（2）文件系统方式

文件系统方式是将数据存放在文件中（如 Myfile.txt），该文件称为数据文件。数据文件可独立于应用程序。用户在程序中用文件操作语句对数据文件进行存取操作，所以数据可保存、可共享，但对数据文件处理需编写程序才能实现，且数据的安全性、一致性、完整性得不到保证。

（3）数据库系统方式

数据库系统方式用专门软件对数据文件进行操作，不用编程即可实现对数据文件的处理，使操作更方便、更安全，并能保证数据的完整性、一致性，且能控制对数据文件的并发操作。

2．数据库系统的组成

数据库系统是由数据库 DB、数据库管理系统 DBMS、支持数据库运行的软、硬件环境、数据库应用程序和数据库管理员 DBA 等组成。

（1）数据库 DB（DataBase）

简单地说，数据库是存储数据的仓库。它是储存在计算机内有组织、可共享的逻辑数据集合，也是现实世界中相互关联的大量逻辑数据及数据间关系的集合。数据库中的数据按一定的数据模型进行组织和描述，并储存在计算机的硬盘中，具有较小的冗余度、较高的数据独立性和易扩展性，并可为各种用户共享。数据库中不仅存放数据，而且存放数据之间的关系或联系。

（2）数据库管理系统 DBMS（DataBase Management System）

DBMS 是专门用于数据库管理的系统软件，能够实现对数据库的建立、使用和维护操作。对于各种数据库命令和程序中各条语句，数据库管理系统都将其转换成对数据库文件的一种操作。DBMS 可提供如下数据处理功能。

1）数据库定义功能。

2）数据操纵功能，即数据的检索、插入、修改与删除功能。

3）数据控制功能，即保持数据的完整性、安全性和并发性功能。

4）数据维护功能，即数据库整理、修改和重定义功能。

DBMS 提供了应用程序与数据库的接口，允许用户逻辑地访问数据库中的数据，负责逻辑数据与物理地址之间的映射，是控制和管理数据库运行的工具。

目前，数据库管理系统分为小型桌面数据库管理系统与企业大型数据库管理系统。

常用小型桌面数据库管理系统有 Access、FoxPro、Paradox 等。

常用企业大型数据库管理系统有 SQL Server、Oracle、DB2、Informax、Sysbase 等。

（3）支持数据库运行的软、硬件环境

每种数据库管理系统都有它自己所要求的软、硬件环境。一般对硬件要说明所需的基本配置，对软件则要说明其适用于哪些底层软件、与哪些软件兼容等。

（4）数据库应用程序

数据库应用程序是一个允许用户插入、修改、删除并报告数据库中数据的计算机程序，是由程序员用某种程序设计语言编写的。数据库应用程序可通过 DBMS 对数据库中的数据进行操作。C# 就是一种优秀的数据库应用程序开发工具。

（5）数据库管理员 DBA（DataBase Administrator）

数据库管理员 DBA 是管理、维护数据库系统的人员。

5.1.2 关系数据库的基本概念

关系数据库中的数据表是描述事物的二维数据表。例如，描述系部信息的二维数据表如表 5-1 所示。事实上，关系型数据表可用 C++中的结构体数组来实现，表中每一行数据是结构体数组中的一个元素（称为一个记录），每一列是结构体数组中的一个数据成员（称为一个字段）。以本书所使用的学生档案数据库中的系部编码表为例，可以观察到系部编码表中的记录与字段数据。

表 5-1 系部编码表中的数据

Dept_ID	Dept_Name	Dept_Dean
00	基础部	张明忠
10	机械系	孙明华
20	电气系	郭明权
30	计算机系	刘明强
40	管理系	蒋明华
50	机电系	倪明寿

现将关系型数据库的一些基本概念叙述如下。

（1）数据库（DataBase）

数据库是长期存储在计算机内，有组织、统一管理的相关数据表的集合。如学生档案数据库是能长期存储在计算机内，有组织、统一管理的几十张相互关联数据表的集合。

（2）数据表（Table）

由描述事物的数据组织成的二维表称为数据表，如上述的系部编码表。

（3）记录（Record）

数据表中每一行数据称为一个记录，系部编码表中共有 6 条记录，其中某一条记录各字段的值分别为“10”“机械系”“孙明华”。

（4）字段（Field）

数据表中的列称为字段。系部编码表中共有 3 个字段 Dept_ID、Dept_Name、Dept_Dean。当某个字段的取值在表中具有唯一性时，该字段可以作为数据表的主码。主码（Primary Key）是用来唯一标识数据表中记录的字段，系部编码表中的 Dept_ID 字段作为表的主码。

综上所述，数据库文件包含用户所需的数据，是存储在磁盘、磁带等存储介质上的数据集合。每个用户只能共享其中一部分数据，不同用户所使用的数据可以重叠，并且同一片数据可以为多个用户共享。数据库应用程序是对数据库文件进行检索、修改、插入或删除等操作的程序。DBMS 向用户提供对数据的存储组织、数据操作的界面，它还提供保护数据库的功能。程序员可通过某种程序设计语言编写数据库应用程序，使用户能通过数据库应用程序实现对数据库的操作。

5.1.3 学生档案管理系统数据库

1. 数据对象及字段的命名规范

（1）数据库对象命名规范

本书约定，数据库对象包括表、视图（查询）、存储过程（参数查询）、函数、约束。对象名由前缀＋实际名字（或其缩写）组成，长度不超过 30 字节。前缀使用小写字母来表示，实际名字的首字母大写。各数据库对象相应的前缀如下。

数据表	视图	存储过程	函数	约束
tbl	vw	sp	fn	pk 或 fk

例如，班级信息表的命名为“tblClass”。

（2）字段命名规范

本书约定，字段由表的简称＋下画线＋字段英文含义（或其缩写）组成。表名及字段含义的首字母均为大写。

例如，班级信息表中的班级名称字段为“Class_Name”。

2. 学生档案管理系统数据表结构设计

学生档案管理系统涉及 17 张数据表，其中常用数据表有 11 张，具体结构如表 5-2～表 5-12 所示。

表 5-2 系部编码表 tblDept

序号	字段名	含义	类型	宽度	小数	主码
1	Dept_ID	系部编码	Text	2		Y
2	Dept_Name	系部名称	Text	20		
3	Dept_Dean	系主任	Text	10		

表 5-3　班级编码表 tblClass

序号	字段名	含义	类型	宽度	小数	主码	关联表/字段
1	Class_ID	班级编码	Text	10		Y	
2	Class_Name	班级名称	Text	20			
3	Class_EnrollYear	入学年份	Text	4			
4	Class_MajorID	专业编码	Text	10			tblMajor/ Major_ID
5	Class_Length	学制	Text	1			
6	Class_Num	班级人数	Integer	3	0		
7	Class_Head	班主任	Text	10			
8	Class_Status	毕业标志	Text	1			tblStatus/ Status_ID
9	Class_Dept	系部编码	Text	2			tblDept/Dept_ID

表 5-4　专业编码表 tblMajor

序号	字段名	含义	类型	宽度	小数	主码	数据来源
1	Major_ID	专业编码	Text	2		Y	系统预置
2	Major_Name	专业名称	Text	20			系统预置

表 5-5　毕业标志表 tblStatus

序号	字段名	含义	类型	宽度	小数	主码	关联字段
1	Status_ID	毕业标志编码	Text	1		Y	
2	Status_Name	毕业标志名称	Text	20			

表 5-6　学生信息表 tblStudent

序号	字段名	含义	类型	宽度	小数	主码	关联表/字段
1	Stu_ID	学生编号	Text	10		Y	
2	Stu_No	学生学号	Text	10			
3	Stu_Order	班内序号	Text	2			
4	Stu_Name	姓名	Text	8			
5	Stu_Enroll	入学年月	Text	7			
6	Stu_Sex	性别编码	Text	1			tblSex/Sex_ID
7	Stu_Birth	出生日期	Date				
8	Stu_Nation	民族	Text	2			tblNation/ Nation_ID
9	Stu_NtvPlc	籍贯	Text	6			tblNtvPlc/NtvPlc_ID
10	Stu_Party	政治面貌	Text	2			tblParty/Party_ID
11	Stu_Health	健康状况	Text	10			
12	Stu_Skill	特长	Text	40			
13	Stu_Card	身份证号	Text	20			
14	Stu_Class	班级编码	Text	10			tblClass/Class_ID
15	Stu_ZipCode	家庭邮编	Text	6			
16	Stu_Phone	家庭电话	Text	20			
17	Stu_Addr	家庭住址	Text	50			
18	Stu_Dorm	宿舍号码	Text	10			
19	Stu_Mark	学籍标志	Text	2			
20	Stu_Photo	学生照片	OLE 对象	50			

表 5-7　性别编码表 tblSex

序号	字段名	含义	类型	宽度	小数	主码	数据来源
1	Sex_ID	性别编码	Text	1		Y	系统预置
2	Sex_Name	性别	Text	12			系统预置

表 5-8　民族编码表 tblNation

序号	字段名	含义	类型	宽度	小数	主码	数据来源
1	Nation_ID	民族编码	Text	2		Y	系统预置
2	Nation_Name	民族	Text	20			系统预置

表 5-9　籍贯编码表 tblNtvPlc

序号	字段名	含义	类型	宽度	小数	主码	数据来源
1	NtvPlc_ID	籍贯编码	Text	6		Y	系统预置
2	NtvPlc_Name	籍贯	Text	20			系统预置

表 5-10　政治面貌编码表 tblParty

序号	字段名	含义	类型	宽度	小数	主码	数据来源
1	Party_ID	政治面貌编码	Text	2		Y	系统预置
2	Party_Name	政治面貌名称	Text	20			系统预置

表 5-11　校历表 tblCalendar

序号	字段名	含义	类型	宽度	小数	主码	关联字段
1	Cal_Year	学年	Text	9		Y	
2	Cal_Term	学期	Text	1		Y	
3	Cal_Opening	开学日期	Date	8			
4	Cal_Holiday	放假日期	Date	8			
5	Cal_HldEnd	结束日期	Date	8			
6	Cal_Weeks	教学周数	Single	4	1		
7	Cal_HldWks	假期周数	Single	4	1		
8	Cal_Remark	备注	Memo	50			

表 5-12　用户表 tblUser

序号	字段名	含义	类型	宽度	小数	主码	关联字段
1	User_ID	用户名	Text	10		Y	
2	User_Psw	用户密码	Text	20			
3	User_Flag	用户权限标志	Text	1			

3．学生档案管理系统数据库关系图

学生档案管理系统数据库关系如图 5-1 所示。

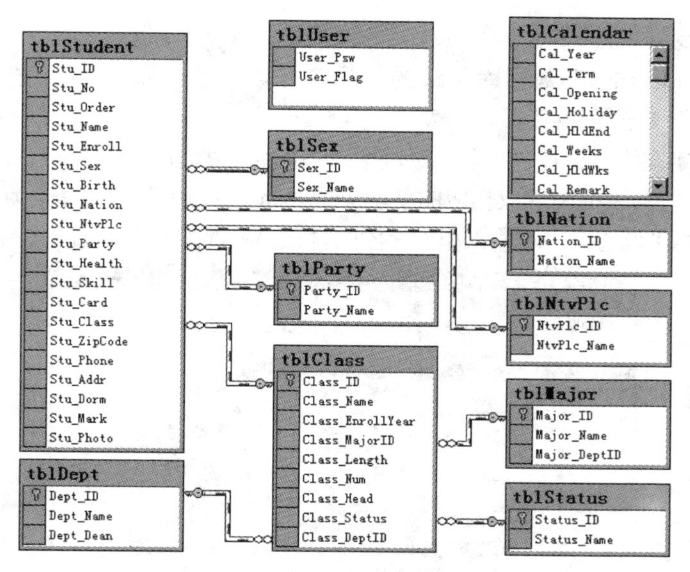

图 5-1　学生档案管理系统数据库关系图

5.1.4　创建案例数据库

以下步骤将简单叙述案例数据库的创建及使用，包括创建数据库、创建数据表、输入数据、创建及使用视图、导入现有数据。

1．创建 SQL Server 数据库

1）选择“「开始」菜单”→“程序”→“Microsoft SQL Server 2005”→“SQL Server Management Studio”，启动 SQL Server。SQL Server 需要登录，可以选择 Windows 身份验证模式进行登录。登录后自动打开“对象资源管理器”，在“数据库”节点上右击，在弹出的快捷菜单中选择“新建数据库”命令，如图 5-2 所示。

2）打开数据库创建窗口，如图 5-3 所示。输入数据库名称“StudentSys”，完成数据库的创建。

图 5-2　“新建数据库”命令

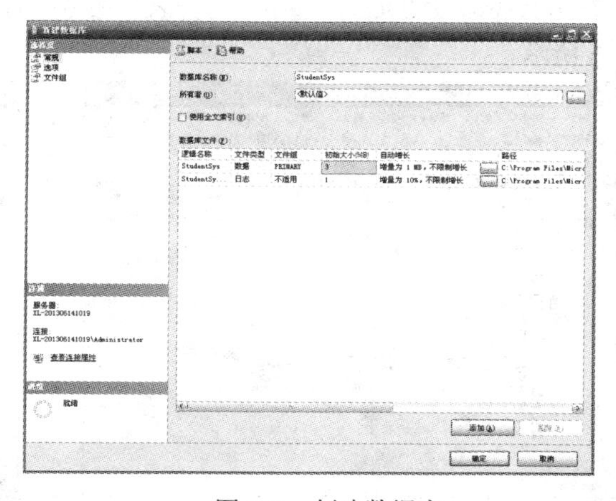

图 5-3　创建数据库

2．创建数据表

1）单击“StudentSys”数据库左边的加号打开数据库对象，在“表”对象上右击选择“新建表”命令打开数据表设计器。

2）为数据表定义字段。在“列名”字段输入系部编码表的第一个字段“Dept_ID”，在“数据类型”字段的下拉列表框中选取相应的字段类型“varchar(50)”，并修改为“varchar(2)”，在“列属性”选项卡的“说明”字段输入相应字段的含义“系部编码”，如图 5-4 所示。

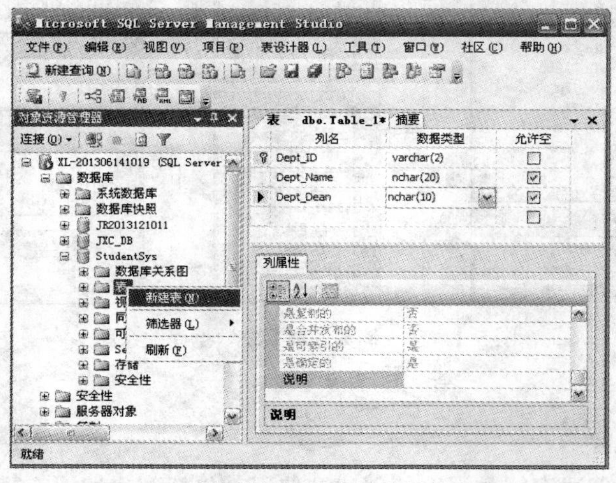

图 5-4　在设计视图中设置表的各个字段

3）根据表 5-2，参照步骤 2)，为系部编码表定义另外两个字段。

4）设置主码。选中“Dept_ID”字段，单击“主码”工具按钮，设置 Dept_ID 为系部编码表的主码。

5）保存数据表。单击“菜单栏”→“文件”→“保存”菜单，打开保存数据表对话框，输入数据表名称“tblDept”，单击“确定”按钮，将设计好的表保存到数据库中。如图 5-5 所示，数据库中新增了数据表 tblDept。

3．为数据表输入数据

右击数据表 tblDept，选中“打开表”命令，打开数据表录入数据窗口，输入 6 条记录，如图 5-6 所示。

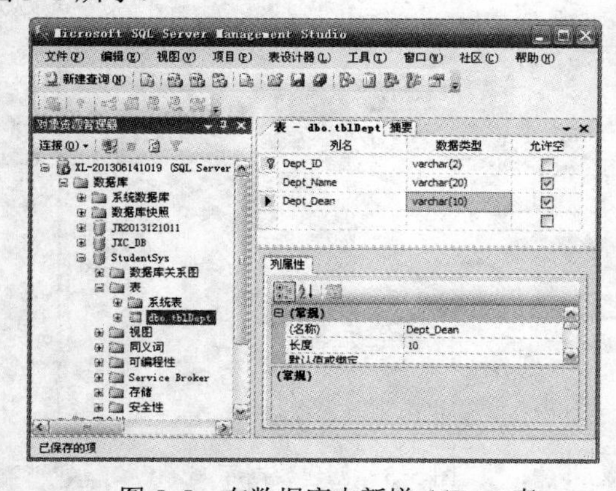

图 5-5　在数据库中新增 tblDept 表

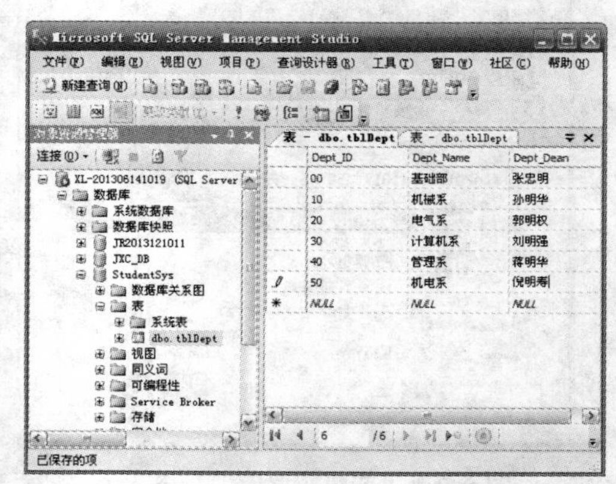

图 5-6　为 tblDept 表输入数据

4. 创建及使用视图

1）新建视图。在“视图”对象上右击，选择“新建视图”命令，打开视图设计器，自动弹出添加表窗口，如图 5-7 所示。选中要添加到视图中的表，如系部表 tblDept，单击“添加”按钮，再单击“关闭”按钮，打开视图设计窗口，如图 5-8 所示。

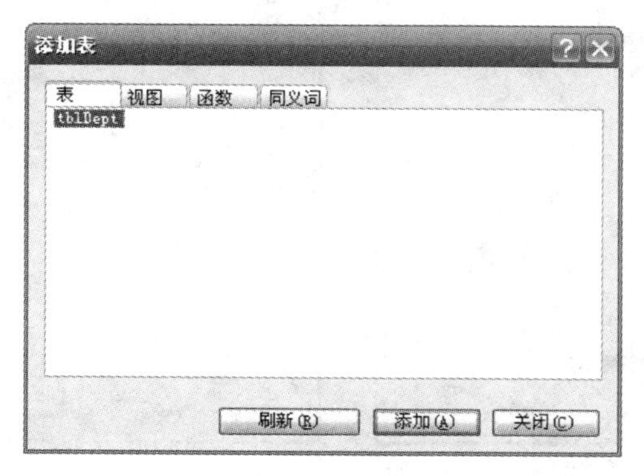

图 5-7　视图创建添加表窗口

2）编写并执行视图。选中要添加到视图中的列，单击工具栏中的“运行”按钮，观察视图执行结果，如图 5-8 所示。

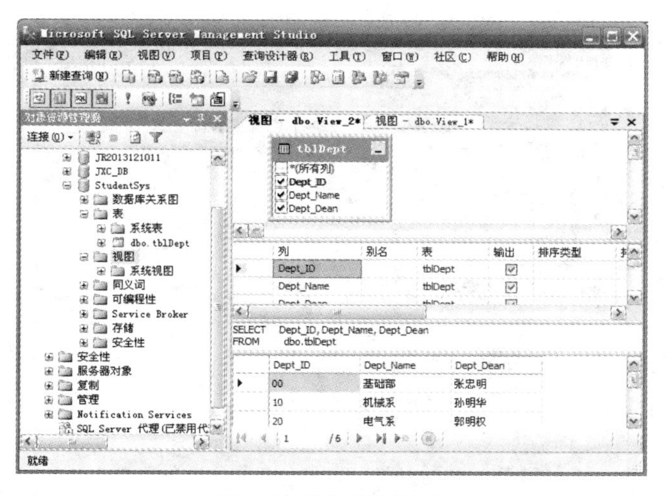

图 5-8　视图执行结果

5. 导入现有数据

本书所使用的数据库已经创建好，以 Access 数据库的方式提供，请读者在进行下面内容之前先将本书所附的数据库文件 StudentSys.mdb 用导入数据的方式导入到 SQL Server 2005 中。

1）打开导入数据命令。在已经创建好的 StudentSys 数据库上，右击选中“任务”命令，单击“任务”→“导入数据”命令进入数据导入界面，如图 5-9 所示。

2）执行数据导入。设置打开的“SQL Server 导入和导出向导”的“选择数据源”页面，将数据源设置为 Microsoft Access，文件名选择“StudentSys.mdb”，如图 5-10 所示，开始数据导入过程。

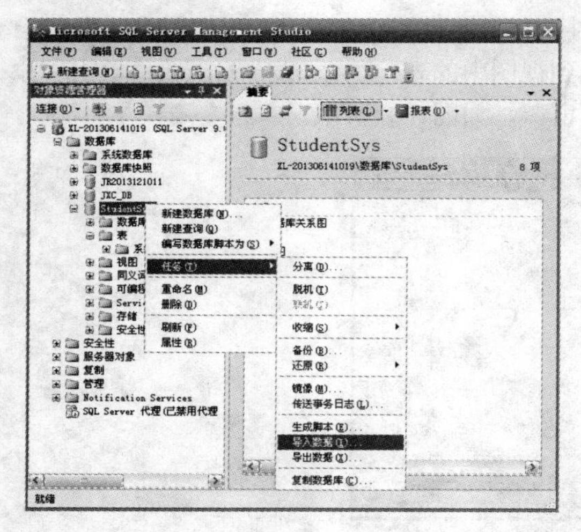

图 5-9　打开“导入数据”命令

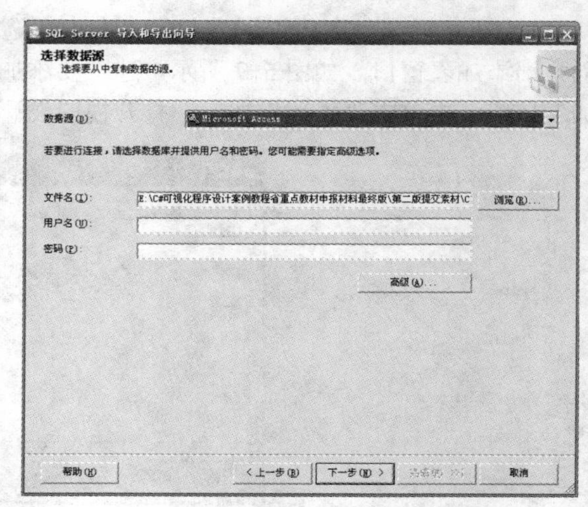

图 5-10　选择“数据源”

上一步操作完成后，单击“下一步”按钮进入“选择目标”页面，设置目标数据库为 SQL Native Client，下拉选中“StudentSys”数据库，如图 5-11 所示。进入数据导入过程。

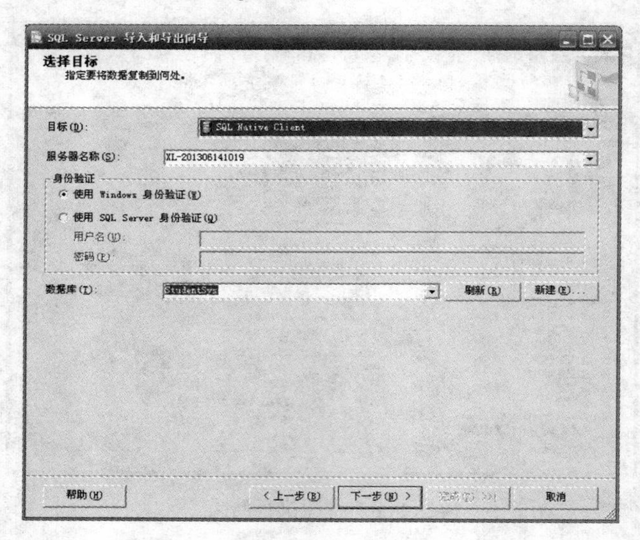

图 5-11　设置要导入到的目标数据库

3）完成数据导入。在上一步操作的基础上单击“下一步”按钮实施数据导入工作，按提示全部选择默认参数完成数据导入工作。

5.1.5　结构化查询语言（SQL）简介

结构化查询语言（Structured Query Language，SQL）是一种介于关系代数与关系演算之间的语言，其功能包括查询、操纵、定义和控制 4 个方面，是一个通用的、功能极强的关系数据库语言，目前已成为关系数据库的标准语言。本节对 SQL 语言中的 Select、Insert、

Update、Delete 这 4 种语句做简单介绍。

1．Select 语句

（1）Select 语句的作用

Select 语句主要用于查询数据表中满足条件的数据记录，既可以是单表查询，也可以是多表查询；既能显示表中全部字段，也可显示部分指定字段；既可对表查询结果排序，也可对记录进行分组统计（可加子查询条件）。因此，Select 语句的功能非常强大，在数据库编程中必不可少。

（2）Select 语句格式

Select 语句定义格式如下：

```
Select [Distinct]<字段列表>                          //Select 子句
From <数据表 1>[,…, <数据表 n>]                      //From 子句
Where <查询条件表达式>                               //Where 条件子句
[Order By <排序字段> [ASC | DESC] ]                  //排序子句
[Group By <分组字段> [Having <子查询条件>]]          //分组统计子句
```

（3）Select 语句说明

1）Select 语句的含义：根据 Where 子句中的查询条件表达式，从 From 子句指定的数据表中找出满足条件的记录，再按 Select 子句中所列出的字段名，显示查询结果。

2）Select 子语句中的字段列表的一般格式：

```
<字段名 1> [As <别名 1>], …,<字段名 n> [As <别名 n>]
```

若使用“As 别名”可选项，则数据表将以别名代替字段名显示字段标题。

3）Select 子句中的<字段列表>可用“*”表示，表示查询结果将显示数据表中所有字段。

4）加上 Distinct 后，若查询结果中有内容相同的重复记录，则只显示查询结果中内容不重复的记录。

5）当多个关联数据表通过关联字段连接时，查询条件表达式中必须包含等值连接表达式：

```
[数据表 i.]<关联字段 i>=[数据表 j.]<关联字段 j>
```

若关联字段名不同，则数据表 i 与数据表 j 可省略。

关联表达式可简化为：

```
<关联字段 i>=<关联字段 j>
```

6）Where 子句中的条件表达式是用逻辑运算符（And、Or、Not）与关系运算符（>、>=、=、<、<=、<>、Like）将字段名等连接而成的式子。Like 运算符用于模糊查询，查询的通配符包括“？”、“*”、“%”，其中“？”为单字符通配符，“*”与“%”为多字符通配符。例如，在系部编码表 tblDept 中，查找“计”开头的系，可使用 Select 语句如下：

```
Select * from tblDept Where Dept_Name Like "计*"
```

或

```
Select * from tblDept Where Dept_Name Like "计%"
```

注意：在 VS 2010 中应使用通配符“%”；Select 语句中字符串常量的表达方式为“字符串常量”。在有些系统中，只能使用“*”而不能使用“%”，Select 语句中字符串常量的表达方式为'字符串常量'。

7）若有 Order By 子句，则查询结果要按排序字段排序，ASC 表示升序排序，DESC 表示降序排序。

8）若有 Group By 子句，则表示查询结果要进行分组统计，如求记录数、求和、求平均值等，在分组统计中还可用 Having 加子查询条件。

下面通过例题来说明 Select 语句各子句的含义与使用方法。在 StudentSys 数据库中有 17 张有关学生档案、学生成绩的数据表，这些数据表在后文中将逐步讲述到。

【例 5-1】 打开学生档案数据库 StudentSys 的 SQL 查询窗口，在 SQL 语句窗口中使用 Select 语句查询符合如下要求的系部编码表 tblDept 中的记录内容。tblDept 表结构如表 5-2 所示。

1）查询系部编码表 tblDept 中所有记录。

```
SELECT  *                或者   SELECT Dept_ID，Dept_Name, Dept_Dean
FROM tblDept                    FROM tblDept
```

若用文字“系部编码、系部名称、系主任”作为数据表的字段标题，则 Select 语句应按如下格式编写:

```
SELECT Dept_ID As 系部编码, Dept_Name As 系部名称, Dept_Dean As 系主任
FROM tblDept
```

部分查询结果显示如下。

系部编码	系部名称	系主任
00	基础部	张明忠
10	机械系	孙明华
……	……	……

2）查询系部编码表 tblDept 中计算机系的系部名称与系主任。

```
SELECT Dept_Name, Dept_Dean
FROM tblDept
WHERE Dept_Name ='计算机系'
```

查询结果为：计算机系　　刘明强

【例 5-2】 打开学生档案数据库 StudentSys 的 SQL 查询窗口，在 SQL 语句窗口中使用 Select 语句查询符合下列要求的班级编码表 tblClass 中的记录内容。班级编码表 tblClass 表结构如表 5-3 所示。

1）查询班级编码表 tblClass 中所有记录。

```
Select * from tblClass
```

部分查询结果显示如下。

Class_ID	Class_Name	Class_EnrollYear	Class_MajorID	Class_Length	Class_Num	Class_Head	Class_Status	Class_DeptID
10500421	汽车 10421	2004	02	2	24	133	3	10
10200431	机制 10431	2004	05	3	48	336	1	10
10100431	数控 10431	2004	01	3	44	134	1	10
10100531	数控 10531	2005	01	3	36	308	1	10
……	……	……	……	……	……	……	……	……

2）查询班级编码表 tblClass 中所有系部编码为“10”的班级记录。

```
SELECT *
FROM  tblClass
WHERE Class_DeptID = '10'
```

3）查询各班级的具体信息，包括专业名称，毕业标志、系部名称。

由于专业名称在 tblMajor 表中，毕业标志在 tblStatus 表中，系部名称在 tblDept 中，因此本次查询牵涉 4 张表，即 tblClass、tblMajor、tblStatus、tblDept，在查询时需要将它们连接起来。

```
SELECT  Class_ID, Class_Name, Class_EnrollYear, Major_Name,
        Class_Length, Class_Num, Class_Head, Status_Name, Dept_Name
FROM tblClass,tblMajor,tblStatus,tblDept
WHERE   Class_MajorID = Major_ID  AND
        Class_Status = Status_ID  AND
        Class_DeptID = Dept_ID
```

部分查询结果显示如下。

Class_ID	Class_Name	Class_EnrollYear	Major_Name	Class_Length	Class_Num	Class_Head	Status_Name	Dept_Name
10500421	汽车 10421	2004	汽车检测与维修	2	24	133	毕业	机械系
10200431	机制 10431	2004	机制	3	48	336	在校	机械系
10100431	数控 10431	2004	数控技术应用	3	44	134	在校	机械系
10100531	数控 10531	2005	数控技术应用	3	36	308	在校	机械系
……	……	……	……	……	……	……	……	……

【例 5-3】 打开学生档案数据库 StudentSys 的 SQL 查询窗口，在 SQL 语句窗口中使用 Select 语句查询符合如下要求的学生档案表 tblStudent 中的记录内容。

学生档案表 tblStudent 的表结构如表 5-13 所示，其中，性别编码（Stu_Sex）、民族（Stu_Nation）、籍贯（Stu_NtvPlc）、政治面貌（Stu_Party）、班级编码（Stu_Class）采用字段编码，关联字段分别为 tblSex 表/Sex_ID、tblNation 表/ Nation_ID、tblNtvPlc 表/NtvPlc_ID、tblParty 表/Party_ID、tblClass 表/Class_ID。

表 5-13　学生信息表 tblStudent 中的关联字段

序　号	字 段 名	含　义	关 联 表	关 联 字 段
6	Stu_Sex	性别编码	tblSex	Sex_ID
8	Stu_Nation	民族	tblNation	Nation_ID

（续）

序　号	字 段 名	含　义	关 联 表	关 联 字 段
9	, Stu_NtvPlc	籍贯	tblNtvPlc	NtvPlc_ID
10	Stu_Party	政治面貌	tblParty	Party_ID
14	Stu_Class	班级编码	tblClass	Class_ID

1）在学生档案表 tblStudent 中，显示所有学生的学号、班内编号、姓名与班级名称。

```
SELECT  Stu_No, Stu_Order, Stu_Name, Class_Name
FROM   tblStudent, tblClass
WHERE  Stu_Class = Class_ID
```

2）在学生档案表 tblStudent 中，显示班级编码为“10500131”的班级所有学生的学号、班内编号、姓名、班级名称，并按学号升序排序。

```
SELECT  Stu_No, Stu_Order, Stu_Name, Class_Name
FROM   tblStudent, tblClass
WHERE  Stu_Class = Class_ID  AND
       Stu_Class = '10500131'
Order By  Stu_No
```

3）在学生档案表 tblStudent 中，显示班级编码为“10500131”的班级所有学生的学生编号、学生学号、班内序号、姓名、入学年月、性别、出生日期、民族、籍贯、政治面貌、健康状况、特长、身份证号、班级名称、家庭邮编、家庭电话、家庭住址、宿舍号码、学籍标志、学生照片。

```
SELECT   Stu_ID,  Stu_No, Stu_Order,  Stu_Name, Stu_Enroll, Sex_Name,
         Stu_Birth, Nation_Name, NtvPlc_Name, Party_Name, Stu_Health,
         Stu_Skill, Stu_Card,Class_Name, Stu_ZipCode, Stu_Phone, Stu_Addr,
         Stu_Dorm,Stu_Mark,Stu_Photo
   FROM tblStudent, tblSex, tblNation, tblNtvPlc, tblParty, tblClass
   WHERE  tblStudent.Stu_Sex = tblSex.Sex_ID       AND
          tblStudent.Stu_Nation = tblNation.Nation_ID  AND
          tblStudent.Stu_NtvPlc = tblNtvPlc.NtvPlc_ID  AND
          tblStudent.Stu_Party = tblParty.Party_ID   AND
          tblStudent.Stu_Class = tblClass.Class_ID    AND
          Stu_Class = '10500131'
```

4）查找学生档案表 tblStudent 中，所有学号前 3 位为“300”、姓“王”、性别为“女”的学生的详细信息，显示字段与上题相同。

```
SELECT  Stu_ID,  Stu_No,  Stu_Order,  Stu_Name,  Stu_Enroll,  Sex_Name,
        Stu_Birth, Nation_Name, NtvPlc_Name, Party_Name, Stu_Health,
        Stu_Skill, Stu_Card,Class_Name, Stu_ZipCode, Stu_Phone, Stu_Addr,
        Stu_Dorm,Stu_Mark,Stu_Photo
FROM tblStudent, tblSex, tblNation, tblNtvPlc, tblParty, tblClass
WHERE  tblStudent.Stu_Sex = tblSex.Sex_ID        AND
```

```
tblStudent.Stu_Nation = tblNation.Nation_ID  AND
tblStudent.Stu_NtvPlc = tblNtvPlc.NtvPlc_ID  AND
tblStudent.Stu_Party = tblParty.Party_ID     AND
tblStudent.Stu_Class = tblClass.Class_ID    AND
Stu_Name like '王*'   AND
Stu_NO like '300*'   AND
Sex_Name = '女'
```

说明：查找学号前 3 位为“300”、姓“王”的学生属于模糊查询，因而要用 Like 运算符。学生姓名字段为 Stu_Name，因此，查询“王”姓学生的条件表达式为 Stu_Name Like '王*'。

2．Select 语句的分组统计函数

（1）求记录数函数 COUNT(*)

若不加 Group By 子句，则统计数据表中满足条件的记录个数。

若加 Group By 子句，则分组统计数据表中满足条件的记录个数。

【例 5-4】 求记录数函数的运用示例。

1）统计学生档案表 tblStudent 中所有男生人数。

```
Select Count(*)
From tblStudent
Where Stu_Sex ='1'
```

执行语句后显示男生人数为 1819。

2）分组统计学生档案表 tblStudent 中所有男、女生人数。

```
Select Sex_Name,Count(*)
From tblStudent, tblSex
Where Stu_Sex=Sex_ID
Group By Sex_Name
```

执行语句后显示如下。

Sex_Name	Expr1001
男	1817
女	857

（2）求平均值函数 AVG(字段名)

若不加 Group By 子句，则求数据表中满足条件的数值型字段平均值。

若加 Group By 子句，则分组统计数据表中满足条件的数值型字段平均值。

【例 5-5】 求平均值函数的运用示例。

1）统计班级编码表 tblClass 中 2004 年入学的各班平均人数。

```
Select Avg(Class_Num) as 平均人数
From tblClass
Where  Class_EnrollYear  ='2004'
```

执行语句后显示平均人数如下。

平均人数
37.8571428571429

2）分组统计 tblClass 中各年级班级平均人数。

```
Select Class_EnrollYear as 入学年份,Avg(Class_Num) as 平均人数
From tblClass
Group By Class_EnrollYear
```

执行语句后结果如下。

入学年份	平均人数
2002	41.3333333333333
2003	41.3636363636364
2004	37.8571428571429
2005	32.7368421052632
2006	36.304347826087

（3）求和函数 SUM(字段名)

若不加 Group By 子句，则求数据表中满足条件的数值型字段和。

若加 Group By 子句，则分组统计数据表中满足条件的数值型字段和。

【例 5-6】 求和函数的运用示例。

1）统计班级编码表 tblClass 中 2004 年入学学生总数。

```
Select SUM(Class_Num)
From tblClass
Where  Class_EnrollYear='2004'
```

执行语句后显示总人数。

2）分组统计 tblClass 中各年级总人数。

```
Select Class_EnrollYear as 入学年份,Sum(Class_Num) as 总人数
From tblClass
Group By Class_EnrollYear
```

执行语句后结果如下。

入学年份	总人数
2002	124
2003	455
2004	265
2005	622
2006	835

3. Insert 语句

（1）Insert 语句的作用

Insert 语句用于向数据表中添加新的数据记录，可将指定数据直接添加到数据表中，也可用 Select 语句将其他数据表中满足条件的记录添加到指定数据表中。

（2）Insert 语句格式

1）将指定数据直接添加到数据表中，格式如下：

```
Insert Into <表名> (<列名1>, …, <列名n>) Values (<列值1>, …, <列值n>)
```

【例 5-7】 在系部编码表 tblDept 中插入艺术系记录，系部编码为“70”，系部名称为“艺术系”，系主任为“李云”。

编写 Insert 语句如下：

```
Insert Into tblDept (Dept_ID, Dept_Name, Dept_Dean)
          Values ('60', '艺术系','李云')
```

语句执行后打开 tblDept 表，可以观察到新添加了一条艺术系记录。

2）用 Select 语句将其他数据表中满足条件的记录添加到指定数据表中，格式如下：

```
Insert Into <表名> (<列名1>, …, <列名n>)
Select <列名1>, …, <列名n>
From <数据表1>[,…, <数据表n>]
Where <查询条件表达式>
Order By <列名>
```

【例 5-8】 在学生档案数据库 StudentSys 中新建一个系部编码表 tblTest，有两个字段 Test_ID、Test_Name，类型与长度与 tblDept 表的 Dept_ID、Dept_Name 字段相同。将 tblDept 表中所有系部编码小于“40”的记录的相应字段添加到 tblTest 表中去。

编写 Insert 语句如下：

```
Insert Into tblTest (Test_ID, Test_Name)
Select Dept_ID, Dept_Name
From tblDept
where Dept_ID <'40'
```

语句执行后打开 tblTest 表，发现添加了 4 条记录。

4. Update 语句

（1）Update 语句的作用

Update 语句用于修改数据表中满足条件记录中指定字段的内容。

（2）Update 语句格式

```
Update <表名> Set <列名1>=<列值1>, …, <列名n>=<列值n> Where <条件表达式>
```

【例 5-9】 将 tblTest 表中“计算机系”改为“信息工程系”。

编写 Update 语句如下：

```
Update tblTest Set Test_Name='信息工程系'
Where Test_Name='计算机系'
```

语句执行后打开 tblTest 表，发现字段 Test_Name 中的“计算机系”被改为“信息工程系”。

5. Delete 语句

（1）Delete 语句的作用

Delete 用于删除数据表中满足条件的所有记录。

（2）Delete 语句格式

```
Delete From <表名> Where <条件表达式>
```

【例 5-10】 删除 tblTest 表中，系部编码 Test_ID ='30'的记录。

编写 Delete 语句如下：

```
Delete From tblTest
Where Test_ID ='30'
```

语句执行后打开 tblTest 表，发现系部编码为“30”的记录已被删除。

5.2 类型化数据集

数据库应用程序中常用到数据集（DataSet），数据集可以类型化或非类型化。类型化数据集是一个继承自 DataSet 的自定义数据集类型，作为一种高级的数据集类在.NET 中被大量使用，Visual Studio 对类型化数据集有很多工具支持。它的最典型特点就是代码可读性高，易于查错和修改。此外，类型化数据集的语法还在编译时提供类型检查，从而大大降低了为数据集成员赋值时发生错误的可能性；运行时对类型化数据集中的表和列的访问也较非类型化数据集略快一些，因为有类型的数据集元素的访问是在编译时确定的，而不是在运行时通过集合确定的。

类型化数据集与非类型化数据集的差别在于，前者有明确的架构，而后者没有相应的内置架构。与类型化数据集一样，非类型化数据集也包含表、列等，但它们通常只作为集合公开。

本书使用 SQL Server 2005 数据库，数据库文件名为 StudentSys，该数据库将用于存放学生档案管理系统的所有数据表（各数据表及详细信息如表 5-2～表 5-12 所示）。

5.2.1 利用服务器资源管理器建立数据连接

服务器资源管理器是 Visual Studio .NET 的服务器管理控制台。使用服务器资源管理器可以打开数据连接，登录服务器，浏览数据库和系统服务。服务器资源管理器可通过菜单“视图”→“服务器资源管理器”打开，选择菜单“窗口”→“自动隐藏”可使服务器资源管理器窗口在不使用时自动关闭。

服务器资源管理器提供了一个树状功能列表，允许查看当前机器（或网络上的其他服务器）上的数据连接、数据库连接和系统资源。除了能查看服务器上的各种资源，服务器资源管理器还允许与这些资源交互。例如，可以使用服务器资源管理器来创建 SQL Server 数据库，并在数据库中建立数据表的结构。也可建立与 Access、Paradox、dBASE、FoxPro、SQL Server 等数据库的连接，插入、修改与删除数据表中记录，输入并执行查询语句，或是编写存储过程。

利用服务器资源管理器可执行的任务如下。

1）打开数据连接。

2）登录到服务器上，并显示服务器的数据库和系统服务，包括事件日志、消息队列、性能计数器、系统服务和 SQL 数据库。

3）查看关于可用 Web 服务的信息以及使信息可用的方法和架构。

4）生成到 SQL Server 和其他数据库的数据连接。

5）存储数据库项目和引用。

6）将节点从服务器资源管理器中拖到 Visual Studio .NET 项目中，从而创建引用数据资源或监视其活动的数据组件。

7）通过对这些在 Visual Studio .NET 项目中创建的数据组件编程来与数据资源进行交互。

下面介绍利用服务器资源管理器建立数据连接的过程。

1．启动服务器资源管理器

启动 VS 2010，执行菜单命令“视图”→“服务器资源管理器”，即可进入服务器资源管理器，如图 5-12 所示。服务器资源管理器由服务器和数据连接两部分组成。单击以展开服务器节点 XL-201306141019，可浏览机器上可用的事件日志、消息队列、性能计数器、系统服务和 SQL Server 数据库等，如图 5-13 所示。若想浏览网络上其他服务器的资源，可右击根节点服务器，选择“添加服务器”命令，先将其他服务器添加进来再浏览。

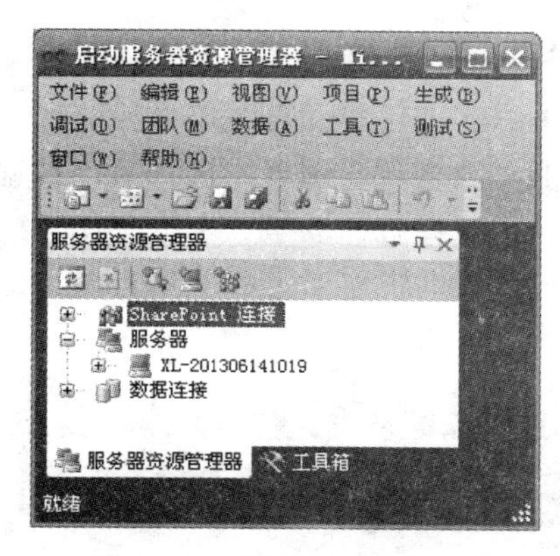

图 5-12　服务器资源管理器

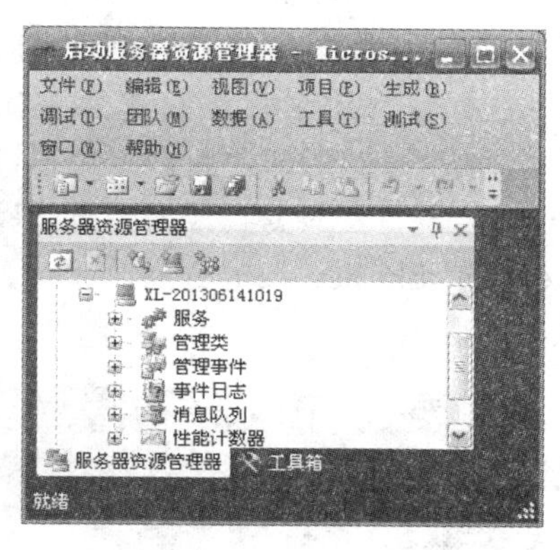

图 5-13　展开服务器节点

2．建立数据库连接

在 VS 2010 中对数据库进行操作需要先建立与数据库的连接。在“数据连接”上右击弹出快捷菜单，选择“添加连接”命令，如图 5-14 所示。

在弹出的“添加连接”对话框中选择“Microsoft SQL Server（SqlClient）”，输入服务器名，如果是本地服务器可以直接输入(local)，在“选择或输入一个数据库名”下拉列表中选择学生档案数据库“StudentSys”，如图 5-15 所示。

单击“测试连接”按钮，弹出测试连接成功提示框，然后单击“确定”按钮，即可成功创建数据库的连接。

连接建立完毕就可以对连接好的数据库建立表、视图和存储过程，分别选择相关功能完成操作。

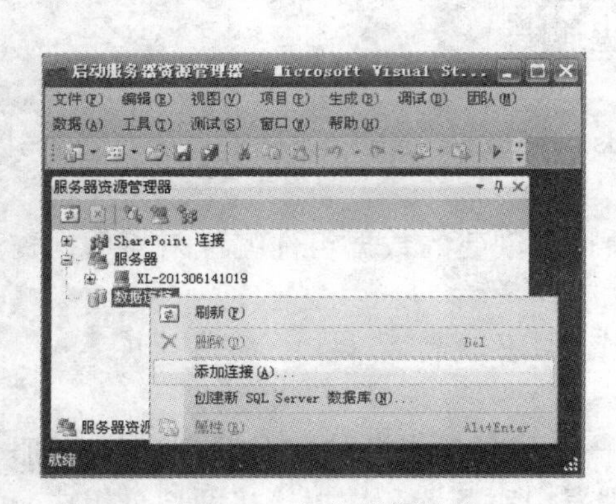

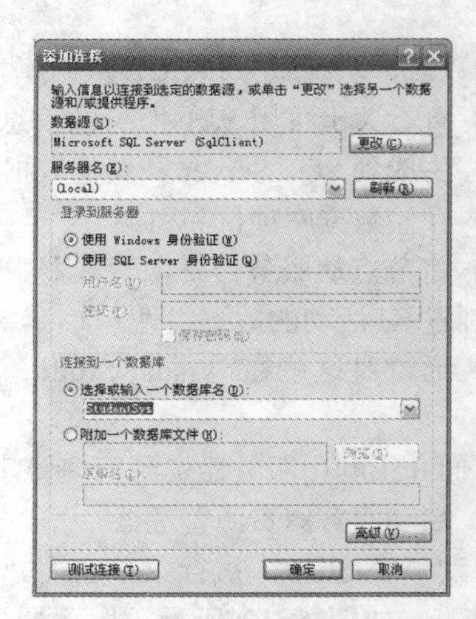

图 5-14　添加数据连接　　　　图 5-15　“添加连接”对话框

5.2.2　类型化数据集的创建

类型化数据集一般通过 Visual Studio IDE 向导自动生成，生成过程如下。

首先创建一个“Windows 应用程序”，然后为项目添加一个数据集子项，方法为：在刚创建的项目上右击，在弹出的快捷菜单上选择“添加”→“新建项”命令，“模板”选择“数据集”，“名称”设置为“DataSet1.xsd”，单击“添加”按钮完成添加。

单击“添加”按钮后即进入数据集窗口，从服务器资源管理器中选择一个数据连接，然后将该数据连接中的表拖曳到数据集设计界面，经过编译就建立了一个类型化数据集。例如将数据连接中的 tblClass 表拖曳至设计界面后，设计界面中自动生成了名为 tblClass 的表对象，如图 5-16 所示。

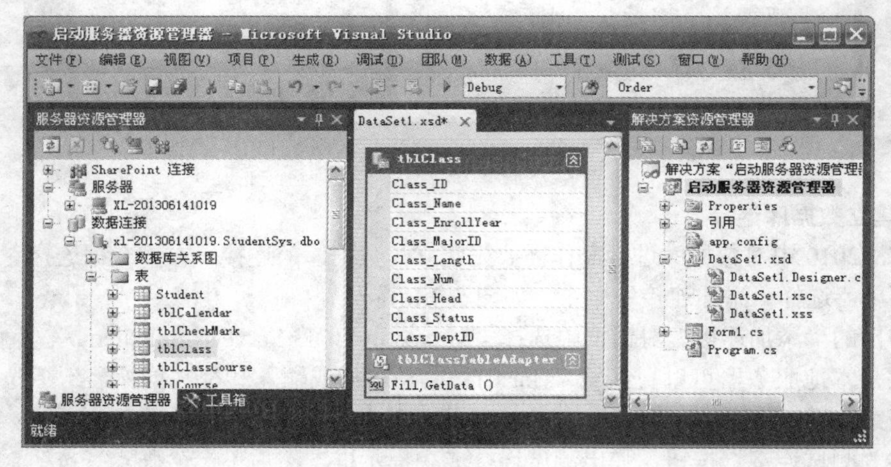

图 5-16　类型化数据集

同时系统自动为类型化数据集生成了一个表适配器 tblClassTableAdapter，用来为数据集中的表对象填充数据，如图 5-16 所示。

使用表对象之前，必须先由表适配器填充数据如下：

```
this.tblClassTableAdapter.Fill(this.DataSet1.tblClass);
```

对类型化数据集访问时，可以采用表和列所代表的实际名称来引用数据集中的对象。如果需要获取图 5-18 的数据集 dataSet1 中某个班级的名称，可用如下代码实现：

```
string className= DataSet1.tblClass[1].Class_Name;  //班级表中的第 2 条记录的班级名称
```

需要注意的是类型化数据集使用方便，但只能用专用的表适配器填充表中的数据，缺乏灵活性。

5.2.3 类型化数据集的参数化查询

某些情况下，创建的查询需要被重复使用，但每次使用不同的查询条件。例如，可能经常运行一个查询以查找指定系部的所有班级信息。用户可以为每次请求运行相同的查询，只是每次使用的系部编码（Class_DeptID）不同。若要创建每次使用不同值的查询，可以在查询中使用参数。参数是在运行查询时提供值的占位符。SQL Server 数据库中带参数的 SQL 语句如下所示，其中“?”表示用来代替实际系部编码的参数：

```
SELECT  *  FROM  tblClass
WHERE  (Class_DeptID like ?)
```

每个表适配器都有一个默认的 Fill 方法，称为主 Fill 方法，也称为主查询（见图 5-18），它定义了表的架构。

当主查询不再适合应用程序的需要时，可以通过修改该查询或者添加新查询来满足新需求。修改表适配器的主查询的过程为：右击相应的表适配器，在弹出的快捷菜单中选择“配置”命令，修改相应的 SQL 语句，单击“完成”按钮。

也可以保留表适配器的主查询，再为表适配器添加新查询。添加的过程为：右击相应的表适配器，选择“添加查询”命令，按默认向导进入使用 SQL 语句编辑窗口（见图 5-17），并编写 SQL 语句，单击“下一步”按钮，将“方法名”改为“FillByDeptID”即可。

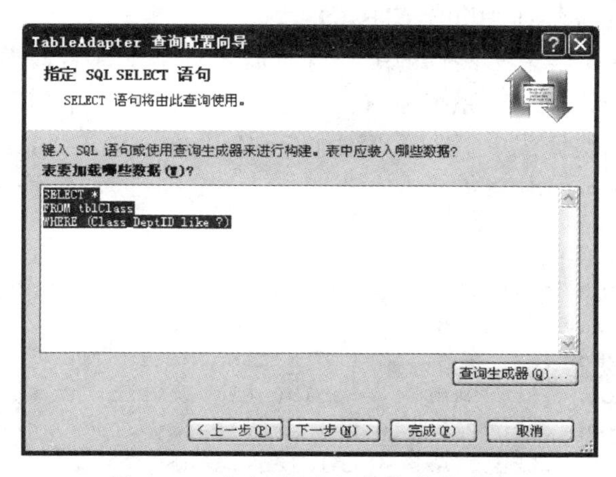

图 5-17　为表适配器添加参数化查询

5.2.4 创建学生档案管理系统的类型化数据集

学生档案管理系统中有系部编码维护，班级编码维护，学生档案查询、统计、打印等模块。这里为上述功能模块创建类型化数据集，并添加表对象 tblDept、tblClass、tblStudent。

1．创建数据集 DsStudentSys.xsd

选择学生档案管理系统项目，右击选择快捷菜单中的“添加”→“新建项”，在设计界面中选择“模板”为“数据集”，“名称”为“DsStudentSys.xsd”，单击“添加”按钮。

2．为数据集添加表对象 tblDept、tblClass、tblStudent

打开服务器资源管理器中的数据连接，依次将 tblDept、tblClass、tblStudent 3 张表拖曳至数据集设计界面，为项目创建类型化数据集，如图 5-18 所示。

3．为表适配器 tblClassTableAdapter 添加参数化查询

为表适配器添加参数化查询，根据系部编码得到班级信息，方法名为“FillByDeptID”，语句为：

```
SELECT * FROM tblClass  WHERE (Class_DeptID like ?)
```

4．修改表适配器 tblStudentTableAdapter 的主查询，并添加参数化查询

1）修改主查询：由于经常需要查看指定班级的学生信息，因此需要修改主查询，根据班级编码查询学生信息。右击主查询，选择“配置”命令，打开“TableAdapter 查询配置向导”对话框，修改 SQL 语句如下。

```
SELECT  *
FROM  tblStudent, tblSex, tblNation, tblNtvPlc, tblParty, tblClass
WHERE  tblStudent.Stu_Sex = tblSex.Sex_ID
AND  tblStudent.Stu_Nation = tblNation.Nation_ID
AND  tblStudent.Stu_NtvPlc = tblNtvPlc.NtvPlc_ID
AND  tblStudent.Stu_Party = tblParty.Party_ID
AND  tblStudent.Stu_Class = tblClass.Class_ID
AND  tblStudent.Stu_Class = ?
```

将主查询的方法名保存为“FillByClassID”。

2）添加新查询：在学生档案查询中，有时需要对学生姓名、学号、性别进行模糊查询，因此需要添加新查询以适合系统需求。新建查询（方法名为“FillByNameNoSex”）：右击表适配器，在弹出的快捷菜单中选择“添加查询”命令，进入“TableAdapter 查询配置向导”对话框，新建查询，相应 SQL 语句如下。

```
SELECT  *
FROM  tblStudent, tblSex, tblNation, tblNtvPlc, tblParty, tblClass
WHERE  tblStudent.Stu_Sex = tblSex.Sex_ID
AND  tblStudent.Stu_Nation = tblNation.Nation_ID
AND  tblStudent.Stu_NtvPlc = tblNtvPlc.NtvPlc_ID
AND  tblStudent.Stu_Party = tblParty.Party_ID
AND  tblStudent.Stu_Class = tblClass.Class_ID
AND  (tblStudent.Stu_Name like  ? +'%' )
```

```
AND  (tblStudent.Stu_No like ? +'%' )
AND  (tblSex.Sex_Name = ? )
```

5.3 数据库应用程序的结构与设计步骤

5.3.1 数据库应用程序结构

数据库应用程序由数据访问窗体控件、数据源控件和 ADO.NET 数据访问对象组成。数据访问窗体控件用于设计数据库应用程序界面，ADO.NET 数据访问对象用于访问数据库，实现数据的增、删、改、查，是程序界面与数据库、数据表之间进行连接的桥梁，为数据访问窗体控件提供数据源。数据访问窗体控件、数据源控件、ADO.NET 数据访问对象与数据库、数据表之间的连接关系如图 5-18 所示。

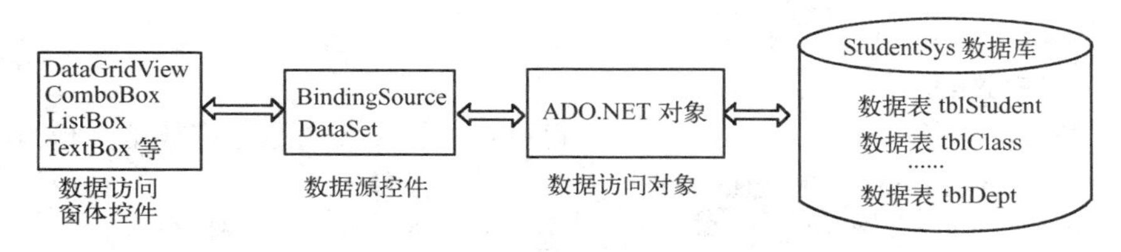

图 5-18　数据库应用程序结构

图 5-18 中数据源控件并不是必须的，数据窗体控件可以直接通过 ADO.NET 对象访问数据库。

1．数据访问窗体控件

典型数据访问窗体控件有 DataGridView，此外在第 2 章中介绍的许多控件（如 TextBox、Label、ComboBox、ListBox 等）也可以设置数据源关联到数据表的字段，充当数据访问窗体控件。数据访问窗体控件主要用于输入、显示、编辑数据表格中各字段的值，如文本框控件可显示和编辑数据表记录的内容。数据访问窗体控件可直接与数据源 DataSet 连接；也可以先通过一个中间控件 BindingSource 连接到 DataSet 数据源，然后将数据访问窗体控件连接到 BindingSource 控件。后一种方法能够很好地体现软件设计中分层的思想，灵活性更大。

2．数据源控件

数据源控件是数据界面控件从数据表获取数据的通道，包括 DataSet 控件和 BindingSource 控件。DataSet 控件通过类型化数据集与数据库关联，BindingSource 控件通过 DataSource 属性连接到 DataSet 控件上，通过 DataMember 属性连接到表。

3．ADO.NET 对象

用数据源控件绑定数据库方法简单，但对数据库的操作不够灵活，ADO.NET 对象能够方便地访问数据库和灵活地操作数据对象，是目前流行的数据库访问技术，所以第 6 章将重点介绍利用 ADO.NET 对象访问数据库的方法和步骤。

5.3.2 数据库应用程序的设计步骤

本书第 1 章已做介绍，创建窗体应用程序的基本步骤包括创建项目、添加 Windows 窗体、设计用户界面、创建事件处理程序和编译、运行程序 5 个步骤，创建数据库应用程序的步骤大致类似，所不同的是用户界面设计部分和事件处理程序。

1．创建解决方案的项目

数据库应用程序可以看作是增加了与数据库交互功能的窗体应用程序。创建项目的步骤与第 1 章创建窗体应用程序的步骤相同，方法如下：

在 VS 2010 开发平台中选择“文件”→“新建”→“项目”→“Visual C#项目”→“Windows 窗体应用程序”，在设计界面中设置项目名称，选择项目保存路径。

2．添加 Windows 窗体

数据库应用程序一般是由多窗体组成的 MDI 应用程序。由第 1 章介绍可知，项目创建时自动添加了一个窗体，该窗体往往作为 MDI 应用程序的主窗体，所以这里添加的窗体主要是指子窗体。添加方法如下：

在解决方案资源管理器中，右击相应的项目名称，选择“添加”→“Windows 窗体”命令，输入窗体名，单击“添加”按钮。

3．设计用户界面

针对已经添加好的 Windows 窗体，用户可以在设计视图内通过拖放工具箱内的控件设计用户界面。DataGridView、TextBox 等数据窗体专用控件位于“数据”工具箱里。创建方法与第 1 章类似，包括 3 个基本步骤，将控件添加到设计界面、设置控件的初始属性，包括 DataSource 属性和 DataMember 属性，并进一步将控件关联到数据表的字段，如为 DataGridView 控件添加列，最后通过窗体装载事件 Load 为数据源填充数据。这种方式中 DataSource 属性关联到数据源控件，所以应先添加数据源控件。

也可以只设计一个简单的用户界面，不关联任何数据，通过 ADO.NET 对象以代码的方式关联数据源，这种方式具有更大的灵活性，本书将在第 6 章重点介绍该方式。

4．创建事件处理程序和编译、调试、运行程序

根据程序设计要求，放置各类控件（如命令按钮），编写对数据表进行增、删、改、查的事件处理程序。

5.4 数据源控件与数据访问窗体控件

数据库应用程序中经常用到两类控件，分别是数据源控件与数据访问窗体控件。典型的数据源控件有数据绑定控件 BindingSource 和数据导航控件 BindingNavigator；典型的数据访问窗体控件有 DataGridView 和第 2 章中介绍的许多控件，如 TextBox、Label、ComboBox、ListBox 等。

5.4.1 BindingSource 控件

1．BindingSource 控件的作用

BindingSource 控件用于简化将控件绑定到基础数据源的过程，可以看作是窗体上的控件到数据的一个间接层，通过将 BindingSource 控件绑定到数据源，然后再将窗体上的控件绑定到 BindingSource 控件，就可以完成将窗体上的控件绑定到数据的工作。这样绑定以后，窗体上控件与数据的所有进一步交互（包括导航、排序、筛选和更新）都可以通过调用

BindingSource 控件来完成，BindingSource 控件为窗体提供了抽象的数据连接。此外，还可以直接向 BindingSource 控件添加数据，使 BindingSource 控件具有数据源的作用。窗体上大部分控件都有 DataBindings 属性，可以通过该属性将 BindingSource 控件绑定到窗体控件上。

2．BindingSource 控件的常用属性

1）Count：获取基础列表中的总项数。

2）Current：获取数据源的当前项。

3）Position：获取或设置基础列表中的当前位置。

4）List：获取 DataSource 和 DataMember 计算列表。如果未设置 DataMember，则返回由 DataSource 指定的列表。

5）DataSource：获取或设置连接器绑定到的数据源，可以是数组、列表、数据集、数据表等。

6）DataMember：设置用于筛选查看哪些数据表的表达式。

7）Sort：如果数据源为 IBindingList，则获取或设置用于排序和排序顺序信息的列名。如果数据源为 IBindingListView，并支持高级排序，则获取用于排序和排序顺序信息的多个列名。

8）Filter：如果数据源是 IBindingListView，则会获取或设置用于过滤所查看行的表达式。

3．BindingSource 控件的常用方法

1）RemoveCurrent 方法：从列表中移除当前项。

2）EndEdit 方法：将挂起的更改应用于基础数据源。

3）CancelEdit 方法：取消当前的编辑操作。

4）Add 方法：将现有项添加到内部列表中。

5）AddNew 方法：向基础列表添加新项。

6）Insert 方法：将一项插入列表中指定的索引处。

7）MoveFirst 方法：移至列表中的第一项。

8）MoveLast 方法：移至列表中的最后一项。

9）MoveNextv 方法：移至列表中的下一项。

10）MovePrevious 方法：移至列表中的上一项。

5.4.2 BindingNavigator 控件

1．BindingNavigator 控件的作用

BindingNavigator 控件是一个数据记录导航控件，创建了一些标准化方法供用户搜索和更改 Windows 窗体中的数据，与 BindingSource 控件一起使用可以在窗体的数据记录之间移动并与这些记录进行交互。该控件是一个具有特殊用途的 ToolStrip 控件，由一系列 ToolStripItem 对象组成，能够完成添加、删除和定位数据的操作，控件外观如图 5-19 所示，包含了记录指针移动和添加、删除记录的工具项，还可以在该工具栏手工添加新的工具项，例如自定义工具项 Test。

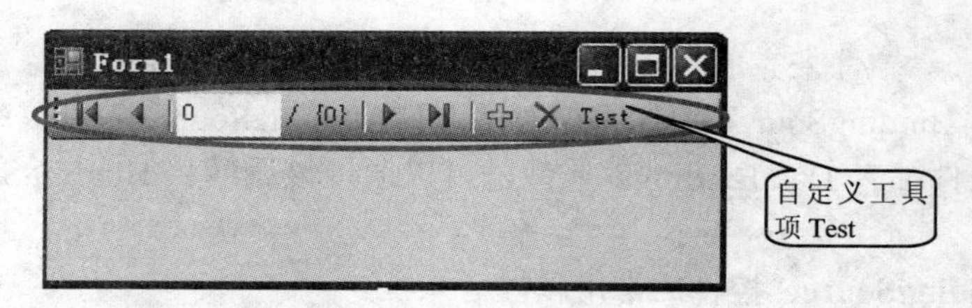

图 5-19 BindingNavigator 控件

2. BindingNavigator 控件包含的工具项

BindingNavigator 控件包含的工具项如表 5-14 所示。

表 5-14 BindingNavigator 控件包含的工具项

控件名称	功能描述
AddNewItem 按钮	将新行插入到基础数据源
DeleteItem 按钮	从基础数据源删除当前行
MoveFirstItem 按钮	移动到基础数据源的第一项
MoveLastItem 按钮	移动到基础数据源的最后一项
MoveNextItem 按钮	移动到基础数据源的下一项
MovePreviousItem 按钮	移动到基础数据源的上一项
PositionItem 文本框	返回基础数据源内的当前位置
CountItem 文本框	返回基础数据源内总的项数

3. 常用属性

BindingSource 属性：为 BindingNavigator 控件绑定数据源。

【例 5-11】 将 TextBox 控件和 DataGridView 控件绑定到 BindingSource 控件，为 BindingNavigator 控件添加“加载”“保存”和“取消”按钮，实现加载、保存记录和取消操作的功能。

1）新建一个 Windows 应用程序，在默认窗体上拖放一个 SplitContainer 控件将窗体水平一分为二，在左侧窗体放置两个 Label 控件和两个 TextBox 控件；在右侧窗体放置一个 BindingNavigator 控件、一个 DataGridView 控件和一个 BindingSource 控件。为 BindingNavigator 控件添加“加载”“保存”和“取消”按钮，将按钮的 Name 属性分别设置为“tsLoad”“tsSave”和“tsCancel”，将按钮的 Text 属性分别设置为“加载”“保存”和“取消”。将每个按钮的 DisplayStyle 属性设置为“Text”。

2）创建一个类型化数据集 Class_DataSet，其所对应的 DataAdapter 对象为 tblClassTableAdapter，为 Class_DataSet 添加班级表 tblClass。将 BindingSource 控件的 DataSource 属性绑定到数据集 Class_DataSet 上，DataMember 属性绑定到班级表 tblClass 上。

3）为 TextBox 控件绑定数据源，将其 DataBindings 属性中的 Text 属性分别绑定到 bindingSource1 控件的 Class_Id 字段和 Class_Name 字段。为 DataGridView 控件绑定数据源，设置其 DataSource 属性为“bindingSource1 控件”。为 BindingNavigator 控件绑定数据源，设置其 BindingSource 属性为“bindingSource1 控件”。

4）打开事件窗口，分别为“加载”“保存”和“取消”按钮添加事件代码如下：

```
private void tsLoad_Click(object sender, EventArgs e)
{
   this.tblClassTableAdapter.Fill(this.class_DataSet.tblClass);
}
private void tsSave_Click(object sender, EventArgs e)
{
   this.tblClassTableAdapter.Update(this.class_DataSet.tblClass);
}
private void tsCancel_Click(object sender, EventArgs e)
{
   bindingSource1.CancelEdit();
}
```

窗体运行结果如图 5-20 所示。

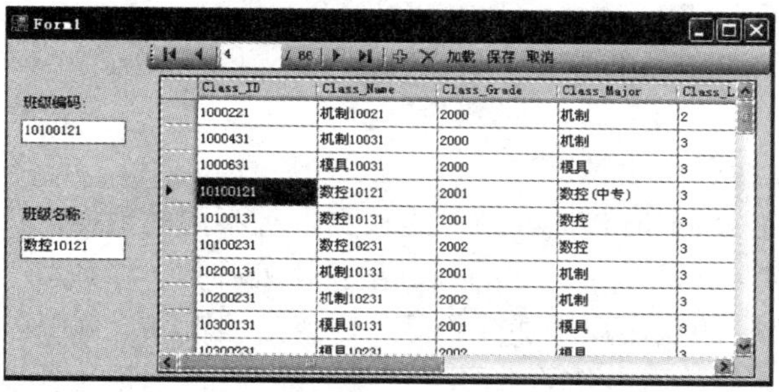

图 5-20　程序运行结果

5.4.3　DataGridView 控件

DataGridView 控件提供一种强大而灵活的以表格形式显示数据的方式。用户可以使用 DataGridView 控件来显示少量数据的只读视图，也可以对其进行缩放以显示特大数据集的可编辑视图。

用户可以用很多方式扩展 DataGridView 控件，以便将自定义行为内置在应用程序中。例如，可以采用编程方式指定自己的排序算法，以及创建自己的单元格类型。通过选择一些属性，用户可以轻松地自定义 DataGridView 控件的外观；可以将许多类型的数据存储区用做数据源，也可以在没有绑定数据源的情况下操作 DataGridView 控件。

1．DataGridView 的数据绑定

将数据绑定到 DataGridView 控件非常简单和直观，在大多数情况下，只需设置 DataSource 属性即可。在绑定到包含多个列表或表的数据源时，只需将 DataMember 属性设置为指定要绑定的列表或表的字符串即可。例如，在【例 5-11】中，dgvDept 控件的 DataSource 属性被设置为“dgvDept.DataSource=bindingSource1”。

2．DataGridView 的行集合 Rows

行集合 Rows 用于获取一个集合，该集合包含 DataGridView 控件中的所有行。Rows 的常用属性与方法如下。

1）Count 属性：返回数据表控件中记录行数。

格式： <DataGridView 控件>.Rows.Count

2）Cell[j]属性：表示记录（行）中第 j 个字段（单元格）。

格式： <DataGridView 控件>.Rows[i].Cells[j].Value

表示数据表中第 i 条记录（行）第 j 个字段（列）的值。

3）Clear 属性：清除记录行的所有记录。

格式： <DataGridView 控件>.Rows .Clear()

4）Add 方法：向数据表控件添加记录行。

格式： <DataGridView 控件>.Rows.Add(n)

其中：n 表示添加的记录行数。

3．DataGridView 的当前行 CurrentRow

CurrentRow 属性用于获取 DataGridView 控件的当前行，使用方式如下。

格式： <DataGridView 控件>.CurrentRow

如“DataGridView1.CurrentRow.Cells[j].Value”表示 DataGridView 控件当前行第 j 个字段值。

4．DataGridView 控件的设计器

使用设计器可以将 DataGridView 控件连接到多种不同的数据源；可以根据需要对生成的列进行修改，比如移去或隐藏不需要的列、重新排列各列、修改列的类型等；还可以调整控件的外观和基本行为，防止用户添加或删除行，或是编辑特定列中的值等。

单击 DataGridView 控件右上角的智能标记标志符号▣，出现设计器，如图 5-21 所示。

5．DataGridView 列的编辑

用户可以通过“字段集合编辑器”对 DataGridView 中的列进行编辑，包括添加、删除字段，以及设置字段属性。单击 DataGridView 控件的设计器中“编辑列”选项，或者在 DataGridView 控件的“属性”面板中单击 Columns 属性右侧的省略按钮，即可进入“编辑列”对话框，如图 5-22 所示。

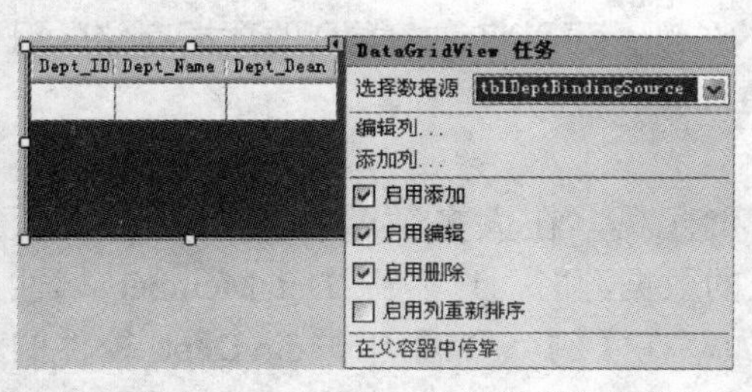

图 5-21 DataGridView 控件的设计器界面

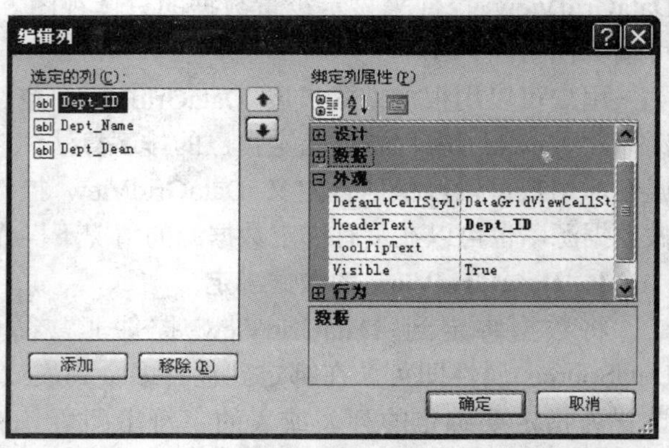

图 5-22 “编辑列”对话框

（1）添加与删除字段

在“编辑列”对话框左侧显示数据表字段名，如系部编码表 tblDept 中的字段

Dept_ID、Dept_Name、Dept_Dean。用“添加”与“移除”按钮可添加或删除字段，如用“添加”按钮添加 3 个字段 Column1、Column2、Column3。

（2）改变字段位置

单击“改变字段位置”按钮，可改变字段在数据表控件中的位置顺序，如将 Column1、Column2、Column3 移至最后 3 个位置。

（3）设置字段属性

“编辑列”对话框右侧为每个字段的属性编辑器。字段属性分为布局、设计、数据、外观、行为 5 项，如图 5-23 所示。

⊟ 布局	
AutoSizeMode	NotSet
DividerWidth	0
FillWeight	100
Frozen	False
MinimumWidth	5
Width	100
⊟ 设计	
(Name)	Column1
ColumnType	DataGridViewTextBoxColumn
⊟ 数据	
DataPropertyName	**Dept_ID**

⊟ 外观	
DefaultCellStyle	DataGridViewCellStyle { }
HeaderText	**系部编码**
ToolTipText	
Visible	True
⊟ 行为	
ContextMenuStrip	(无)
MaxInputLength	32767
ReadOnly	False
Resizable	True
SortMode	Automatic

图 5-23　属性编辑器中的 5 个字段属性

1）布局。

AutoSizeMode：自动调节字段宽度。

例如，ColumnHeader：以字段标题为列宽；AllCellExceptHeader：以字段内容宽度为列宽。

DividerWidth：列分隔线宽度。

MinimumWidth：列最小宽度，如设置最小列宽为 5。

Width：当前字段宽度。

2）设计。

① Name：字段名。

例如，将 Column1、Column2、Column3 三个字段名改为 Dpt_Id、Dpt_Name、Dpt_Dean。

② ColumnType：用于选择列的类型，有如下类型。

- DataGridViewTextBoxColumn：文本。
- DataGridViewButtonColumn：按钮。
- DataGridViewCheckBoxColumn：复选。
- DataGridViewComboBoxColumn：下拉列表。
- DataGridViewImageColumn：图像。
- DataGridViewLinkColumn：链接。

通常选择文本类型。

3）数据

DataPropertyName：绑定到数据表的字段名。

如将 Column1、Column2、Column3 三个字段绑定到系部编码表的 Dept_Id、Dept_Name、Dept_Dean 上。

4）外观

DefaultCellStyle：设置字段默认单元格样式。单击该属性右侧的按钮，进入如图 5-24 所示的“CellStyle（单元格类型）生成器”对话框，可设置单元格的对齐方式、背景色、前景色等。

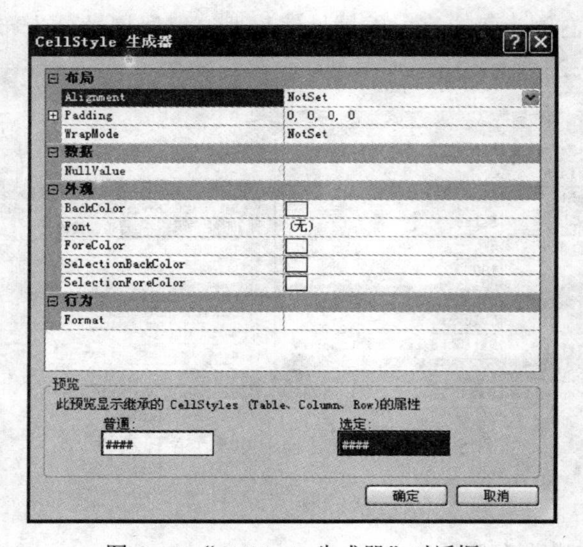

图 5-24 “CellStyle 生成器”对话框

HeaderText：设置字段标题。

如将 3 个字段标题改为：系部编码、系部名称、系主任，如图 5-25 中将 Dept_ID 的标题设置成了“系部编码”。

Visible：True 表示显示字段，False 表示隐藏字段。

5）行为

ReadOnly：True 表示字段只读，False 表示字段可读写。

Resizeable：True 表示字段宽度可变，False 表示字段宽度不能改变。

6．DataGridView 行的编辑

（1）允许记录的增、删、改

单击 DataGridView 控件右上角的小三角按钮，打开“DataGridView 任务”面板，使“启用添加”“启用删除”“启用编辑”复选框为选中状态，则 DataGridView 控件允许对记录行进行增、删、改的操作。

（2）禁止记录的增、删、改

取消“启用添加”“启用删除”“启用编辑”复选框选中状态，则 DataGridView 控件禁止对记录行进行增、删、改的操作。

（3）设计记录样式

1）RowsDefaultCellStyle 属性：设置记录行的显示样式。

记录行的显示样式是通过单元格的外观设置实现的，所以其编辑界面与“CellStyle 生成器”界面相同，参见图 5-26。

2）AlternatingRowsDefaultCellStyle 属性：设置记录行的交替显示效果。

表格数据通常以类似账目的格式显示，其中各交替行的背景颜色不同，可通过设置 AlternatingRowsDefaultCellStyle 属性实现交替行显示的效果。设置方法与 RowsDefaultCellStyle 属性相同。

例如，设置交替行的背景色为淡黄色，前景色为黑色。同时，将记录行的背景色设为白色，前景色为黑色，显示效果如图 5-25 所示。

系部编码维护

退出 保存

Dept_ID	Dept_Name	Dept_Dean	系部编码	系部名称	系主任
00	基础部	张明忠	00	基础部	张明忠
10	机械系	孙明明	10	机械系	孙明明
20	电气系	郭明权	20	电气系	郭明权
30	计算机系	刘明强	30	计算机系	刘明强
40	管理系	蒋明华	40	管理系	蒋明华
50	机电系	倪明寿	50	机电系	倪明寿

图 5-25　记录行的显示效果

5.4.4　Label 控件

1．作用

Label 控件用于显示数据表中当前记录中的字段值。

2．绑定属性

DataBindings 属性用于绑定数据源。

Text 子属性用于选择数据源及字段。

例如，Label1. DataBindings.Text= bindingSource_tblDept.Dept_Id。

5.4.5　TextBox 控件

1．作用

TextBox 控件用于显示及编辑数据表中当前记录中的字段值。

2．绑定属性

DataBindings 属性用于绑定数据源。

Text 子属性用于选择数据源及字段。

例如，在系部文本框中显示数据源中系部名称的代码为：

```
txt_DeptName.DataBindings.Text= bindingSourcetblDept.Dept_Name
```

5.4.6　ListBox 控件

1．作用

作用 1：用列表方式显示数据表中某字段值。

作用2：通过连接字段的绑定，使主表（如tblClass）与代码表（如tblStatus）建立连接。

当用户在列表框选择代码表中汉字字段（如 Status_Name）内容时，系统能在主表中自动修改连接代码字段（如 Class_Status）内容。因此，ListBox 控件常用于对主表中代码字段的编辑修改。

2．属性

1）DataSource：选择代码表数据源绑定控件。

如：选择 bindingSource_tblStatus。

2）DisplayMember：选择代码表中汉字字段。

如：选择 Status_Name。

3）ValueMember：选择代码表中连接字段。

如：选择 Status_ID。

4）DataBinding.SelectValue：选择主表中连接字段。

如：选择 bindingSource_tblClass – Class_Status。主从表的连接字段为 Status_ID=Class_Status。

5.4.7 ComboBox 控件

1．作用

作用1：用下拉列表方式显示数据表中某字段值。

作用2：通过连接字段的绑定，使主表（如tblClass）与代码表（如tblDept）建立连接。

当用户在下拉列表框选择代码表中汉字字段（如 Dept_Name）内容时，系统能在主表中自动修改连接代码字段（如 Class_DeptID）内容。因此，ComboBox 控件常用于对主表中代码字段的编辑修改。

2．属性

1）DataSource：选择代码表数据源绑定控件。

如：选择 bindingSource_tblDept。

2）DisplayMember：选择代码表中汉字字段。

如：选择 Dept_Name。

3）ValueMember：选择代码表中连接字段。

如：选择 Dept_ID。

4）DataBinding.SelectValue：选择主表中连接字段。

如：选择 bindingSource_tblClass – Class_DeptID，主从表的连接字段为 Dept_ID=Class_DeptID。

5.5 报表

5.5.1 报表简介

报表是一种有效的数据管理工具，用于帮助用户快速掌握原始数据中的基本元素和关系，以便进行下一步有效的决策。报表已经成为了 VS 2010 中的标准模板之一，用户可以完全自己创建报表，也可以使用报表向导创建报表。报表向导可以帮助程序设计者创建报表，并且完成报表设计中常用的操作。报表中常用的概念如下：

（1）.rdlc 报表文件

使用报表，必须在报表设计器中创建报表文件。

（2）数据源

报表文件通常需要数据的支持。报表文件可以直接使用项目数据，也可以创建新的数据连接，更加灵活地使用报表。

（3）报表向导

报表向导用来编辑报表，主要的编辑功能包括设置标题，添加数据、公式、图表等。

（4）报表查看控件（Report Viewer）

报表查看控件用于查看设计好的报表，可以看成是一个存放报表的容器。

（5）执行模式

报表取数据可以使用下面的方法实现。

拉模式（Pull）：由报表连接数据库，把数据“拉”回报表。数据跟.NET 没有关系，报表主动接收数据。

推模式（Push）：编写代码连接数据并组装 DataSet，然后将获取的数据“推”至报表，报表被动接收数据。在这种情况下，通过使用连接共享以及限制记录集合的大小，可以使报表性能最大化。

5.5.2 使用报表的一般步骤

使用报表通常包括 5 个步骤：创建报表文件；为报表设置数据源；设计报表外观；创建报表查看器；编写事件过程，查看报表。也可以先创建报表查看器，通过查看器建立报表。

1．创建报表文件

在工程中创建一个报表文件：单击功能菜单中的“项目”→“添加”→“新建项”，出现如图 5-26 所示“添加新项”对话框，选择“报表”或“报表向导”模板创建报表。

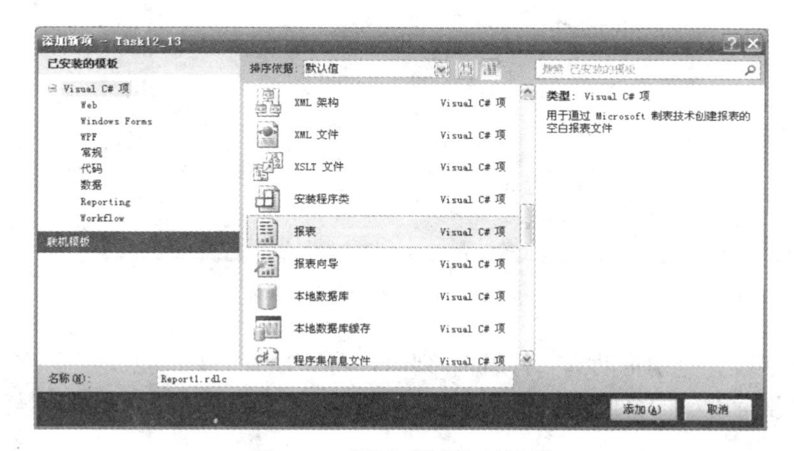

图 5-26 “添加新项”对话框

为了简单起见，这里用“报表向导”创建报表。

2．为报表设置数据源

1）设置数据集：单击图 5-26 中的“添加”按钮，出现“数据集属性”页面，如图 5-27 所示，可以为报表设置数据源。通常会选择“项目数据”中预先创建的数据集，这里选择前面创建的班级表的数据集 DataSet1。创建新连接的步骤与创建数据集的步骤类似，这里不再赘述。

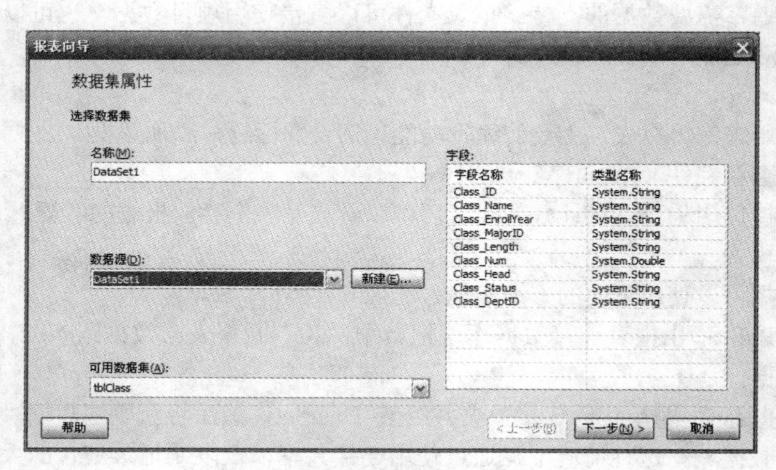

图 5-27 “数据集属性”页面

2）设置在报表中需要显示的字段：在图 5-27 所示的对话框中，单击“下一步”按钮进入排列字段的界面，如图 5-28 所示。

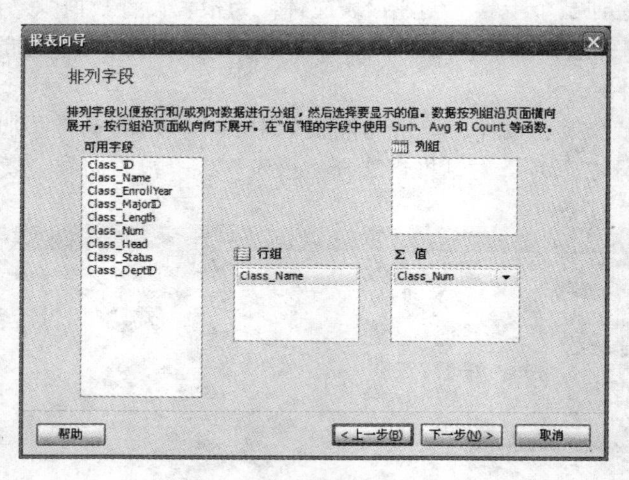

图 5-28 选择需要显示的字段

选中可选字段并分别拖动到“行组”“列组”和“Σ 值”中，完成要显示字段设置。“行组”是报表横坐标对应的字段，“列组”是报表纵坐标对应的字段，“Σ 值”是汇总值。

3．设计报表外观

1）设置报表布局：在图 5-28 所示的页面中，单击“下一步”按钮进入“选择布局”页面，如图 5-29 所示。

2）设置报表样式：在图 5-29 所示的页面中，单击“下一步”按钮进入“选择样式”页面，如图 5-30 所示。选择报表样式后单击“完成”按钮完成报表设计，在设计好的报表空白处右击，选择“插入”命令，可以为报表设计页眉、页脚等基本节，也可以添加文本、线条和图表等对象，如图 5-31 所示。文本对象用于设置字段，线条对象用于绘制线条，图表对象用于插入图表。

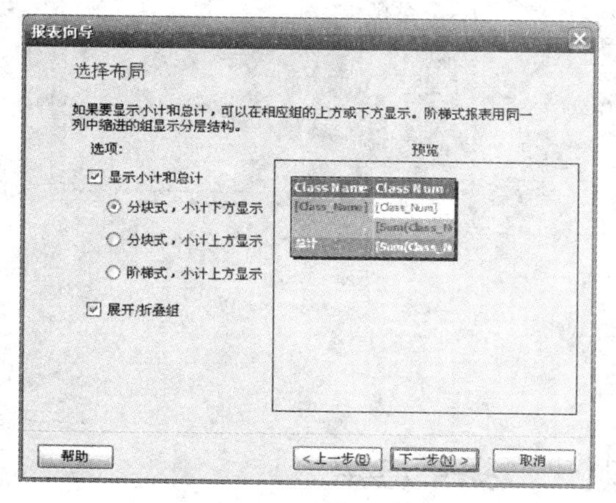

图 5-29 “选择布局”页面

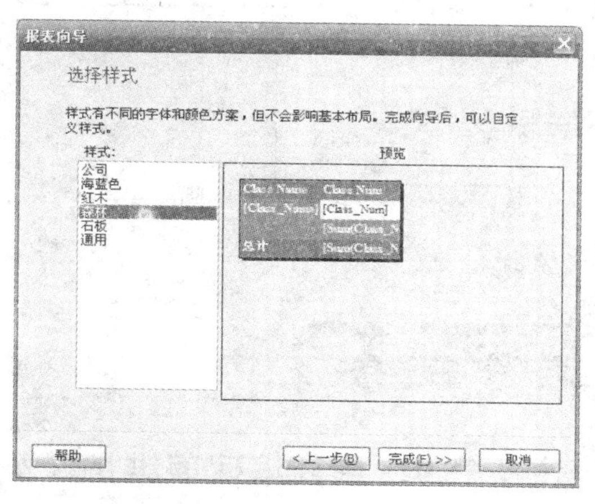

图 5-30 “选择样式”页面

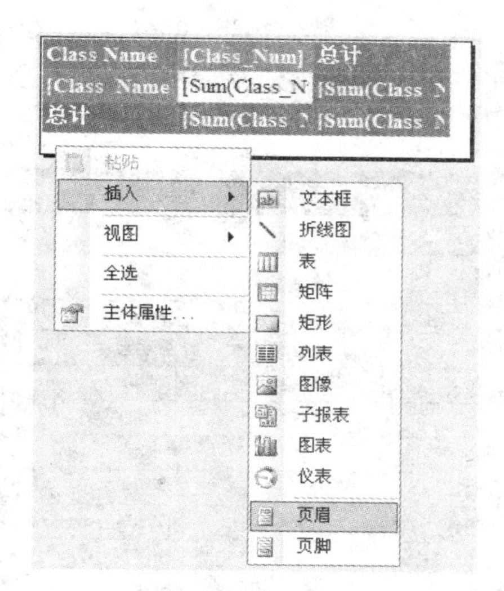

图 5-31 “插入”命令

页眉通常用于显示希望出现在每页顶部的信息，可以包括章名、文档名称和其他类似信息，还可以用于显示报表上字段上方的字段标题。页脚通常包含页码和任何其他希望出现在每页底部的信息。

4. 创建报表查看器

报表查看器控件（ReportViewer）是用于显示报表的.NET 控件，可以添加到窗体上。将报表查看器添加到窗体的过程为：选择“工具箱”→“报表”→“ ReportViewer”，然后将其拖放至设计窗体。通过单击报表查看控件的智能标记设置要显示的报表，如图 5-32 所示。设置完毕可以直接运行程序查看报表设计效果，如图 5-33 所示。

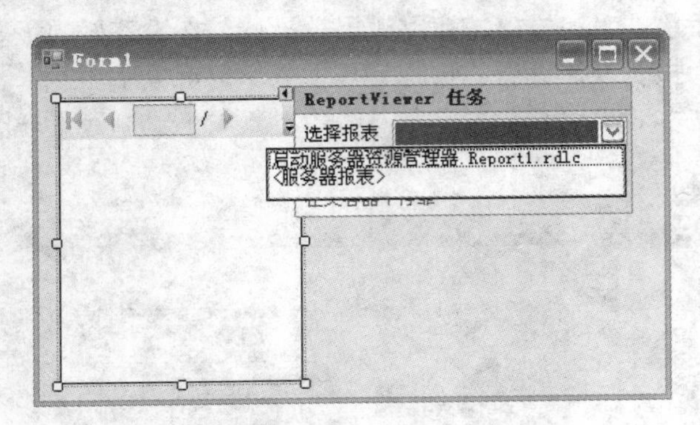

图 5-32　设置要显示的报表

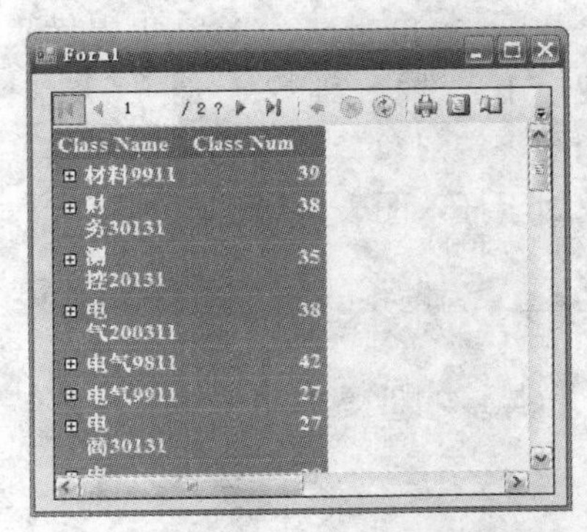

图 5-33　报表设计效果

工作任务

工作任务 9　系部编码表维护（类型化数据集应用）

1．项目描述

系部编码表维护模块是学生信息管理系统的一部分，该模块能添加、删除、查询、修改系部信息。在第 4 章中已完成该窗体的创建及调用方法，现完善其功能部分，如图 5-34 所示。

图 5-34　系部编码表维护模块

2．相关知识

类型化数据集及相应的表适配器的使用，数据界面控件、数据绑定控件、数据导航控件的使用。

3．项目设计

项目中使用类型化数据集 DataSet 存放从数据库中获取的系部信息；使用 DataGridView

控件显示数据集中的数据，实现查询功能；添加“保存”按钮，用以将编辑（添加、修改、删除）过后的系部信息保存至数据库中。

4．项目实施

1）创建数据集，并向数据集中添加系部编码数据表（略）。

2）在窗体上添加 DataGridView 控件，将其命名为“dgvDept”，并设置其数据源为数据集中的 tblDept 表；在窗体上添加 BindingNavigator 控件，并设置其数据源为“tblDeptBindingSource”。

① 添加 DataGridView 控件：打开“工具箱”→“数据”选项卡，拖放 DataGridView 控件至窗体，调整其位置及大小。

② 设置数据源：打开 dgvDept 的“属性”面板，单击 DataSource 属性右侧的选择符，设置其数据源为“其他数据源”→“项目数据源”→“DsStudentSys”→“tblDept”表，如图 5-35 如示。其中数据源 tblDeptBindingSource 被自动添加到设计界面中。

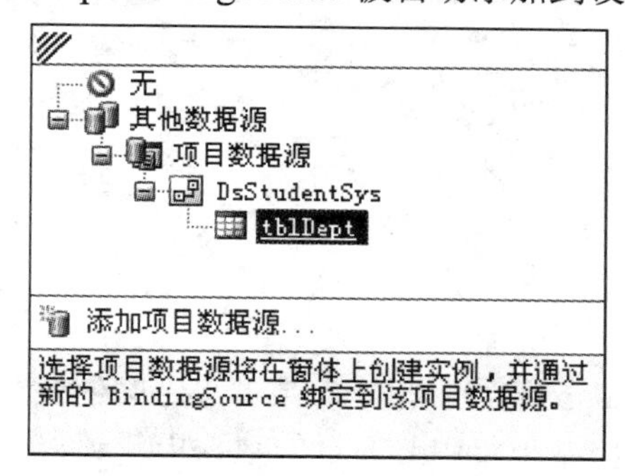

图 5-35 为 DataGridView 控件设置数据源

③ 添加 BindingNavigator 控件：打开“工具箱”→“数据”选项卡，拖放 BindingNavigator 控件至窗体。将其命名为“tblDeptBindingNavigator”，并将其数据源设置为“tblDeptBinding Source”。

3）在窗体上添加命令按钮，设置其 Text 属性为“保存”，并为其添加响应事件如下：

```
private void button1_Click(object sender, EventArgs e)
{
    this.tblDeptTableAdapter.Update(dsStudentSys.tblDept);
}
```

5．项目测试

运行学生管理系统，进入系部维护界面。添加一条新的记录“70”“广告系”“张云”；修改艺术系的系主任为“李明明”；单击“保存”按钮。退出系统后重新进入，观察结果。

6．项目小结

本项目的开发过程中，只有短短一行的代码编写，大量工作都由 VS 2010 自动完成了。例如，设计窗体中自动增加了 3 个控件，分别是表适配器 tblDeptTableAdapter、数据集 dsStudentSys、数据绑定控件 tblDeptBindingSource，如图 5-36 所示。另外，打开代码编辑器，可以看到在窗体加载事件中，系统自动添加了一行代码如下：

```
    private void Frm61_Weihu_Load(object sender, EventArgs e)
    {  // 这行代码将数据加载到表“dsStudentSys.tblDept”中
       this.tblDeptTableAdapter.Fill(this.dsStudentSys.tblDept);
}
```

图 5-36　窗体下方自动添加了 3 个控件

这里有必要了解系统自动添加的控件及代码的作用，以及这些控件的用法，以便进一步理解数据库应用程序开发中数据的流向。

表适配器 tblDeptTableAdapter 是数据库与数据集之间的桥梁，它能将数据库中查询到的数据填充到数据集中，并能将数据集中修改过的数据更新到数据库中。为了实现这些功能，需要设置好两种属性：一是到指定数据库的数据连接，二是对数据库插入、删除、查询、修改的命令语句。在解决方案资源管理器中双击 DsStudentSys 数据集，打开数据集设计界面，选择 tblDept 数据表中的表适配器 tblDeptTableAdapter，可以看到它的各属性设置如图 5-37 所示。

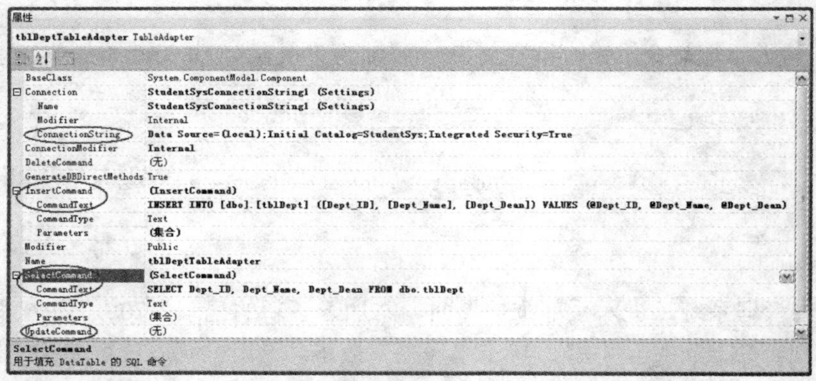

图 5-37　表适配器 tblDeptTableAdapter 的各属性设置

Connection 属性用于设定与指定数据库的连接，其中 ConnectionString 设定了与数据库的连接字符串。

InsertCommand、DeleteCommand、SelectCommand、UpdateCommand 4 个属性分别用于设置对数据库进行增、删、查、改的命令，各自的命令语句（CommandText）设定了对数据

库的具体操作。例如，图 5-37 中查询命令 SelectCommand 的命令语句为：

```
SELECT Dept_ID, Dept_Name, Dept_Dean FROM albo.tblDept
```

如果想要更灵活地操作数据库，只需修改相应的默认命令语句即可。

数据集 DsStudentSys 是程序设计的中心，它通过表适配器与数据库交互，又通过数据绑定控件 tblDeptBindingSource 与窗体控件交互。通过表适配器，从数据库中获取数据、将数据更新至数据库的代码分别如下：

```
this.tblDeptTableAdapter.Fill(dsStudentSys.tblDept);    //获取数据
this.tblDeptTableAdapter.Update(dsStudentSys.tblDept);  //更新数据
```

数据绑定控件 tblDeptBindingSource 是窗体控件与数据集交互的通道。在程序中也可以不使用数据绑定控件，但利用数据绑定控件可以很方便地进行数据定位、导航。

在此重新审视一下整个项目实施过程，了解开发数据库应用程序的一般流程。项目开发过程中的顺序依次为：

1）连接数据库；

2）为数据库的增、删、查、改编写命令语句；

3）定义数据集以存放数据；

4）利用表适配器为数据集填充数据。

工作任务 10　班级编码表维护（窗体控件综合应用）

1. 项目描述

班级编码表维护模块是学生信息管理系统的一部分，该模块的主要功能有：指定系部，能显示相应班级；对指定系部的班级信息进行添加、删除、查询、修改。其中班级所属专业、毕业标志只能选取限定值。在第 4 章中已完成该窗体的创建及调用方法，现完善其功能部分，如图 5-38 所示。

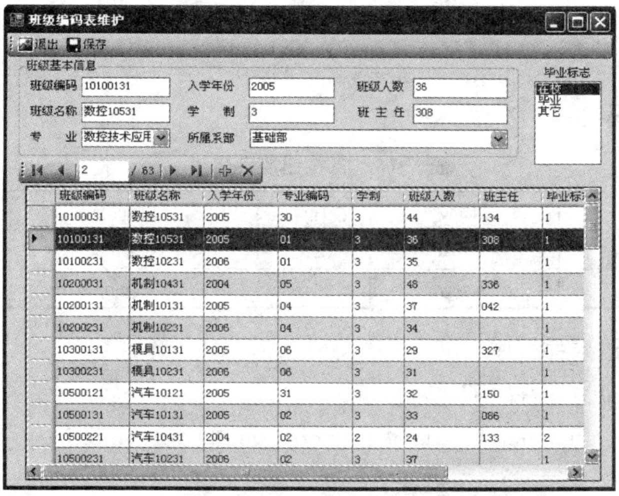

图 5-38　班级编码表维护模块

2．相关知识

本模块需要掌握类型化数据集的参数化查询，数据界面控件的数据绑定功能。

3．模块设计

本模块利用表适配器的参数化查询实现根据系部选取班级的功能；利用数据源绑定控件、数据导航控件实现数据的导航、定位及多个界面控件之间的数据同步；利用数据界面控件的数据绑定功能编辑班级信息。

4．项目实施

1）向数据集对象 DsStudentSys 添加班级编码表 tblClass、专业编码表 tblMajor、毕业标志编码表 tblStatus、系部编码表 tblDept。

2）添加 4 个数据源绑定控件 BindingSource，方法为：选择“工具箱”→“数据”选项卡，拖放 BindingSource 控件至窗体。

数据源绑定控件各属性设置如表 5-15 所示。

表 5-15　各数据源绑定控件属性

控　件	Name	用于绑定表	DataSource	DataMember
bindingSource1	bindingSourcetblClass	班级编码表	DsStudentSys	tblClass
bindingSource2	bindingSourcetblMajor	专业编码表	DsStudentSys	tblMajor
bindingSource3	bindingSourcetblStatus	毕业标志编码表	DsStudentSys	tblStatus
bindingSource4	bindingSourcetblDept	系部编码表	DsStudentSys	tblDept

在 Frm62_Weihu_Load 事件过程中，添加 4 行语句如下：

```
private void Frm62_Weihu_Load(object sender, EventArgs e)
{
    this.tblStatusTableAdapter.Fill(this.dsStudentSys.tblStatus);
    this.tblMajorTableAdapter.Fill(this.dsStudentSys.tblMajor);
    this.tblClassTableAdapter.Fill(this.dsStudentSys.tblClass);
    this.tblDeptTableAdapter.Fill(this.dsStudentSys.tblDept);
}
```

3）添加工具栏控件 ToolStrip，在其上添加“退出”与“保存”按钮。

按钮属性设置如表 5-16 所示。

表 5-16　各按钮控件属性

控件	Name	Text	Image	DisplayStyle
toolStripButton1	tbtnExit	退出	Picture.bmp	ImageAndText
toolStripButton2	tbtnSave	保存	Save.bmp	ImageAndText

编写“退出”按钮事件程序（略）。

编写“保存”按钮事件程序如下：

```
private void tbtnSave_Click(object sender, EventArgs e)
{
    this.tblClassTableAdapter.Fill(this.dsStudentSys.tblClass);
}
```

4）添加 1 个分组框控件及 9 个 Label 控件，其 Text 属性设置如图 5-38 所示。

5）添加 6 个 TextBox 控件，各属性设置如表 5-17 所示。

表 5-17　文本框属性设置

控件	Name	DataBindings.Text
Text1	txtClassID	tblClassBindingSource - Class_ID
Text2	txtClassName	tblClassBindingSource - Class_Name
Text3	txtEnroll	tblClassBindingSource - Class_EnrollYear
Text4	txtLength	tblClassBindingSource - Class_Length
Text5	txtClassNum	tblClassBindingSource - Class_Num
Text6	txtClassHead	tblClassBindingSource - Class_Head

6）添加两个 ComboBox 控件及 1 个 ListBox 控件，设置各属性如表 5-18 所示。

表 5-18　ComboBox 控件和 ListBox 控件的属性设置

Name	DataSource（数据源）	DisplayMember（显示成员）	ValueMember（值成员）	DataBinding .SelectValue（选定值）
cboMajor	tblMajorbindingSourc	Major_Name	Major_ID	tblClassBindingSource - Class_MajorID
cboDept	tblDeptbindingSource	Dept_Name	Dept_ID	tblClassBindingSource - Class_DeptID
lstStatus	tblClassBindingSource	Status_Name	Status_ID	tblClassBindingSource - Class_Status

设置方法为：单击 cboMajor 控件右上角的小三角按钮，出现如图 5-39 所示的“ComboBox 任务”面板，选中“使用数据绑定项”复选框，按图 5-39 所示设置数据源、显示成员、值成员、选定值。

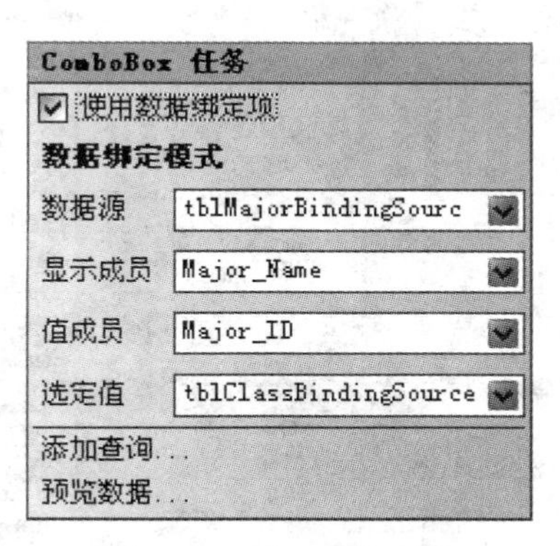

图 5-39　设置连接属性

7）添加 BindingNavigator 控件，用于记录导航。

设置属性如下：

```
Name:  tblClassBindingNavigator ;
BindingSource:tblClassBindingSource 。
```

8）添加 DataGridView 控件，用于显示、编辑班级编码表内容。

设置属性如下。

- Name: dgvClass。
- DataSource: tblClassBindingSource。
- AlternatingRowDefaultCellStyle:设置隔行显示效果。
- Columns: 用字段编辑器修改字段标题名为汉字。

5．模块测试

运行学生管理系统，进入班级编码维护界面。选择某个班级记录，窗体上部出现该班级的详细信息；修改该记录的字段（例如将学制的原值“3”修改为现值“2”），单击“保存”按钮，观察效果。

❓ 有时需要限制 DataGridView 控件的编辑功能，只允许用户通过窗体上部的编辑控件来录入及修改数据，而不能删除数据，怎么实现这个功能呢？

6．项目小结

本项目用绑定的方式进行了信息维护，限定了信息的修改范围，保证了信息的一致性。当然，如果所修改内容需要有更大的自由度，则可采用信息直接输入的方式进行维护。

工作任务 11　学生档案查询（数据集综合应用）

1．项目描述

学生档案查询模块是学生信息管理系统的一部分，该模块有两个主要功能：查询指定系部指定班级的所有学生信息；查询所有在校生中，相应学号、姓名、性别的学生。在第 4 章中已完成该窗体的创建及调用方法，现完善其功能部分，如图 5-40 所示。

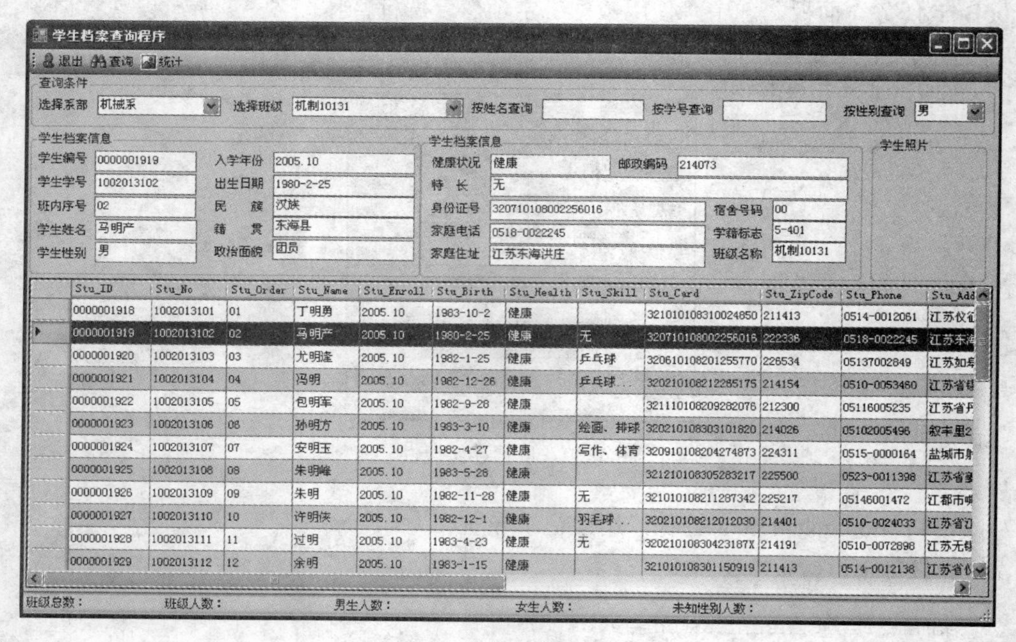

图 5-40　学生档案查询模块

2．相关知识

本模块的实现，需要熟练掌握列表框的功能与使用、数据集中表适配合器的主查询、参数化查询、模糊查询的概念与使用。

3．模块设计

本模块主要利用两个 ComboBox 控件分别用于选择系部和班级。在数据集 DsStudentSys 中添加学生表 tblStudent。修改学生表的主查询并添加新查询。

4．项目实施

1）向数据集对象 DsStudentSys 添加系部编码表 tblDept、班级编码表 tblClass、学生编码表 tblStudent。为班级编码表 tblClass 添加查询 FillByDeptID；修改 tblStudent 的主查询为 FillByClassID，添加新查询 FillByNameNoSex（添加过程及相应的 SQL 语句见数据集一节）。

2）添加 3 个数据源绑定控件 BindingSource，方法为：选择“工具箱”→“数据”选项卡，拖放 BindingSource 控件至窗体。数据源绑定控件各属性设置如表 5-19 所示。

表 5-19　数据源绑定组件各属性设置

控件	Name	用于绑定表	DataSource	DataMember
bindingSource1	tblStudentBindingSource	系部编码表	DsStudentSys	tblDept
bindingSource2	tblClassBindingSource	班级编码表	DsStudentSys	tblClass
bindingSource3	tblDeptBindingSource	学生编码表	DsStudentSys	tblStudent

在 Frm31_Chaxun_Load 事件过程中，自动添加了 3 行语句如下。

```
private void Frm31_Chaxun_Load(object sender, EventArgs e)
{
    this.tblstudentTableAdapter.Fill(this.dsStudentSys.tblStudent);
    this.tblClassTableAdapter.Fill(this.dsStudentSys.tblClass);
    this.tblDeptTableAdapter.Fill(this.dsStudentSys.tblDept);
}
```

3）添加 DataGridView 控件，将其命名为“dgvStudent”，用于显示学生档案表中相应的学生记录，绑定到 tblStudentBindingSource 控件上。

4）在工具栏下方放置一个 GroupBox 控件构成学生档案查询条件框。用 ComboBox 控件选择系与班级，用 TextBox 控件按姓名与学号模糊查询，用 ComboBox 控件按性别查询。相应代码如下：

```
private void cboDept_SelectedIndexChanged(object sender, EventArgs e)
{     // 根据系部显示班级
    if (cboDept.SelectedValue != null)
    {
        string DeptId = cboDept.SelectedValue.ToString();
        tblClassTableAdapter.FillByDeptID(dsStudentSys.tblClass, DeptId);
    }
}
```

```
private void cboClass_SelectedIndexChanged(object sender, EventArgs e)
{   // 根据指定的班级，显示该班所有学生
    if (cboClass.SelectedValue != null)
    {
        string ClassID = cboClass.SelectedValue.ToString();
        tblStudentTableAdapter.FillByClassID(dsStudentSys.tblStudent,ClassID);
    }
}
private void tsbtnFind_Click(object sender, EventArgs e)
{   // 根据学生的姓名、学号、性别，在全校学生中模糊查询相应学生
    string StuName = txtName.Text.ToString();
    string StuNO = txtNo.Text.ToString();
    string StuSex = cboSex.Text.ToString();
    tblStudentTableAdapter.FillByNameNoSex(dsStudentSys.tblStudent ,
        StuName, StuNO, StuSex);
}
```

5）在子窗体内添加工具栏与状态栏，在工具栏内添加退出、查找与统计按钮。统计按钮能统计指定系的班级数、指定班级的学生总数，并在状态栏中显示统计信息。

```
private void tsbtnStat_Click(object sender, EventArgs e)
{    //读者可自行完善程序，以显示指定班级的人数
    string DeptName = cboDept.Text.ToString();
    string ClassNum = tblClassBindingSource.Count.ToString();
    tslblClassTotal.Text = DeptName + " 共有班级数：" + ClassNum;
}
```

6）在学生信息分组框内添加若干文本框，用于显示学生的详细信息（略）。

5．模块测试

1）选择系部，选择班级，查看相应的学生信息。

2）单击“统计”按钮，统计并显示相应系部的班级数及相应班级的学生数。

3）输入学生姓名、学号，并选择性别，单击“查询”按钮，测试模糊查询的功能。

6．项目小结

查询是信息管理系统中最常用的功能之一。本项目利用类型化数据集，只用较少的代码实现了比较完整的学生档案查询功能。

工作任务 12　学生档案统计（报表应用）

1．项目描述

学生档案统计模块根据系部选定班级，按班级统计学生的生源所在地信息，将结果以柱状图显示。在第 4 章中已完成该窗体的创建及调用方法，本章前面已经设计好了数据集 DsStudentSys.xsd 及相关数据表 tblDept、tblClass、tblStudent，现完善其功能部分，如图 5-41 所示。

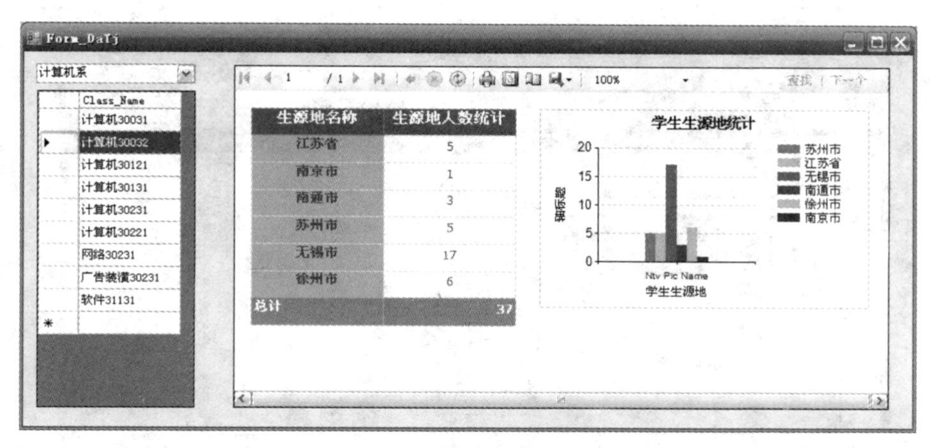

图 5-41　学生档案统计模块

2. 相关知识

本模块的实现，需要熟练掌握报表中图表的设计与使用。

3. 项目设计

本模块利用 ComboBox 控件显示、选择系部信息；利用 DataGridView 控件显示、选择班级信息；利用 ReportViewer 控件作为容器，查看图表。VS 2010 并没有提供可独立设计的图表控件，因此在报表中需插入统计图表。

4. 项目实施

1）学生档案统计的窗体创建及数据集准备（略）。

2）完善系统界面如图 5-41 所示。放置 ComboBox 控件 cboDept 用于显示、选择系部信息，为其绑定数据集中的 tblDept 数据表，显示成员为 Dept_Name，值成员为 Dept_ID；放置 DataGridView 控件 dgvClass 用于显示、选择班级信息，为其绑定 tblClass 数据表。放置报表容器 ReportViewer1 用于显示图表信息，可以将 DisplayGroupTree、DisplayStatusBar、DisplayToolbar 这 3 个属性设为“False”以控制显示效果。为学生表添加表适配器的方法选择“工具箱”→“指针”，将 tblStudentTableAdapter 拖放至界面，其默认名为“tblStudentTableAdapter1”。

3）报表设计。用“报表向导”创建报表，创建步骤参见 5.5.2 节基本报表创建步骤。创建完毕后在报表空表位置右击并选择“添加图表”命令创建图表，选择柱状图图表类型，打开图表创建页面如图 5-42 所示。在图表的智能标记上单击为图表的行组和统计函数设置数据字段为“NtvPlc_Name”，实现按籍贯名称的生源地统计功能。

设置完毕后按提示定制图表的外观，参照图 5-42 设置图表的标题和轴标题属性，完成图表设计。

4）修改报表数据集对象。参照图 5-43 修改报表数据集对象的 SelectCommand 属性为含参查询语句，其参数为班级名称。

5）为窗体及各控件添加事件过程，以获取图表所需要的数据。

```
private void Form_DaTj_Load(object sender, EventArgs e)
{
   //为档案统计报表添加数据
```

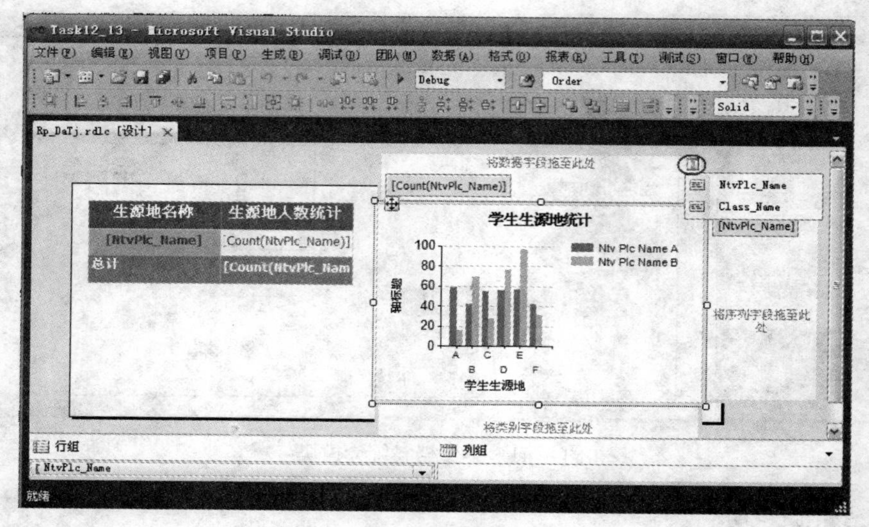

图 5-42　图表设置页面

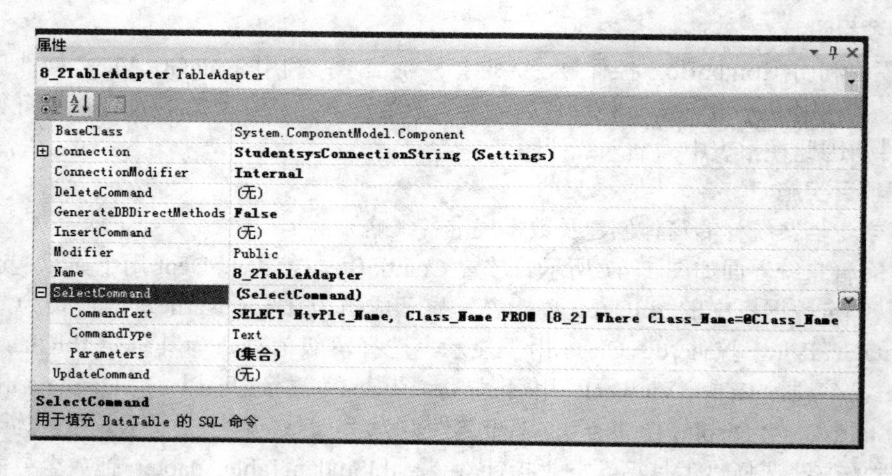

图 5-43　修改报表数据集的 SelectCommand 属性为含参查询语句

```
    this._8_2TableAdapter.Fill(this.DaTj_DataSet._8_2,"");
    //为班级选择数据窗体控件添加数据
    this.tblClassTableAdapter.Fill(this.frm_DaTj_DataSet.tblClass,"");
    //为系部选择组合框添加数据
    this.tblDeptTableAdapter.Fill(this.frm_DaTj_DataSet.tblDept);
    //刷新报表显示
    this.reportViewer1.RefreshReport();
}
//系部选择发生变化时重新填充班级数据表
private void cbo_Dept_SelectedIndexChanged(object sender
                                          ,EventArgs e)
{
   if (cbo_Dept.Text.ToString()!= "")
   this.tblClassTableAdapter.Fill(this.frm_DaTj_DataSet.tblClass
```

```
                                            ,cbo_Dept.SelectedValue.ToString());
    }
    //班级选择发生变化时重新填充填充报表数据
    private void dgv_Class_CellClick(object sender,
                                        DataGridViewCellEventArgs e)
    {
      this._8_2TableAdapter.Fill(this.DaTj_DataSet._8_2,
                                   dgv_Class.CurrentCell.Value.ToString());
      this.reportViewer1.RefreshReport();
    }
```

5. 项目测试

运行程序，选择系部并单击班级，查看该班生源地统计信息。

常见问题：程序能运行，但报表处只是一片空白，没有出现图表或数据。

原因：代码中的查询语句有误，导致没有返回数据；或者查询语句中返回的字段名与图表要求的字段名不匹配。

6. 项目小结

本项目使用报表实现了统计功能，由于报表的向导功能提供了比较详细的操作步骤，因此本项目的实现并不复杂。当然，报表更多的是用于报表打印，因此在信息统计时功能尚不完善。

工作任务 13　学生档案打印（报表应用）

1. 项目描述

学生档案打印模块根据系部选定班级，根据选定班级显示学生的重要信息，结果以报表形式显示，并能打印报表，如图 5-44 所示。学生档案打印模块与统计模块非常相似，因此这里只做简要描述。

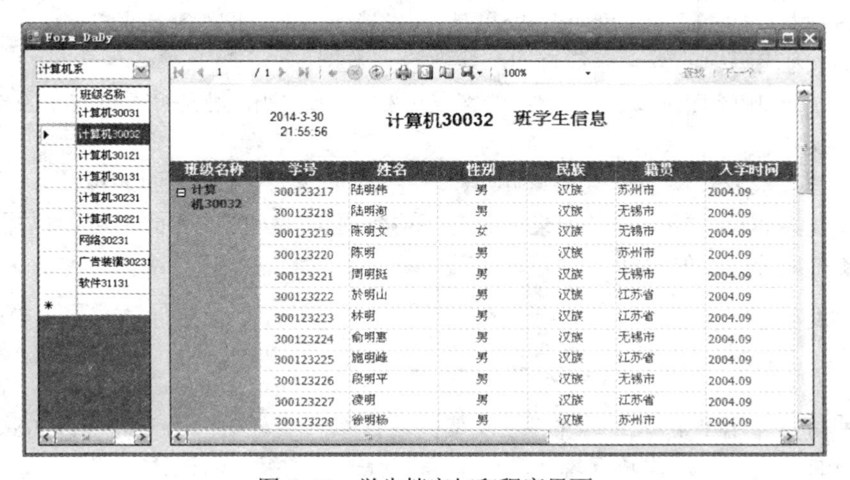

图 5-44　学生档案打印程序界面

2. 相关知识

本模块的实现，需要熟练掌握报表数据源的概念、报表的设计与使用。

3．项目设计

读者已具有学生档案查询模块的设计经验，因此本模块把重点放在报表的数据源、报表的设计、报表的调用上。利用 ReportViewer 控件作为容器，查看报表。

4．项目实施

1）学生档案打印的窗体创建及数据集准备（略）。

2）完善界面如图 5-44 所示（与上例相同，略）。

3）用“报表向导”创建报表，创建步骤参见 5.5.2 节基本报表创建步骤。创建完毕后在报表空白位置右击并选择“添加”命令，然后单击“页眉”和“页脚”命令分别为报表添加页眉和页脚，参照图 5-45 定制报表页眉和页脚，在页脚显示页码，在页眉显示当前班级和系统时间。

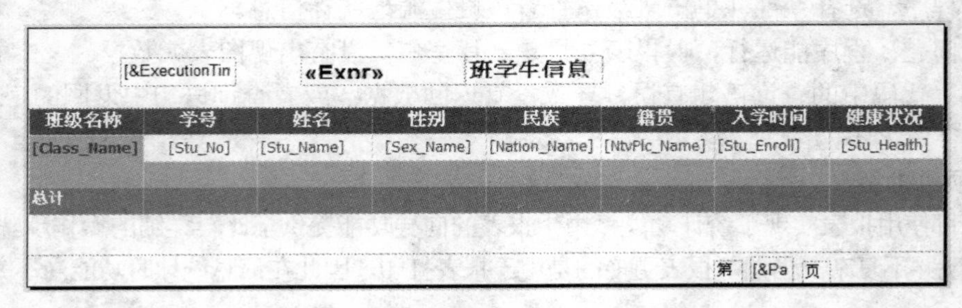

图 5-45　报表页眉、页脚定制

4）为窗体及各控件添加事件过程，以显示报表。打印模块与统计模块的界面相似，代码也只因为调用的报表不同而略有差异，这里代码省略。

5．项目测试

1）运行程序，选择系部并单击班级，查看该班学生信息报表。

2）单击“打印”按钮，观察打印功能。

常见问题：程序能运行，但报表处只是一片空白，没有出现图表或数据。

原因 1：因代码中的查询语句有误，导致没有数据。

原因 2：查询语句正确，但所使用的字段名称与报表中的图表所需要的字段不匹配。

6．项目小结

本项目使用报表实现了学生档案打印，其主要的工作是报表界面的设计。本项目中并未详细介绍报表界面设计的内容，如果读者希望得到更美观大方的界面，可以自行尝试颜色、字体、线条布局等方面的设计。

本章小结

本章先简要介绍了数据库系统组成及案例数据库，并对结构化查询语言（SQL）做了介绍；然后详细介绍了类型化数据集及其使用；最后介绍了报表的设计和使用。

1．数据库系统组成

数据库系统主要由数据库、数据库管理系统（DBMS）、数据库应用程序组成。数据库是由一组相互联系的数据文件组成，而 DBMS 是建立、使用、维护数据库的系统软件，数据库应用程序则是由程序员编写的，能直接对数据库文件进行查询、插入、修改和删除的计算机程序。

2．SQL 语句

结构化查询语言（SQL）是一个通用的、功能极强的关系型数据库语言，目前已成为关系数据库的标准语言。本章对 SQL 语言中的 Select、Insert、Update、Delete 4 种语句做了简单介绍，为数据库应用程序设计打下了必要的基础。

3．案例系统数据库

本章详细介绍了案例系统数据库的设计。

4．类型化数据集

类型化数据集是一个继承自 DataSet 的自定义数据集类型，使用安全、方便，但灵活性稍差。本章详细介绍了类型化数据集的概念、生成过程及其应用。

5．数据访问控件

1）DataGridView 控件：数据访问最重要的控件之一，用于显示数据访问结果，显示格式灵活、易用。

2）BindingSource 控件：数据绑定控件，简化由数据窗体控件到数据源的绑定。

3）BindingNavigator 控件：数据导航控件，提供在数据记录之间移动的一组导航按钮和函数。

4）其他数据控件：ComboBox、TextBox、Label、ListBox 等，显示属性可以绑定到某个数据源。

6．使用报表向导创建报表的方法与步骤

使用向导创建报表的步骤包括选择数据源、设置分组字段、汇总字段、选择报表图表样式和报表模板等，利用向导创建好的报表还可以进一步修改。

习题 5

1．叙述数据库应用程序开发环境的组成。

2．服务器资源管理器向用户提供了哪些管理功能？简述这些管理功能的用法。

3．编写查询语句，要求查询系部编码表（tblDept）中的所有记录。

4．编写查询语句，要求根据班级编码表（tblClass）、学生信息表（tblStudent）查询“数控 10231”班学生的所有信息。

5．编写查询语句，要求从班级编码表（tblClass）、系部编码表（tblDept）、毕业标志表（tblStatus）中查询“计算机系”的班级信息，显示班级编码（Class_ID）、班级名称（Class_Name）、入学年份（Class_Grade）、班级人数（Class_Num）、专业名称（Class_Major）、学制（Class_Length）、毕业标志（Status_Name）、系部名称（Dept_Name），结果以中文显示。

6．报表包含了哪几个区域？各区域包含了报表的哪些内容？

7．简述 Windows 应用程序中报表的设计步骤。

8．如何在报表中添加日期、时间、页号等项？

实验 5

1．在 E 盘上建立学生档案管理系统数据库文件目录 E:\vcsharp\data。

2．在 E:\vcsharp\data 目录中建立 SQL Server 类型的数据库 StudentSys。

3．在服务器资源管理器中创建数据库连接到 StudentSys。每次操作后，观察 StudentSys 中的数据表情况。

4．在服务器资源管理器中打开数据库 StudentSys，在查询设计器窗口中输入 SQL 语句，执行 SQL 语句观察运行结果。

5．在服务器资源管理器中打开数据库 StudentSys。

1）在 SQL 窗口中用 Delete 语句删除性别编码表 tblSex 与政治面貌编码表 tblParty 中的所有记录。

2）在记事本中建立名为 Code.txt 的文件。在文件中编写 Insert 语句，将表 5-20 所示性别编码与政治面貌编码插入到 tblSex 与 tblParty 数据表中。要求：依次复制 Insert 语句到 SQL 窗口编辑器中，并执行语句插入数据。最后观察 tblSex 与 tblParty 数据表的内容。

表 5-20　性别编码与政治面貌编码

Sex_ID	Sex_Name	Party_ID	Party_Name
0	未知的性别	01	中共党员
1	男	02	预备党员
2	女	03	团员
9	未说明的性别	13	群众

6．设计学生档案统计程序。要求绘制班级男女生人数比例饼图，并按照系部进行分组。

7．在学生档案管理系统解决方案中建立课程编码表 tblCourse 维护程序，如图 5-46 所示。

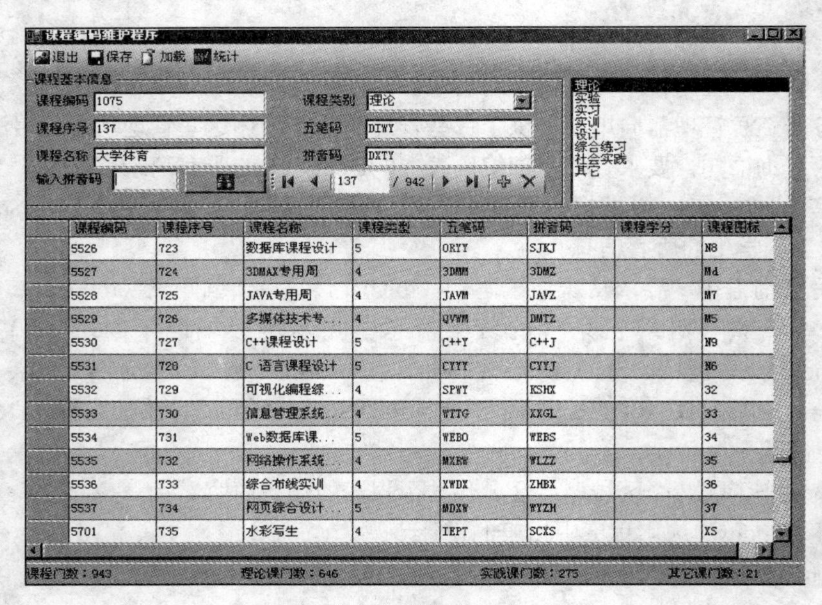

图 5-46　课程编码表维护程序界面

程序设计要求如下：

1）在解决方案中添加一个班级编码维护子窗体，主菜单能调用该子窗体。

2）添加工具栏与状态栏，在工具栏添加“退出”“加载”“保存”“统计”按钮。编写退出、加载、保存、统计事件驱动程序。按统计按钮能统计出课程门数及理论课、实践课、其他课门数，并在状态栏中显示。

3）用 5 个 TextBox 控件编辑课程编码、课程序号、课程名称、五笔码、拼音码 5 个字段内容。用 ComboBox 与 ListBox 控件显示与输入课程类别码 Cous_Sort。

4）用 DataGridView 控件显示与编辑课程编码表 tblCourse 中的字段内容。

5）用 BindingNavigator 控件移动记录指针、增、删记录。

6）用 TextBox 控件输入拼音码，按“查询”按钮能模糊查询出拼音码对应的课程记录。

① 在数据集 Student_DateSet 中选择 tblCourse 数据表，右击 Fill,GetDate()，配置，在 SQL 语句中添加 Where 子句如下：

```
Where (Cous_PYM Like ?)
```

其中“？”表示查询形参。实参由适配器对象的 Fill 方法给出。

② 编写查询按钮事件驱动程序。

```
private void btb_Find_Click(object sender, EventArgs e)
{  //将文本框中的拼音码作为实参，传送给 Select 语句的形参“？”
this.tblCourseTableAdapter.Fill(this.student_DataSet.tblCourse ,
                                      txt_PYM.Text+'%');
}
```

③ 修改窗体的 Load 事件驱动程序。

```
private void frm_XSDA63_Load(object sender,EventArgs e)
{
  this.tblCourseTableAdapter.Fill(this.student_DataSet.tblCourse,
                                      txt_PYM.Text+'%');
}
```

其中课程编码表 tblCourse 的表结构及课程类别编码表 tblCourseSort 的数据如表 5-21 和表 5-22 所示。

表 5-21　课程编码表 tblCourse 表结构

序号	字段名	含义	类型	宽度	小数	主码	引用字段
1	Cous_ID	课程编码	Text	10		Y	
2	Cous_Order	序号	Text	4			
3	Cous_Name	课程名称	Text	30			
4	Cous_Sort	课程类别	Text	1			tblCourseSort/CS_ID
5	Cous_WBM	五笔码	Text	6			
6	Cous_PYM	拼音码	Text	6			
7	Cous_CHour	初始学分	Single	4	1		
8	Cous_Mark	课程图标	Text	4			

表 5-22　课程类别编码表 tblCourseSort 数据

CS_ID	CS_Name
1	理论
2	实验
3	实习
4	实训
5	设计
6	综合练习
7	社会实践
9	其他

第 6 章　ADO.NET 数据库访问技术

ADO.NET 是建立在.NET 框架平台之上的支持数据库应用程序开发的数据访问中间件，本章主要介绍 ADO.NET 组件的结构，详细叙述 Connection 对象、Command 对象、DataReader 对象、DataAdapter 对象和 DataSet 对象以及其他对象的概念与使用。

理论知识

6.1　ADO.NET 数据库访问技术

ADO.NET 是基于 .NET 的应用程序的数据访问模型，可以用它来访问关系数据库系统（如本书使用的 SQL Server 2005、Oracle 等）和其他许多具有 OLE DB 或 ODBC 提供程序的数据源（如 Access 数据库等）。在某种程度上，ADO.NET 代表 ADO 技术的最新进展。

6.1.1　ADO.NET 主要组件

ADO.NET 用于访问和操作数据的两个主要组件是 .NET 框架数据提供程序和作为客户端本地缓存的数据集 DataSet，如图 6-1 所示。

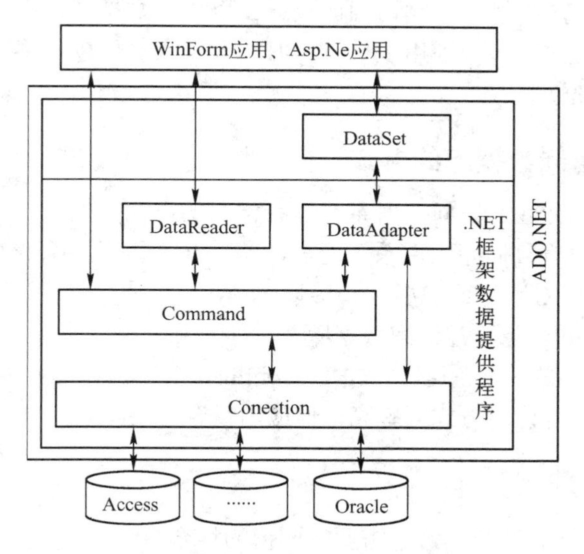

图 6-1　ADO.NET 的主要组件及常用对象

1．.NET 框架数据提供程序

.NET 框架数据提供程序用于连接到数据库、执行命令和检索结果。应用程序可以直接执行命令来处理检索到的结果，或将其放入 DataSet 对象，以便与来自多个源的数据或在层之间进行远程处理的数据组合在一起，以特殊方式向用户公开。表 6-1 列出了.NET 框架中包含的.NET 框架数据提供程序。

表 6-1 .NET 框架数据提供程序及适用场合

.NET 框架数据提供程序	说 明
SQL Server .NET 框架数据提供程序	提供对 Microsoft SQL Server 7.0 版或更高版本的数据访问 使用 System.Data.SqlClient 命名空间
OLE DB .NET 框架数据提供程序	适合于使用 OLE DB 公开的数据源（如 Access 数据库） 使用 System.Data.OleDb 命名空间
ODBC .NET 框架数据提供程序	适合于使用 ODBC 公开的数据源 使用 System.Data.Odbc 命名空间
Oracle .NET 框架数据提供程序	适用于 Oracle 数据源，支持 Oracle 客户端软件 8.1.7 版和更高版本，使用 System.Data.OracleClient 命名空间

.NET 框架数据提供程序包含若干对象，表 6-2 列出了 4 个最常用的对象及其功能。

表 6-2 .NET 框架数据提供程序中的 4 个最常用对象及其功能

对 象	说 明
Connection	建立与特定数据源的连接
Command	对数据源执行命令
DataReader	从数据源中读取只进且只读的数据流
DataAdapter	用数据源填充 DataSet；将 DataSet 中的更改协调回数据源

2．数据集 DataSet

DataSet 是 ADO.NET 结构的主要组件，它是从数据源中检索到的数据在内存中的缓存，专门为独立于任何数据源的数据访问而设计。以前，数据处理主要依赖于基于连接的双层模型。当数据处理越来越多地使用多层结构时，开发人员可以使用断开方式，以便为应用程序提供更佳的可缩放性。

6.1.2 ADO.NET 访问数据库的方式

应用程序通过 ADO.NET 访问数据库有 3 种常用的方式。虽然 3 种数据库访问方式在性能上略有差异，但对一般数据库应用系统而言，差异并不显著。除非对性能有特殊要求，开发人员在决策时还是应以所需要的功能为基础。

1．通过 Command 对象直接访问数据库

在这种方式下，数据库应用程序只使用 Command、Connection 两类对象直接访问数据库，如图 6-1 所示。这种访问方式效率高，但应用场合有限。

其适用场合如下：

1）只需要返回单值的场合。

2）只插入、删除、修改数据，不需要返回值的场合。

2．通过 DataReader 对象访问数据库

这是一种有连接方式。在这种方式下，数据库应用程序通过 Connection、Command、DataReader 3 类对象访问数据库，如图 6-1 所示。使用 DataReader 可以提高应用程序的性能，原因是它只要数据可用就立即检索数据，并且（默认情况下）一次只在内存中存储一行，减少了系统开销。

其适用场合如下：

1）需要以只进、只读方式快速访问数据的场合。

2）不需要缓存数据的场合。

3）要处理的结果集太大，内存中放不下的情况。

3．通过 DataSet 数据集对象访问数据库

数据集对象 DataSet 是容器，它在断开的缓存中存储数据，以供应用程序使用，通常称为无连接访问数据库方式。在这种方式下，数据库应用程序可以使用 Connection、Command、DataAdapter、DataSet 4 类对象访问数据库。其中 DataAdapter 对象通过 Connection 对象、Command 对象为 DataSet 对象加载数据，并将用户对 DataSet 的更改传回数据库。

其适用场合如下：

1）需要在结果的多个离散表之间进行导航的场合。

2）操作来自多个数据源的数据的场合。

3）重用同样的行组，以便通过缓存获得性能改善（例如排序、搜索或筛选数据）的情况。

4）需要对每行数据执行大量处理的场合。

6.2 ADO.NET 常用对象及应用

对不同数据库，ADO.NET 提供了不同的框架类库命名空间。本书以 SQL Server 2005 数据库作为数据源，使用 SQL Server.NET 框架数据提供程序。在后面的介绍中，如果不做特别说明，各个对象默认为由 SQL Server.NET 框架类库中的类创建。

通过 ADO.NET 访问 SQL Server 2005 数据库需要使用两个命名空间，它们的作用如表 6-3 所示。

表 6-3 ADO.NET 命名空间

ADO.NET 命名空间	说　明
System.Data	提供 ADO.NET 构架的基类
System.Data.SqlClient	针对 SQL Server 数据所设计的数据存取类的集合

System.Data.SqlClient 命名空间中共有 22 个类，其中最常用的类有 4 个，表 6-4 列出了这 4 个类及其作用。

表 6-4 System.Data.SqlClient 命名空间中最常用的 4 个类

部分常用的类	说　明
SqlCommand	表示要对数据源执行的 SQL 语句或存储过程
SqlConnection	表示到数据源的连接是打开的
SqlDataAdapter	表示一组数据命令和一个数据库连接，它们用于填充 DataSet 和更新数据源
SqlDataReader	提供从数据源读取数据行的只进流的方法

创建窗体应用程序时，System.Data 是默认引用的命名空间之一。需要导入 System.Data.SqlClient 命名空间，以通过 ADO.NET 访问 SQL Server 数据库。导入语句如下：

```
using System.Data.SqlClient;
```

当然，如果使用的是其他类型的数据源，则需要导入其他相应的命名空间。例如需要使用 OLE DB 数据库，则先要导入 System.Data. OleDB 命名空间。语句如下：

```
using System.Data.OleDb;
```

6.2.1　Connection 对象

1．Connection 对象的概念

Connection 对象也称为连接对象，用于连接 SQL Server 等数据库。在 SQL Server .NET 框架类库中，是用 SqlConnection 类定义的对象。

2．Connection 对象的定义

用 SqlConnection 类定义连接对象有两种格式。

（1）定义格式 1

```
//先连接对象，再动态分配内存空间
SqlConnection <连接对象>;
<连接对象> =new SqlConnection(ConnectionString);
```

（2）定义格式 2

```
//定义连接对象，并分配内存
SqlConnection <连接对象>=new SqlConnection(ConnectionString);
```

3．Connection 对象的常用属性

用以连接 SQL Server 7.0 以上版本数据库的连接对象，有 5 个较常用的属性，如表 6-5 所示。

表 6-5　连接 SQL Server 7.0 或以上版本数据库常用属性

属性名称	说　明
Connection Timeout	设置 SqlConnection 对象连接 SQL Server 数据库的逾期时间，单位为秒数，若在设置的时间内无法连接数据库，便返回失败
Data Source（或 Server、Address）	设置欲连接的 SQL Server 服务器的名称或 IP 地址
Database（或 Initial Catalog）	设置欲连接的数据库名称
Packet Size	设置用来与 SQL Server 沟通的网络数据包大小，单位为 B，有效值为 512～32767，若发送或接收大量的文字，PacketSize 大于 8192B 的效率会更好
User Id 与 PassWord（或 Pwd）	设置登录 SQL Server 的账号及密码

例如，为了连接到 SQL Server 2005 中的 StudentSys 数据库，可设置连接字符串的值为：

```
ConnectionString = "Data Source=(local)
                         ;Initial Catalog=StudentSys
                         ;Integrated Security=True"
```

这里 SQL Server 使用本地服务器，所以用（local）表示。

4．Connection 对象的常用方法

针对不同类型的数据库，尽管连接对象的创建类不同，但其功能及使用是相同的。不管是 SqlConnection 对象还是 OleDbConnection 对象，打开和关闭数据库的方法相同。

1）Open 方法：用于打开数据库。

格式：<连接对象>.Open();

2）Close 方法：用于关闭数据库。数据源使用后，务必记得关闭数据连接。

格式：<连接对象>.Close();

【例 6-1】 编写定义连接对象 con，用于打开 StudentSys 数据库。

1）新建解决方案 ex6_1.sln。

2）设置窗体属性如下：

Name：frm_ConnectionDemo；

Text：连接数据库操作。

3）在窗体中添加一个按钮，设置属性如下：

Name：btnDisplay；

Text：显示数据库连接状态。

4）编写代码程序如下：

```
// 引用 SQL SERVER.NET 类库的命名空间
using System.Data.SqlClient;
// 定义连接字符串 conStr
string conStr="Data Source=(local);
              Initial Catalog=StudentSys;Integrated Security=True";
// 定义连接对象 con
SqlConnection con = new  SqlConnection(conStr);
private void btnDisplay_Click(object sender, EventArgs e)
 {
   con.Open();        // 打开数据库 StudentSys
   MessageBox.Show("已连接学生档案数据库！");
   con.Close();       // 关闭数据库 StudentSys
 }
```

6.2.2 Command 对象

1．Command 对象的概念

Command 对象也称为命令对象，用于对数据表进行查询、修改、插入与删除等操作。在 SQL Server 的.NET 框架类库中，用 SqlCommand 类定义对象。

2．Command 对象的定义

用 SqlCommand 类定义命令对象有以下两种格式。

1）格式 1：

```
SqlCommand <命令对象>;
<命令对象> = new SqlCommand(cmdText, <连接对象>);
```

2）格式 2：

```
SqlCommand <命令对象> = new SqlCommand(cmdText, <连接对象>);
```

其中，cmdText 为 SQL 语句字符串。

说明：创建命令对象时，形参 cmdText 与连接对象可以暂时空缺，以后再设置。

3．Command 对象的常用属性

Command 对象的常用属性如表 6-6 所示。

表 6-6　Command 对象的常用属性

属性名称	说　明
CommandText	获取或设置要对数据源执行的 SQL 语句或存储过程
CommandTimeout	获取或设置在终止对执行命令的尝试并生成错误之前的等待时间
CommandType	获取或设置一个指示如何解释 CommandText 属性的值
Connection	获取或设置 SqlCommand 的此实例使用的 SqlConnection
Parameters	获取 SqlParameterCollection

1）Connection：用于选择连接对象，连接数据库文件。

如：cmd.Connection = con ;

2）CommandTimeout：执行 SQL 语句限时。

3）CommandType：用于选择命令类型。命令类型有以下 3 种。

- Text：表示命令对象执行 SQL 语句。命令对象的命令类型默认为 Text。
- StoredProcedure：表示命令对象执行存储过程。
- TableDirect：表示命令对象直接打开数据表。

4）CommandText：用于输入命令对象执行项目。

4．Command 对象的常用方法

Command 对象的特点在于对数据源执行命令的方法。针对应用程序的不同需求，Command 对象通常使用 3 种方法，如表 6-7 所示。

表 6-7　Command 对象的方法

方　法	说　明
ExecuteReader	执行返回行的命令
ExecuteNonQuery	执行 SQL INSERT、DELETE、UPDATE 和 SET 语句等命令
ExecuteScalar	从数据库中检索单个值（例如一个聚合值）

1）ExecuteReader 方法：执行 cmdText 查询操作，返回 DataReader（阅读器）对象。

格式：SqlDataReader <阅读器对象> = <命令对象>.ExecuteReader();

有关阅读器对象的知识，将在后面详细叙述。

2）ExecuteNonQuery 方法：用于执行插入、删除、修改等操作，不返回结果。

格式：<命令对象>.ExcuteNonQurty();

例如，向系部编码表 tblDept 中添加一条记录："70""艺术系""刘晶"，定义、设置与执行命令对象 cmd 的相关代码如下：

```
string cmdStr = "Insert Into tblDept values ('70','艺术系','刘晶')";
SqlCommand cmd = new SqlCommand();          // 定义命令对象 cmd
cmd.Connection = con;                       // 选择连接对象
cmd.CommandType = CommandType.Text;         // 选择 SQL 语句方式，可选项
cmd.CommandTimeout = 15;                    // 执行 SQL 语句限时 15s，本行可省略
cmd.CommandText = cmdStr ;                  // 设置 SQL 语句
con.Open();                                 // 打开连接对象
cmd.ExecuteNonQuery ();                     // 执行 cmd 对象的方法
con.Close();
```

说明：

```
SqlCommand cmd = new SqlCommand();
cmd.Connection = con;
cmd.CommandText = cmdStr ;
```

可合并为一条语句：

```
SqlCommand cmd = new SqlCommand(cmdStr, con);
```

3）ExecuteScalar 方法：执行查询，并返回查询结果集中第一行第一列。通常用于从数据库中检索单个值（例如一个聚合值）。

格式：<命令对象>.ExecuteScalar ();

例如，查询用户表 tblUser 中是否存在用户名、密码分别为"admin""12345"的用户，相关代码如下：

```
string cmdStr = " Select count(*) from tblUser ";
cmdStr+= " where User_ID = 'admin' and User_Psw='12345'";
SqlCommand cmd = new SqlCommand(cmdStr, con);
con.Open();
// 将返回的记录数存放于变量中
string Num = Convert.ToInt16 (cmd.ExecuteScalar());
con.Close();
```

5．Command 对象的参数化命令

通过提供类型检查和验证，命令对象可使用参数来将值传递给 SQL 语句或存储过程。与命令文本不同，参数输入被视为文本值，而不是可执行代码。这样可帮助抵御"SQL 注入"攻击，这种攻击的攻击者会将命令插入 SQL 语句，从而危及服务器的安全。

参数化命令还可提高查询执行性能，因为它们可帮助数据库服务器将传入命令与适当的缓存查询计划进行准确匹配。

通过设置 Command 对象的 Parameters 属性值可以使用参数化命令。这里仅介绍 SQL 语句中参数的使用。有关存储过程中的参数，读者可参见与数据库原理相关的书籍。

1）参数书写格式：@<参数变量名>。

2）参数赋值的两种常用格式：

```
<命令对象>.Parameters.Add("@<参数变量名>",<实参值>);
<命令对象>.Parameters.Add("@<参数变量名>",<类型>,<长度>).Value =<实参值>;
```

例如，利用参数化命令将一条记录添加到 tblDept 表中的代码如下：

```
string cmdStr = "Insert Into tblDept values(@a1,@a2,@a3)";
SqlCommand cmd = new SqlCommand(cmdStr, con);
con.Open();
cmd.Parameters.Add("@a2", "艺术系");  // 可以先为参数 a2 赋值
cmd.Parameters.Add("@a1", "70");
cmd.Parameters.Add("@a3", "刘晶");
cmd.ExecuteNonQuery();
con.Close();
```

如果 CommandType 设置为 Text，则建议在 SQL 语句中使用问号“?”占位符。这时，SqlParameter 对象中添加到 Parameters 属性集的参数顺序必须直接对应于命令文本中参数的问号占位符的位置。上述的添加语句可用如下语句等效替代：

```
string cmdStr = "Insert Into tblDept values(?,?,?)";
SqlCommand cmd = new SqlCommand(cmdStr, con);
con.Open();
cmd.Parameters.Add("?",SqlDbType.VarChar,10).Value ="80";  // 必须注意赋值顺序
cmd.Parameters.Add("?",SqlDSqlDbTypeType.VarChar, 20).Value ="艺术系";
cmd.Parameters.Add("?", SqlDbType.VarChar, 10).Value ="刘晶";
cmd.ExecuteNonQuery();
con.Close();
```

需要注意的是，如果集合中的参数不匹配要执行的查询要求，则可能会导致错误。

6.2.3 DataReader 对象

1．DataReader 对象的概念

DataReader 对象也称为阅读器对象，用于对数据表进行读取操作。在 SQL Server 的.NET 框架类库中，是用 SqlDataReader 类定义的对象。它具有如下 3 个特点：

1）只能读取数据，不能对数据库的记录进行添加、删除、修改。

2）是一种顺序的读取数据的方式，不能再次回头读取上一条记录。

3）不能在缓存中保持数据，直接传递数据到显示对象。

2．DataReader 对象的定义

DataReader 对象只能通过 Command 对象的 ExecuteReader 方法来赋值，格式如下。

1）格式 1：

```
SqlDataReader <阅读器对象>;
<阅读器对象> = <命令对象>.ExecuteReader();
```

2）格式 2：

```
SqlDataReader <阅读器对象> = <命令对象>.ExecuteReader();
```

3．DataReader 对象的常用属性

DataReader 对象的常用属性如表 6-8 所示。

表 6-8　DataReader 对象的常用属性

属性名称	说　明
FieldCount	获取当前行中的列数
HasRows	获取一个值，它指示此 DbDataReader 是否包含一个或多个行
IsClosed	获取一个值，该值指示 DbDataReader 是否已关闭

1）FieldCount：获取当前记录行中的列数。

2）HasRows：获取 DataReader 中是否有记录，“True”表示有，“False”表示没有。

3）IsClosed：获取 DataReader 对象的状态，“True”表示关闭，“False”表示打开。

4．DataReader 对象的常用方法

表 6-9　DataReader 对象的常用方法

方法名称	说　明
Close	关闭 DataReader 对象
GetName	给定从零开始的列序号时，获取列的名称
GetOrdinal	给定列名称时，获取列序号
GetValue	获取指定列的作为 Object 实例的值
GetValues	获取当前行的集合中的所有属性列
Read	将读取器前进到结果集中的下一个记录

1）Read()：阅读数据记录。

```
<阅读器对象>.Read()
```

顺序读取记录，判断记录指针是否移动到表尾，若未到表尾，则将记录指针下移一行，并返回“True”，否则返回“False”，表示记录读取结束。

2）GetName(index)：获取第 index 列字段的名称。

```
<阅读器对象>. GetName(index)
```

3）GetValue (index)：获取第 index 列字段的值。

```
<阅读器对象>. GetValue (index)
```

4）GetValues(values)：获取所有字段值，并将字段值存放在 values 数组，values 数组的大小最好与字段数目相等，如此才能获取所有字段的内容。

```
<阅读器对象>. GetValues (values)
```

5）GetOrdinal(name)：获取名为 name 的字段序号。

```
<阅读器对象>. GetOrdinal (name)
```

6）Close(): 关闭阅读器。

```
<阅读器对象>.Close()
```

7）字段表示方式。

```
<阅读器对象>[<字段名>]或<阅读器对象>[<Index>]
```

表示数据表中当前记录中第 Index 个字段值。

6.2.4 DataAdapter 对象

1．DataAdapter 对象的概念

DataAdapter 对象也称为数据适配器对象，用于数据源与数据集 DataSet 之间的数据交换，包括查询、插入、删除、修改等操作。在 SQL Server 的.NET 框架类库中，是用 SqlDataAdapter 类定义的对象。

2．DataAdapter 对象的定义

用 SqlDataAdapter 类定义数据适配器对象有 4 种格式。

1）格式 1：

```
SqlDataAdapter <适配器对象>;
<适配器对象> = new SqlDataAdapter();
```

2）格式 2：

```
SqlDataAdapter <适配器对象> = new SqlDataAdapter ();
```

例如，定义适配器对象 da 的语句如下：

```
SqlDataAdapterda = new SqlDataAdapter ();
```

3）格式 3：

```
SqlDataAdapter <适配器对象> = new SqlDataAdapter (<命令对象>);
```

例如，SqlDataAdapter da = new SqlDataAdapter (cmd);

4）格式 4：

```
SqlDataAdapter <适配器对象> = new SqlDataAdapter (<SQL 语句>,<连接对象>);
```

例如，SqlDataAdapter da = new SqlDataAdapter (“Select * from tblDept”，con);

3．DataAdapter 对象的常用属性

1）SelectCommand：接受“执行 Select 查询语句”的命令对象。

例如，给适配器对象 da 赋查询命令对象的语句如下：

```
cmd.Connection=con;
cmd.CommandText = "Select * from tblDept";
da.SelectCommand = cmd;
da.SelectCommand.ExecuteNonQuery();
```

适配器da将执行Select语句中，获取系部编码表tblDept的全部记录。

2）InsertCommand：接受“执行Insert插入语句”的命令对象。

例如，给适配器对象da赋插入命令对象的语句如下：

```
cmd.Connection=con;
cmd.CommandText = "Insert Into tblDept Values('70','艺术系','张晶')";
da.InsertCommand = cmd;
da.InsertCommand.ExecuteNonQuery();
```

适配器对象da将执行Insert语句，插入系部编码为“70”的记录。

3）DeleteCommand：接受“执行Delete删除语句”的命令对象。

例如，给适配器对象da赋删除命令对象的语句如下：

```
cmd.Connection=con;
cmd.CommandText = "Delete fromtblDept where Dept_Id='70'";
da.DeleteCommand = cmd;
da.DeleteCommand.ExecuteNonQuery();
```

适配器对象da将执行Delete语句，删除系部编码为“70”的记录。

4）UpdateCommand：接受“执行Update修改语句”的命令对象。

例如，给适配器对象da赋修改命令对象的语句如下：

```
cmd.Connection=con;
cmd.CommandText = "Update tblDept set Dept_Dean='王明'
                   where  Dept_Id='60'";
da.UpdateCommand= cmd;
da.UpdateCommand.ExecuteNonQuery();
```

适配器对象da将执行Update语句，修改系部编码为“60”的记录。

4. DataAdapter对象的常用方法

1）Fill()方法：将查询数据表填入数据集对象。

格式：<适配器对象>.Fill(<数据集对象>,<表名>);

例如，将数据表tblDept中的记录填入数据集对象dsStudent中，在数据集DsStudent中的表名为Dept，并在dataGridView1控件中显示出来，主要语句如下：

```
DataSet ds=new DataSet ();   //定义数据集对象ds
da.Fill(dsStudent, "Dept");
dataGridView1.DataSource = dsStudent.Tables["Dept"]
```

有关数据集对象的知识，将在下一节中详细介绍。

2）Update()方法：将数据集DataSet中更新过的数据保存至外存数据库中。

格式：<适配器对象>.Update(<数据表对象>);

例如，da.Update(dsStudent.Tables["Dept"]);

适配器da.Update方法的作用：将内存数据集对象dsStudent中的数据表Dept写回到外存数据库StudentSys中去。

6.2.5 DataSet 对象

1. DataSet 对象的概念

DataSet 对象也称为数据集对象，是用 DataSet 类定义的对象，可以将数据集对象视为小型内存数据库，用于存放若干表（DataTable）、列（DataColumn）、行（DataRow）、关系（Relation）、约束（Constraint）等对象。

DataSet 数据集对象可实现无连接访问。当用户访问数据库时，用连接对象打开数据库，用适配器对象将数据填入 DataSet 对象，随后便关闭数据连接。用户程序可对内存数据库中的数据表进行离线操作，从而解决了用户争夺数据源的问题。

2. DataSet 对象的定义

定义 DataSet 对象有以下两种格式。

1）格式 1：

```
DataSet  <数据集对象>;
<数据集对象> = new DataSet();
```

2）格式 2：

```
DataSet  <数据集对象> = new DataSet ();
```

例如，为学生信息管理系统定义数据集对象 dsStudent 的语句如下：

```
DataSet dsStudent = new DataSet ();
```

3. DataSet 对象的组织结构

在数据集 DataSet 对象中可存放多个数据表 DataTable 对象与关系 DataRelation 对象，而每个数据表 DataTable 对象又由数据列 DataColumn 对象、数据行 DataRow 对象、约束 Constraint 对象与视图 DataView 对象等组成，如图 6-2 所示。

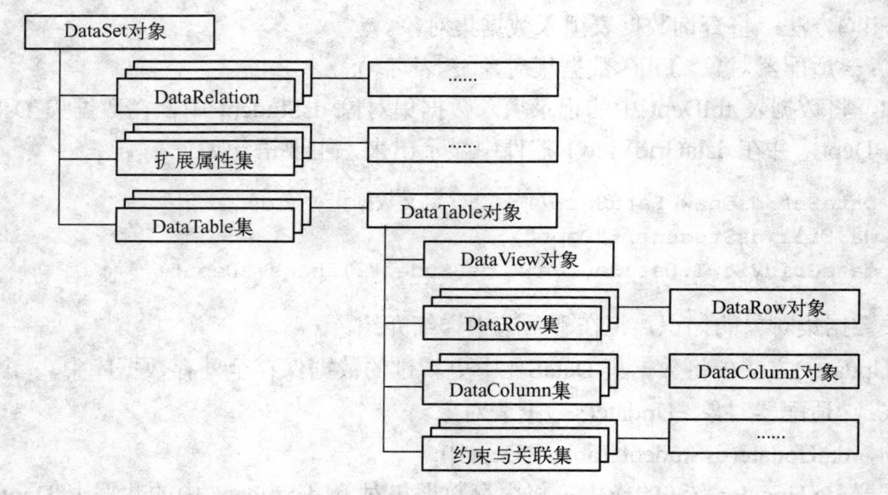

图 6-2 DataSet 对象的结构模型图

例如，在第 5 章的学生档案管理系统中，定义了数据集 DsStudentSys，数据集中包含若干数据表。图 6-3 显示了数据集中包含的两个 DataTable 对象及若干 DataRow、DataColumn 对象。

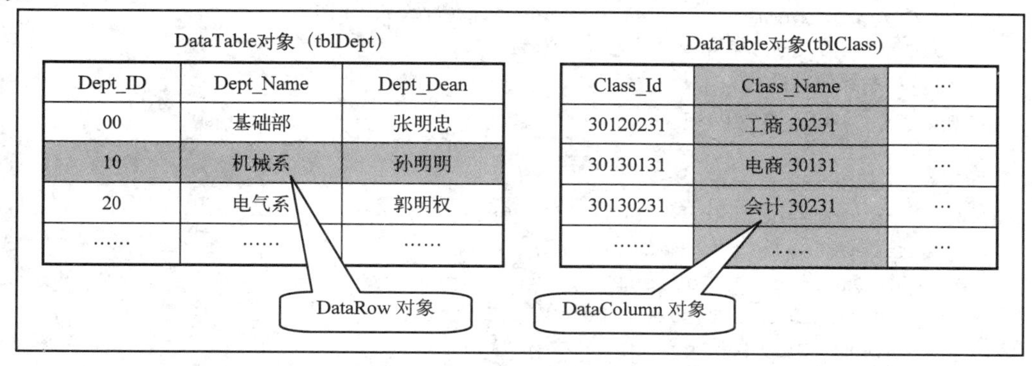

图 6-3　数据集 DsStudentSys 中两个表对象及其他对象示意图

4．DataSet 对象的常用属性

DataSet 对象中最常使用的是 Tables 属性，用于获取、设置数据集对象中的数据表。

格式：<数据集对象>.Tables["数据表别名"] 或 <数据集对象>.Tables[序号]

如：da.Fill(ds, "Dept");

dataGridView1.DataSource = ds.Tables["Dept"];

或　dataGridView1.DataSource = ds.Tables[0];

【例 6-2】 利用数据适配器对象 daDept、数据集对象 dsStudent、窗体控件 dgvDept 显示系部编码表 tblDept 中的记录，如图 6-4 所示。

图 6-4　利用数据集及数据适配器显示系部信息

用于显示系部信息的相关代码如下：

```
DataSet dsStudent = new DataSet();
SqlDataAdapter daDept = new SqlDataAdapter();
```

```
    static string conStr = " Data Source=(local);Initial Catalog=StudentSys;
Integrated Security=True ";
    SqlConnection con = new SqlConnection(conStr);
    SqlCommand cmd = new SqlCommand();
    //显示系部信息函数
    public void ShowDept()
    {
        cmd.Connection = con;
        cmd.CommandText = "Select * from tblDept";
        daDept.SelectCommand = cmd;
        if (dsStudent.Tables["Dept"] != null)
            dsStudent.Tables["Dept"].Clear();
        daDept.Fill(dsStudent, "Dept");
        dgvDept.DataSource = dsStudent.Tables["Dept"];
        lblCount.Text ="系部总数" + dsStudent.Tables[0].Rows.Count.ToString();
    }
```

需要注意的是，本例中所写的代码并没有显式打开和关闭 Connection。如果 Fill 方法发现连接尚未打开，它将隐式地打开 DataAdapter 正在使用的 Connection。如果 Fill 已打开连接，它还将在 Fill 完成时关闭连接。当处理单一操作（如 Fill 或 Update）时，这可以简化代码。当然，显式地调用 Connection 的 Open 方法及 Close 方法，是一种良好的编程习惯：与数据源的连接打开的时间尽可能短，以便释放资源供其他客户端应用程序使用，将会提高应用程序的性能。

5．DataTable 对象

1）DataTable（数据表）对象：用 DataTable 类定义的对象。

DataTable 对象由数据列 DataColumn 对象、数据行 DataRow 对象、约束 Constraint 对象与视图 DataView 对象组成，如图 6-3 所示。

2）作用：用于表示 DataSet 数据集中的数据表或独立数据表。

3）定义格式如下：

```
DataTable <数据表对象>=new DataTable();
```

如：

```
DataTable dtDept=new DataTable();// dtDept 为独立数据表对象
dtDept = dsStudent.Tables["Dept"];// dtDept 引用数据集 dsStudent 中的 Dept 表
```

4）DataTable 对象的常用属性如表 6-10 所示。

表 6-10　DataTable 对象的常用属性

属　性	说　明
Columns	DataTable 数据表对象的字段集合
Constraints	DataTable 数据表对象的约束集合
DataSet	DataTable 数据表对象所属 DataSet 数据集名称
DefaultView	DataTable 数据表对象的视图，可用来排序、过滤与查询数据

（续）

属　　性	说　　明
PrimaryKey	字段是否为 DataTable 数据表的主码
Rows	DataTable 数据表对象的记录集合
TableName	DataTable 数据表对象的名称
CaseSensitive	表示执行字符串比较时，查找与过滤时，是否区分大小写

5）DataTable 对象中字段值与标题的表示方法。

DataTable 对象可以看做是一张二维数据表，第 i 行第 j 列单元的表示方法有如下两种：

方法 1：<数据表对象>.Rows[i][j]

方法 2：<数据表对象>.Rows[i].ItemArray[j]

如：textBox1.Text=Convert.ToString(table.Rows[1][1]);

DataTable 对象中第 j 个字段的标题表示方法如下：

```
<数据表对象>.Column[j].Caption
```

如：textBox2.Text=table.Column[1].Caption;

6）常用方法。

AcceptChange：将 DataTable 数据表中更新的记录保存至数据库。

Clear()：清除 DataTable 数据表中所有数据。

NewRow()：在数据表中增加新记录。

Select()：返回满足条件的一组数据行。

如：DataRow[ ] rows = dtDept.Select("Dept_Dean = '刘强' ");

Rows 数组中返回了系部编码表中系主任为“刘强”的记录。

6．DataRow 对象

1）DataRow（记录）对象：用 DataRow 类定义的对象。

2）作用：为数据表添加记录。

3）定义格式如下：

```
DataRow <记录对象>=new <数据表对象>.NewRow();
```

如：DataRow row=new table.NewRow();

4）常用方法：

<记录对象>.Add(<记录对象>)：在数据表中添加记录。

7．DataColumn 对象

1）DataColumn（字段）对象：用 DataColumns 类定义的对象。

2）作用：构成数据表的列。

3）定义格式如下：

```
DataColumns <字段对象>=new DataColumns();
```

4）常用方法：

<字段对象>.Add("<字段名>",[<字段类型>])：在数据表中添加字段。

6.2.6 CommandBuilder 对象

1．CommandBuilder 对象的概念

CommandBuilder 对象也称为命令重建对象，它能在 DataAdapter 对象的 SelectCommand 属性发生变化时，自动生成新的 InsertCommand、UpdateCommand 或 DeleteCommand。在 SQL Server 的.NET 框架类库中，是用 SqlCommandBuilder 类定义的对象。

在第 5 章介绍类型化数据集时可注意到，当设置表适配器的 SelectCommand 属性后，SelectCommand 的 CommandText 就指定了表架构信息，系统会根据此架构信息自动生成 Insert、Update 或 Delete 命令。如果程序运行时修改 SelectCommand 的 CommandText，由于新的 CommandText 中包含的架构信息可能与自动生成 Insert、Update 或 Delete 命令时的原架构信息不一致，则 DataAdapter.Update 方法的调用可能会试图访问 SelectCommand 所引用的当前表中已不存在的列，并且将会引发异常。为了更新数据，开发人员可以根据需求显式地自定义 Insert、Update 或 Delete 这 3 个命令，也可以利用 CommandBuilder 对象来自动构建这 3 个命令。

2．CommandBuilder 对象的定义

1）格式 1：

```
SqlCommandBuilder <命令重建对象> ;
<命令重建对象>=new SqlCommandBuilder (<适配器对象>);
```

2）格式 2：

```
SqlCommandBuilder <命令重建对象>= new SqlCommandBuilder (<适配器对象>);
```

3．CommandBuilder 对象的使用条件

CommandBuilder 对象在使用时有诸多限制，且在性能上并不是最佳的，其使用场合有限。使用 CommandBuilder 对象应注意以下几点。

1）至少设置 DataAdapter 对象的 SelectCommand 属性。

2）若使用了 CommandBuilder 对象后又自行设置 SQL 命令，则以自行设置的 SQL 命令为标准。

3）SelectCommand 属性执行结果所获取的字段中必须包含一个主码或唯一列。

4）SelectCommand 指定的数据表不能与其他数据表关联。

5）数据表或字段不能包括特殊字符，例如空格、句号、引号及其他非字母或数字的字符，但中文字可以。

【例 6-3】 用 DataTable 类定义数据表对象 dtDept，用适配器对象 daDept 将 tblDept 中的所有记录读入数据表对象 dtDept 中，利用 DataRow 对象在 dtDept 中插入新记录（70，艺术系，张云），并利用 CommandBuilder 重建 Insert 命令，将插入的数据保存至数据库中。

```
DataTable dtDept = new DataTable();              // 定义数据表对象
SqlDataAdapter daDept;                           // 定义数据适配合器对象
SqlCommandBuilder cbDept;                        // 定义命令构建对象
daDept = new SqlDataAdapter("Select * from tblDept", con);
cbDept = new SqlCommandBuilder(daDept);          //重建 daDept 的命令
daDept.Fill(dtDept);
```

```
DataRow Deptrow = dtDept.NewRow();           // 定义新行 Deptrow
Deptrow["Dept_Id"] = "70";                   // 为新行 Deptrow 赋值
Deptrow["Dept_Name"] = "艺术系";
Deptrow["Dept_Dean"] = "张云";
dtDept.Rows.Add(Deptrow);              // 将新行添加到数据表 dtDept 中
daDept.Update(dtDept);                 // 将数据表 dtDept 中的变化保存至数据库
```

6.2.7 DataView 对象

1．DataView 对象的概念

DataView 对象也称为数据视图对象，用于数据的过滤、排序与查找。DataView 对象是用 DataView 类定义的对象。

2．DataView 对象的定义

1）格式 1：

```
DataView <数据视图对象>;
<数据视图对象>=new DataView(<数据表对象>);
```

2）格式 2：

```
DataView <数据视图对象>=new DataView(<数据表对象>);
```

如：DataView dvClass=new DataView(dsStudent.Tables["Class"]);

这时，数据视图对象 dvClass 引用了数据集 dsStudent 中的 Class 数据表。

3．DataView 对象的常用属性

1）Count：用于获取 DataView 中记录的数量。

2）RowFilter：获取或设置用于筛选在 DataView 中查看哪些行的表达式。

格式：<数据视图对象>.RowFilter="筛选条件";

如：dvClass.RowFilter="Class_Num>40";

由于设置筛选条件时语法复杂，建议直接使用数据表的 SelectCommand 属性进行数据筛选。

3）Sort：获取或设置 DataView 的一个或多个排序列以及排序顺序。

格式：<数据视图对象>.Sort="<字段名>　<排序方式>";

其中的<排序方式>：Asc 表示升序，Desc 表示降序。

如：dvClass.Sort="Class_Num　Asc";

4．DataView 对象的常用方法

Find()：查找指定的记录。

【例 6-4】 用 DataView 对象显示班级编码表 tblClass 中所有记录，对班级编码表 tblClass 的班级人数字段 Class_Num 进行升序排序，查询班级人数超过一定数目的班级记录。

1）设计窗体界面如图 6-5 所示。

2）事件过程设计如下：

```
static string conStr = "Data Source=(local)
                        ;Initial Catalog=StudentSys
                        ;Integrated Security=True";
SqlConnection con = new SqlConnection(conStr);
```

用DataView对象对班级编码表进行排序及筛选操作

Class_ID	Class_Name	Class_EnrollY	Class_MajorID	Class_Length	Class_Num
3001231	计算机30031	2004	12	2	41
980102	数控9812	2002	01	5	41
980201	汽车9811	2002	02	5	41
991831	工业工程9901	2003	18	3	41
30130231	国际会计30231	2006	49	3	42
980301	电气9811	2002	03	5	42
10100031	数控10531	2005	30	3	44
30300121	计算机30121	2005	33	3	44
10510211	汽车/营销10211	2006	43	4	45
991731	机械工程9901	2003	17	3	45
20130211	自控/工商20211	2006	44	4	47

显示　排序　筛选　40

图 6-5　数据视图对象使用示例

```
SqlDataAdapter daClass ;
DataSet dsStudent = new DataSet();
// 定义针对班级表的数据视图对象 dvClass
DataView dvClass;
private void btnShow_Click(object sender, EventArgs e)
{
    daClass = new SqlDataAdapter("select * from tblClass", con);
    dsStudent.Clear();
    con.Open();
    daClass.Fill(dsStudent ,"Class");
    con.Close();
    dvClass = new DataView(dsStudent.Tables[0]);
    dgvClass.DataSource = dvClass;
}

private void btnSort_Click(object sender, EventArgs e)
{    // 按班级人数升序排列
    dvClass.Sort = "Class_Num asc";
}

private void btnFilter_Click(object sender, EventArgs e)
{    // 筛选出班级人数大于一定人数的班级
    dvClass.RowFilter = "Class_Num > " + Convert.ToString(txtNum.Text);
}
```

工作任务

工作任务 14　用户登录程序设计（续）Command 对象应用

1. 项目描述

本模块为“工作任务 2 用户登录程序设计”的延续，这里的主要任务是利用 Command

对象的 ExecuteScalar 方法编写用户验证方法 CheckUser()。这里对模块功能不做过多阐述，只给出用户验证方法的实现。

2．项目实施

1）引用相关命名空间如下：

```
using System.Data.SqlClient;    // 引用 SQL Server.NET 类库命名空间
```

2）为用户验证方法编写相关代码如下：

```
static string conStr = " Data Source=(local)
                        ;Initial Catalog=StudentSys
                        ;Integrated Security=True ";
SqlConnection con = new SqlConnection(conStr);
protected int CheckUser(string userName, string userPsw)
{
    int result = 0;          // 用于返回查询结果
    con.Open();
    string cmdStr="select count(*) from tblUser where User_ID='" + userName
              + " 'and User_Psw='" + userPsw + "'";
    SqlCommand cmd=new SqlCommand(cmdStr,con); // 创建并初始化命令对象
    result=Convert.ToInt16(cmd.ExecuteScalar());  // 执行查询，并返回单值
    con.Close();
    return result;           // 返回查询结果
}
```

3．项目小结

本模块中的 CheckUser 方法，用返回值 0 代表用户非法（用户名或密码错误），若不为 0 则表示用户合法。在一些应用场合，除了要进行用户的合法性检验外，若要想知道用户的权限等级，则只需对该方法稍加修改即可，有兴趣的读者可以自行尝试。

除了界面的美观，程序设计中也要考虑到用户的思考模式、操作习惯。由于大部分登录模块的输入信息相对固定，因此部分用户比较偏好采用键盘操作，喜欢以〈Tab〉键和〈Enter〉键代替鼠标单击方式，来加快登录进程。因此，应该对登录界面中各控件的 TabIndex 属性进行仔细检查、重排，以适合用户的输入习惯；另外，为登录窗体的 AcceptButton 属性添加新值，选为 btnLogin，即客户按下〈Enter〉键就相当于单击了“登录”按钮（btnLogin）。

虽然使用 DataSet 、DataReader、Command 对象都可以实现用户检验功能，但三者的特点决定了它们不同的应用场合。比较适合采用 DataSet 的场合有：需要在多个离散表之间进行导航；存在多个数据源；需要在各层之间交换数据；或是需要频繁处理大量数据。适合采用 DataReader 对象的场合有：不需要缓存数据；要处理的结果集太大，内存中放不下；需要以只进、只读方式快速访问数据。本项目中只需要返回单个结果，适合采用 Command 对象来实现功能。当然，如果需要返回的结果比较复杂，不仅需要知道用户是否通过验证，而且需要知道用户的权限是什么，这种情况更适宜采用 DataReader 对象来实现。

工作任务 15　系部编码表维护（用 DataReader、Command 对象）

1．项目描述

系部编码表维护模块是学生信息管理系统的一部分，该模块能添加、删除、查询、修改系部信息，如图 6-4 所示。现利用 Command 对象、DataReader 对象完成该功能。

2．相关知识

本项目的实现，需要理解并应用 Command 对象、DataReader 对象的属性与方法。

3．项目设计

本项目利用 Command 对象的 ExecuteNonQuery 方法插入、删除、修改系部编码表中的记录。利用 Command 对象的 ExecuteReader 方法获取记录，存放于 DataReader 对象中；利用 DataReader 对象的属性与方法将记录逐个取出并显示到 DataGridView 控件中。

4．项目实施

1）创建项目，完善窗体，如图 6-4 所示。

2）引用命名空间，并为系部编码表维护中的“插入”、“删除”、“修改”按钮及 DataGridView 控件编写单击事件的事件代码：

```
using System.Data.SqlClient; //第一步，引入命名空间
static string conStr = " Data Source=(local)
                        ;Initial Catalog=StudentSys
                        ;Integrated Security=True ";
SqlConnection con = new SqlConnection(conStr);
SqlCommand cmd = new SqlCommand();
SqlDataReader drDept ;
public void ShowDept()
{
    int i = 0, j;
    cmd.CommandText = "Select * from tblDept";
    cmd.Connection = con;
    con.Open();             // 第二步，通过 Connection 对象与数据库连接
    drDept = cmd.ExecuteReader(); //第三步，获取数据，存放于 DataReader 对象
    dgvDept.Rows.Clear();
    dgvDept.ColumnCount = 3;
    for (j = 0; j < 3; j++)
        dgvDept.Columns[j].HeaderText = drDept.GetName(j);
    while (drDept.Read())        //第四步，使用 DataReader 对象中的数据
    {
        dgvDept.Rows.Add(1);
        for (j = 0; j < 3; j++)
            dgvDept.Rows[i].Cells[j].Value = drDept [j];
        i++;
        dgvDept.Rows[i-1].HeaderCell.Value = "第" + i + "行";
    }
    lblCount.Text = "系部总数：" + dgvDept.Rows.Count.ToString();
```

```
    drDept.Close();                   //第五步，关闭 DataReader 对象
    con.Close();                      //第六步，关闭 Connection 对象
}
private void DeleteDeptById(string Id )
{    // 删除记录,不使用参数
    string cmdStr = "Delete From tblDept where Dept_ID = '" + Id + "'";
    SqlCommand cmd = new SqlCommand(cmdStr, con);
    con.Open();
    cmd.ExecuteNonQuery();
    con.Close();
}
private void UpdateDeptById(string Id, string Dean)
{    // 更新记录,利用命令对象的参数化
    string cmdStr = "Update tblDept Set Dept_Dean=@a1 where Dept_Id=@a2";
    SqlCommand cmd = new SqlCommand(cmdStr, con);
    cmd.Parameters.Add("@a1",Dean );
    cmd.Parameters.Add("@a2", Id);
    con.Open();
    cmd.ExecuteNonQuery();
    con.Close();
}
// 窗体加载事件
private void Frm65_Edit_Load(object sender, EventArgs e)
{
    ShowDept();
}
// DataGridView 控件单元格单击事件
private void dgvDept_CellClick(object sender, DataGridViewCellEventArgs e)
{
    txtDeptID.Text = dgvDept.CurrentRow.Cells[0].Value.ToString();
    txtDeptName.Text = dgvDept.CurrentRow.Cells[1].Value.ToString();
    txtDeptDean.Text = dgvDept.CurrentRow.Cells[2].Value.ToString();
}
// "插入记录"按钮单击事件
private void btnInsert_Click(object sender, EventArgs e)
{
    if (txtDeptID.Text != string.Empty)
    {
        string Id = txtDeptID.Text.ToString ();
        string Name = txtDeptName.Text.ToString ();
        string Dean = txtDeptDean.Text.ToString ();
        InsertIntoDept(Id, Name, Dean);
        ShowDept();
    }
    else
        MessageBox.Show("系部编码不能为空！");
```

```
}
// "删除记录"按钮单击事件
private void btnDelete_Click(object sender, EventArgs e)
{
    if (txtDeptID.Text != string.Empty)
    {
        string Id = txtDeptID.Text;
        DeleteDeptById(Id);
        ShowDept();
    }
    else
        MessageBox.Show("请选择要删除的记录! ");
}
// "更新记录"按钮单击事件
private void btnUpdate_Click(object sender, EventArgs e)
{
    if (txtDeptID.Text != string.Empty)
    {
        string Id = txtDeptID.Text;
        string Dean = txtDeptDean.Text;
        UpdateDeptById(Id, Dean);
        ShowDept();
    }
    else
        MessageBox.Show("请选择要修改的记录! ");
}
//插入记录函数
private void InsertIntoDept(string Id, string Name, string Dean)
{                                   // 插入记录,利用命令对象的参数化
    string cmdStr = "Insert Into tblDept values(?,?,?)";
    SqlCommand cmd = new SqlCommand(cmdStr, con);
    cmd.Parameters.Add("?", Id);
    cmd.Parameters.Add("?", Name);
    cmd.Parameters.Add("?", Dean);
    con.Open();
    cmd.ExecuteNonQuery();
    con.Close();
}
```

5. 项目测试

1）运行程序，观察系部编码信息是否正确显示。

2）在相应文本框中输入系部编码、系部名称、系主任，单击“插入”按钮，观察是否成功地插入了一条新的系部信息。

3）单击 DataGridView 控件中的某个记录，观察相应信息是否出现在下面的文本框中；选中编辑系主任的名字，单击“修改”按钮，观察是否成功地修改了系主任姓名。

4）选择某个系部，单击“删除”按钮，观察是否成功地删除了相应记录。

问题 1：插入重复记录时，为什么出现错误？

原因：数据库中不允许有重复主码。因此在插入记录之前，需要进行数据合法性检测。

问题 2：窗体控件 DataGridView 最后怎么会出现多余的一行空白？

原因：默认情况下，窗体控件 DataGridView 允许用户插入新行。如果不需要，则可以将其 AllowUserToAddRows 属性设置为“False”。

6．项目小结

本项目在实施过程中，对数据库进行的插入、删除、更新操作进行了分离，操作界面并不需要知道有关数据库结构、数据表结构和字段的信息，只需要调用相应的方法即可。

显示系部信息是利用 DataReader 对象实现的。显示系部信息涉及信息的获取、信息的显示。这里并没有把数据库部分（信息的获取）与界面部分（信息的显示）进行分离，一方面是不打算引入新的数据类型以存放信息，另一方面是为了展示利用 DataReader 对象进行数据库访问的完整过程。

利用 DataReader 对象进行数据库访问的一般步骤如下。

1）引用命名空间。

2）通过 Connection 对象与数据库连接。

3）通过 Command 对象的 ExecuteReader 方法执行 SQL Select 查询命令，将需要处理的数据“取出”并存放于 DataReader 对象中。

4）通过 DataReader 对象提供的属性和方法，操作相关数据。

5）关闭 DataReader 对象。

6）关闭 Connection 对象。

工作任务 16　系部编码表维护（用 DataSet、DataAdapter、CommandBuilder 对象）

1．项目描述

系部编码表维护模块是学生信息管理系统的一部分，该模块能添加、删除、查询、修改系部信息，如图 6-4 所示。现利用 DataSet 对象、DataAdapter 对象、CommandBuilder 对象完成该功能。

2．相关知识

本项目的实现，需要理解并应用 DataSet 对象、DataAdapter 对象、CommandBuilder 对象的属性与方法。

3．项目设计

本项目利用 DataAdapter 对象的 SelectCommand 命令获取记录，并存放在 Table 对象中；利用 DataSet 和 DataRow 对象编辑需要更新的记录；利用 CommandBuilder 对象重建

Insert、Delete、Update 命令，并将 Table 对象中的变化保存至数据库。

4．项目实施

1）创建项目，完善窗体，如图 6-4 所示。

2）引用命名空间，并为系部编码表维护中“插入”“删除”“修改”按钮及 DataGridView 控件编写单击事件的事件代码：

```
using System.Data.SqlClient; //第一步，引入命名空间
static string conStr = "Data Source=(local)
                        ;Initial Catalog=StudentSys
                        ;Integrated Security=True";
SqlConnection con = new SqlConnection(conStr);
DataSet dsStudent = new DataSet();
SqlDataAdapter daDept  ;
SqlCommandBuilder cbDept;
DataTable dtDept = new DataTable();
DataRow Deptrow ;
//窗体加载事件
private void Form66_Dept_DsDa_Load(object sender, EventArgs e)
{
   ShowDept();
}
public void ShowDept()
{
   con.Open();
   daDept = new SqlDataAdapter("Select * from tblDept", con);
   cbDept = new SqlCommandBuilder(daDept);
   if(dsStudent.Tables["Dept"] != null)
      dsStudent.Tables["Dept"].Clear();
   daDept.Fill(dsStudent, "Dept");
   dtDept = dsStudent.Tables["Dept"];
   dgvDept.DataSource = dtDept;
   lblCount.Text = "系部总数 :  " + dtDept.Rows.Count.ToString();
   con.Close();
}
//插入记录函数
private void InsertIntoDept(string Id, string Name, string Dean)
{
   Deptrow =  dtDept.NewRow() ;
   Deptrow["Dept_Id"] = Id;
   Deptrow["Dept_Name"] = Name;
   Deptrow["Dept_Dean"] = Dean;
   dtDept.Rows.Add(Deptrow);
   daDept.Update(dtDept );
}
//根据系部编码删除记录函数
private void DeleteDeptById(string Id)
```

```
{
    string delStr = "Dept_ID = '" + Id + "'";
    foreach (DataRow dr in dtDept.Select(delStr))
    {
        dr.Delete();
    }
    daDept.Update(dtDept);
}
//根据系部编码更新记录函数
private void UpdateDeptById(string Id, string Dean)
{
    string Str = "Dept_ID = '" + Id + "'";
    foreach (DataRow dr in dtDept.Select(Str))
    {
        dr["Dept_Dean"] = Dean;
    }
    daDept.Update(dtDept);
}
```

5．项目测试

1）运行程序，观察系部编码信息是否正确显示。

2）在相应文本框中输入系部编码、系部名称、系主任，单击“插入”按钮，观察是否成功地插入了一条新的系部信息。

3）单击 DataGridView 控件中的某个记录，观察相应信息是否出现在下面的文本框中；选中编辑系主任的名字，单击“修改”按钮，观察是否成功地修改了系主任姓名。

4）选择某个系部，单击“删除”按钮，观察是否成功地删除了相应记录。

6．项目小结

利用 DataSet 对象进行数据库访问的一般步骤如下：

1）引用命名空间。

2）通过 Connection 对象与数据库连接。

3）通过 DataAdapter 对象执行 SQL Select 查询命令，将需要处理的数据“取出”并调用 Fill 方法存放于 DataSet 对象中。

4）通过 DataSet、DataRow 对象提供的属性和方法，操作相关数据。

5）通过 DataAdapter 对象、CommandBuilder 对象将操作结果执行到数据库。

6）关闭 Connection 对象。

工作任务 17　设计学生档案查询程序

1．项目描述

学生档案查询程序是学生信息管理系统的一部分，该模块实现学生档案的按条件查询，查询条件可以任意组合，如图 6-6 所示。现利用 DataSet 对象、DataAdapter 对象完成该程序。

2．相关知识

本项目的实现，需要理解并应用 DataSet 对象、DataAdapter 对象的属性与方法。

3．项目设计

本项目利用 DataAdapter 对象的 SelectCommand 命令获取记录，并存放在 Table 对象中；利用 DataGridView 控件显示记录。

4．项目实施

1）创建项目，完善窗体，如图 6-6 所示（相关控件说明参见第 2 章工作任务 4）。

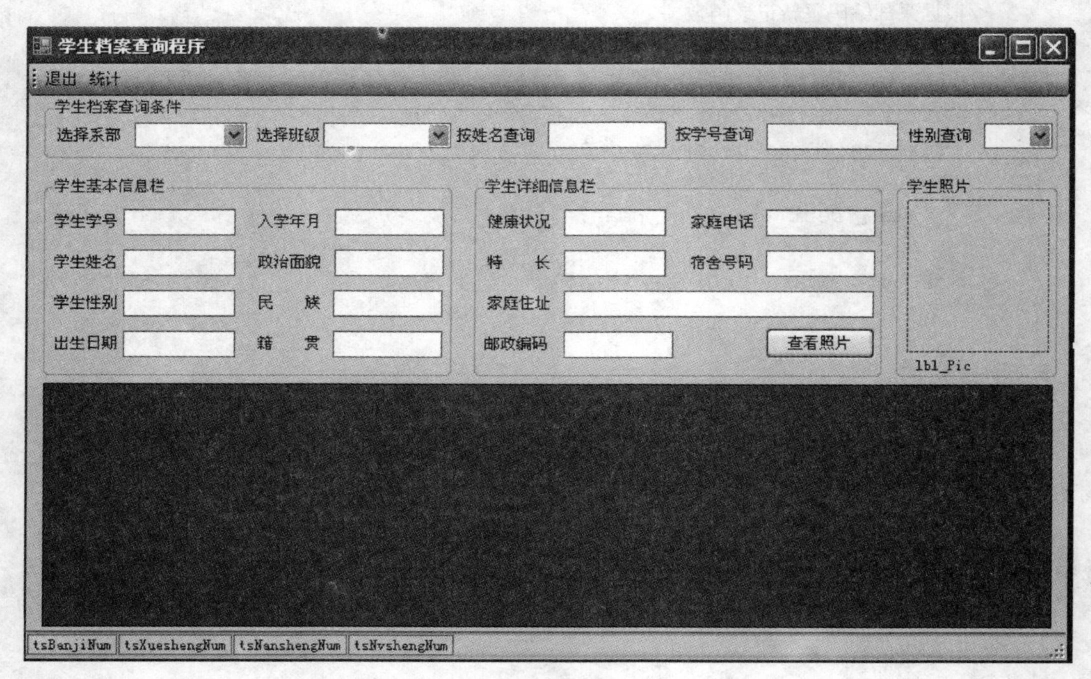

图 6-6　学生档案查询程序设计界面

2）引用命名空间，添加相关控件的事件代码。根据程序要求，系部名称发生变化时，班级名称随着发生变化，所以需要编写系部控件 cboXiBu 的 SelectedIndexChanged 事件，使得班级名称动态变化。查询条件班级、姓名、学号、性别发生变化时都需要重新进行查询，所以分别需要编写姓名、学号文本框的 TextChanged 事件和班级、性别组合框的 SelectedIndexChanged 事件，实现查询结果的实时变化。

① 程序中多次用到数据库连接对象，所以将其定义在函数体外供所有函数调用。

```
SqlConnection con = new SqlConnection("Data Source=(local)
                                    ;Initial Catalog=StudentSys
                                    ;Integrated Security=True ");
```

② 在窗体加载事件中添加必要的代码。

```
private void Chaxun_Load(object sender, EventArgs e)
{
    //置查询窗体打开标志为 True
    Form_Main.bChaxunIsOpen = true;
```

```
    // 调用函数绑定班级和系部组合框
    BindBanji();
    BindXibu();
}
private void BindBanji()
{
    con.Open();
    string strSQL = "select Class_Name,Class_Id from tblClass";
    SqlDataAdapter dp = new SqlDataAdapter(strSQL, con);
    con.Close();
    DataSet DS = new DataSet();
    dp.Fill(DS, "tblClass");
    cboBanji.DataSource = DS.Tables[0];
    //将班级组合框显示属性绑定到班级名称字段
    cboBanji.DisplayMember = "Claas_Name";
    //学号和班级编码有关，所以将班级组合框值属性绑定到班级编码字段
    cboBanji.ValueMember = "Class_Id";
}
private void BindXibu()
{
    //系部绑定代码与班级绑定代码类似，这里省略
}
```

③ 在窗体关闭事件中添加必要的代码。

```
private void Chaxun_FormClosing(object sender, FormClosingEventArgs e)
{
    //窗体关闭时置查询窗体打开标志为 False
    Form_Main.bChaxunIsOpen = false;
}
```

④ 实现工具栏“关闭”按钮功能。

```
private void toolStripButton1_Click(object sender, EventArgs e)
{
    this.Close();
}
```

⑤ 编写代码实现绑定的班级随系部变化而变化。

```
private void cboXibu_SelectedIndexChanged(object sender, EventArgs e)
{
    con.Open();
    string strSQL = "select Class_Name,Class_Id
                     from tblClass
                     where Class_DeptID='";
    strSQL += cboXibu.SelectedValue.ToString();
    strSQL += "'";
    SqlDataAdapter dp = new SqlDataAdapter(strSQL, con);
```

```
        con.Close();
        DataSet DS = new DataSet();
        dp.Fill(DS, "tblClass");
        //班级组合框的Name属性为"cboBanji"
        cboBanji.DataSource = DS.Tables[0];
        cboBanji.DisplayMember = "Class_Name";
        cboBanji.ValueMember = "Class_Id";
    }
```

⑥ 学生档案查询程序的任何一个查询条件发生变化都需要重新查询学生信息，程序设计中有 5 个查询条件，查询原理一样，将其编写为一个函数。

```
    private void Chaxun()
    {
        con.Open();
        //根据查询要求构造查询SQL语句，语句说明参考第5章内容
        string strSQL = "select tblStudent.Stu_No as 学生学号
                                 ,Stu_Name as 学生姓名
                                 ,Sex_Name as 性别
                                 ,Stu_Birth as 出生日期
                                 ,Nation_Name as 民族
                                 ,NtvPlc_Name as 籍贯
                                 ,Party_Name as 政治面貌
                                 ,Stu_Enroll as 入学年月
                                 ,Stu_Photo as 照片
                                 ,Stu_Health
                                 ,Stu_Skill
                                 ,Stu_Dorm
                                 ,Stu_Phone
                                 ,Stu_ZipCode
                                 ,Stu_Addr
                         from tblStudent
                              ,tblParty
                              ,tblSex
                              ,tblClass
                              ,tblNtvPlc
                              ,tblNation
                         where Stu_Party=Party_ID
                               and Stu_Class=Class_ID
                               and Stu_sex=Sex_Id
                               and NtvPlc_ID=Stu_NtvPlc
                               and Nation_ID=Stu_Nation ";
        //判断班级查询条件是否为空,若不为空添加班级查询条件
        if (cboBanji.Text.ToString() != string.Empty)
        {
            strSQL += " and Class_Name='";
            strSQL += cboBanji.Text.ToString();
```

```
    strSQL += "'";
}
//判断姓名查询条件是否为空,若不为空添加姓名查询条件
if (txtXingming.Text.ToString() != string.Empty)
{
    strSQL += "and Stu_Name like '";
    strSQL += txtXingming.Text.ToString();
    strSQL += "%'";
}
//判断学号查询条件是否为空,若不为空添加学号查询条件
if (txtXuehao.Text.ToString() != string.Empty)
{
    strSQL += "and Stu_No like'";
    strSQL += txtXuehao.Text.ToString();
    strSQL += "%'";
}
if (cboXingbie.Text.ToString() != string.Empty)
{
    strSQL += "and Stu_Sex='";
    strSQL += cboXingbie.SelectedIndex;
    strSQL += "'";
}
SqlDataAdapter dp = new SqlDataAdapter(strSQL, con);
DataSet DS = new DataSet();
dp.Fill(DS, "Chaxun");
con.Close();
//将查询结果绑定到 DataGridView 控件
dataGridView_DA.DataSource = DS.Tables["Chaxun"];
//为了简洁起见，在 DataGridView 控件中隐藏学生详细信息
for (int i = 8; i < 17; i++)
    dataGridView_DA.Columns[i].Visible = false;
//将查询到的学生基本信息绑定到基本信息栏中对应的 TextBox 控件
txt1Xuehao.DataBindings.Clear();
txt1Xuehao.DataBindings.Add("Text", DS.Tables[0], "学生学号");
txt1Xingming.DataBindings.Clear();
txt1Xingming.DataBindings.Add("Text", DS.Tables[0], "学生姓名");
txt1Ruxuerq.DataBindings.Clear();
txt1Ruxuerq.DataBindings.Add("Text", DS.Tables[0], "入学年月");
txt1Shengri.DataBindings.Clear();
txt1Shengri.DataBindings.Add("Text", DS.Tables[0], "出生日期");
txt1Xingbie.DataBindings.Clear();
txt1Xingbie.DataBindings.Add("Text", DS.Tables[0], "性别");
txt1Minzu.DataBindings.Clear();
txt1Minzu.DataBindings.Add("Text", DS.Tables[0], "民族");
txt1zhengmao.DataBindings.Clear();
txt1zhengmao.DataBindings.Add("Text", DS.Tables[0], "政治面貌");
txt1Jiguan.DataBindings.Clear();
```

```
    txt1Jiguan.DataBindings.Add("Text", DS.Tables[0], "籍贯");
    //将查询到的学生详细信息绑定到详细信息栏中对应的TextBox控件上
    txt2Jiankang.DataBindings.Clear();
    txt2Jiankang.DataBindings.Add("Text", DS.Tables[0], "Stu_Health");
    txt2Techang.DataBindings.Clear();
    txt2Techang.DataBindings.Add("Text", DS.Tables[0], "Stu_Skill");
    txt2Sushe.DataBindings.Clear();
    txt2Sushe.DataBindings.Add("Text", DS.Tables[0], "Stu_Dorm");
    txt2Dianhua.DataBindings.Clear();
    txt2Dianhua.DataBindings.Add("Text", DS.Tables[0], "Stu_Phone");
    txt2Youbian.DataBindings.Clear();
    txt2Youbian.DataBindings.Add("Text", DS.Tables[0], "Stu_ZipCode");
    txt2Zhuzhi.DataBindings.Clear();
    txt2Zhuzhi.DataBindings.Add("Text", DS.Tables[0], "Stu_Addr");
    //将学生照片路径绑定到Label控件上,供PictureBox控件显示照片使用
    lbl_pic.DataBindings.Clear();
    lbl_pic.DataBindings.Add("Text", DS.Tables[0], "照片");
}
```

⑦ 按条件查询学生信息。

```
//班级查询条件变化时调用查询函数
private void cboBanji_SelectedIndexChanged(object sender, EventArgs e)
{
    if (cboBanji.Text.ToString() != string.Empty)
        Chaxun();
}
//姓名查询条件变化时调用查询函数
private void txtXingming_TextChanged(object sender, EventArgs e)
{
    if (txtXingming.Text.ToString() != string.Empty)
        Chaxun();
}
//学号查询条件变化时调用查询函数
private void txtXuehao_TextChanged(object sender, EventArgs e)
{
    if (txtXuehao.Text.ToString() != string.Empty)
        Chaxun();
}
//性别查询条件变化时调用查询函数
private void cboXingbie_SelectedIndexChanged(object sender, EventArgs e)
{
    if (cboXingbie.Text.ToString() != string.Empty)
        Chaxun();
}
```

⑧ 实现程序统计功能。

```
private void tsTongji_Click(object sender, EventArgs e)
{
    //统计班级数
    string strSQL = "Select count(*) as 班级数
                    From tblClass
                    Where Class_DeptID='";
    strSQL += cboXibu.SelectedValue.ToString();
    strSQL += "'";
    //涉及到多次统计查询，所以将查询语句执行过程提炼为一个查询函数
    tsBanji.Text = cboXibu.Text.ToString()
                + "班级数为："
                + Tongji(strSQL);
    //统计班级人数
    strSQL = "Select count(*) from tblStudent where Stu_Class='";
    strSQL += cboBanji.SelectedValue.ToString();
    strSQL += "'";
    tsXuesheng.Text = cboBanji.Text.ToString()
                    + "学生总人数为："
                    + Tongji(strSQL);
    //统计男生人数
    strSQL = " Select count(*) from tblStudent where Stu_Class='";
    strSQL += cboBanji.SelectedValue.ToString();
    strSQL += "' and Stu_Sex='1'";
    tsNansheng.Text = cboBanji.Text.ToString()
                    + "班男生人数为："
                    + Tongji(strSQL);
    //统计女生人数
    strSQL = "Select count(*) from tblStudent where Stu_Class='";
    strSQL += cboBanji.SelectedValue.ToString();
    strSQL += "' and Stu_Sex='2'";
    tsNvsheng.Text = cboBanji.Text.ToString()
                   + "班女生人数为："
                   + Tongji(strSQL);
}
//执行统计查询语句函数，函数返回值为统计的结果
private string Tongji (string strSQL)
{
    string tongji="";
    con.Open();
    SqlCommand cmd = new SqlCommand(strSQL, con);
    SqlDataReader reader = cmd.ExecuteReader();
    if (reader.Read())
        tongji = reader.GetValue(0).ToString();
    reader.Close();
    con.Close();
    return tongji;
}
```

⑨ 为“查看照片”按钮单击事件添加代码，以实现照片浏览功能。

```
private void btn_Pic_Click(object sender, EventArgs e)
{
    //调用 PictureBox 控件的 Load()方法加载照片
    picXuesheng.Load(lbl_pic .Text .ToString ());
}
```

5．项目测试

1）运行程序，组合各种条件进行查询，观察档案查询结果是否正确。

2）单击“查看照片”按钮，观察学生照片是否能正确显示。

6．项目小结

1）本查询程序是前面所学数据库访问知识的一个综合应用，涉及多条件组合查询，查询语句不同，但查询的步骤一样，考虑代码重用和优化问题，应考虑用函数实现查询。

2）学生照片用图片控件显示，图片控件的图片需要用加载的方式动态载入，所以将学生照片首先绑定到一个 Label 控件的 Text 上，然后调用图片控件的加载方法动态加载图片。

工作任务 18　设计学生档案录入程序

1．项目描述

学生档案录入程序是学生信息管理系统的一部分，该模块实现学生档案的录入工作，如图 6-7 所示。

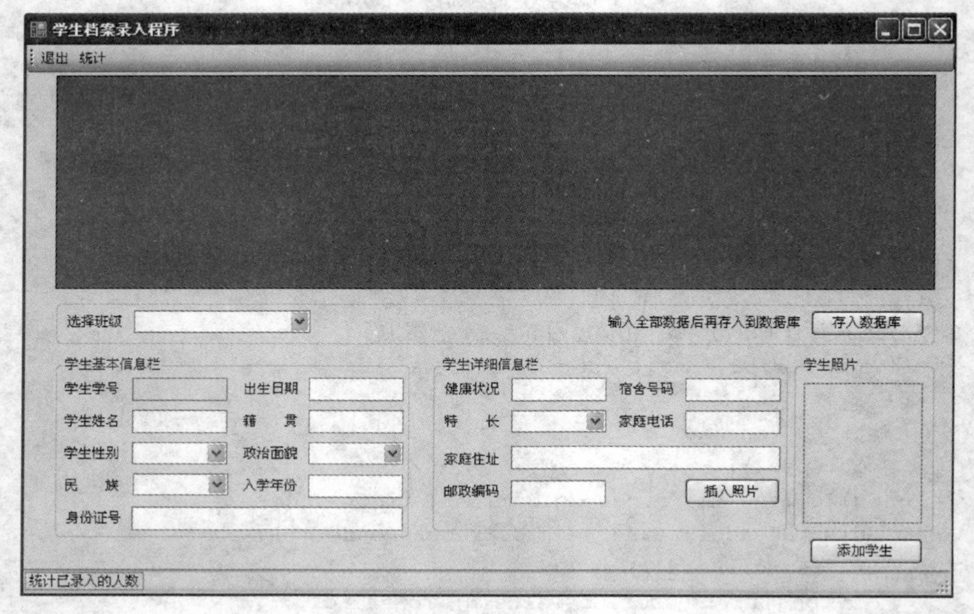

图 6-7　学生档案录入程序界面

2．相关知识

本项目的实现，涉及 Command 对象的属性和方法的使用，通过该项目的开发，进一步熟悉数据访问对象的使用方法。

3．项目设计

以班级为单位批量输入学生信息。首先将学生基本信息输入到文本框，并加载学生照片，输入完毕后将学生信息暂存到数组，用 DataGridView 控件显示。检查修改学生信息，待确认无误后以班级为单位批量录入学生信息。学生学号与班级编码有关，按姓氏排序，所有学生学号通过算法自动生成。

4．项目实施

1）创建项目，完善窗体，如图 6-7 所示。

2）编写程序代码实现程序功能。

① 设计存放学生信息的学生类，该类定义了若干个属性存放学生的姓名、入学年月等一系列信息。类结构与第 3 章创建的学生类类似，在此不再重复，代码放在单独的类文件 student.cs 中，其余功能代码存放在录入窗体类中。

② 定义一些学生档案录入窗体类成员变量供实现程序功能的函数调用。

```
//定义统计已录入学生人数的变量
int Sum = 0;
//定义数据库连接对象
SqlConnection con = new SqlConnection("Data Source=(local)
                                       ;Initial Catalog=StudentSys
                                       ;Integrated Security=True ");
//定义统计数组元素个数的变量
int N = 0;
//定义存放学生信息的数组
Student[] stu = new Student[60];
```

③ 在窗体加载事件中为相关控件绑定数据。

```
private void Form_ALuru_Load(object sender, EventArgs e)
{
    Form_Main.bDALuruIsOpen = true;
    //调用绑定函数为"班级"组合框绑定数据
    BindBanji();
    //调用绑定函数为"性别"组合框绑定数据
    BindXingbie();
    //调用绑定函数为"政治面貌"组合框绑定数据
    BindZhengmao();
}
//绑定班级函数
private void BindBanji()
{
    con.Open();
    string strSQL = "select Class_Name,Class_Id from tblClass";
    SqlDataAdapter dp = new SqlDataAdapter(strSQL, con);
    con.Close();
    DataSet DS = new DataSet();
```

```
    dp.Fill(DS, "tblClass");
    cboBanji.DataSource = DS.Tables[0];
    //将"班级"组合框显示属性绑定到班级名称字段
    cboBanji.DisplayMember = "Claas_Name";
    //学号和班级编码有关，所以将"班级"组合框值属性绑定到班级编码字段
    cboBanji.ValueMember = "Class_Id";
}
//性别和政治面貌绑定函数与班级绑定函数类似，在此省略，可以留作学生课后练习内容
```

④ 编写“插入照片”按钮单击事件代码实现照片录入功能。

```
private void btn_AddPic_Click(object sender, EventArgs e)
{
    //设置"打开文件"对话框属性
    openFileDlg_Photo.Filter = "所有文件(*.*)|*.*
                               |JPG格式(*.JPG)|*.JPEG
                               |BMP文件(*.bmp)|*.bmp";
    openFileDlg_Photo.FilterIndex = 1;
    if (openFileDlg_Photo.ShowDialog()== DialogResult.OK)
    {
       //加载照片到PictureBox控件进行显示
       picXuesheng.Load(openFileDlg_Photo.FileName);
    }
    //设置"保存文件"对话框属性
    System.IO.FileStream fo =(System.IO.FileStream)openFileDlg_Photo.OpenFile();
    saveFileDlg_Photo.Filter = "JPeg Image|*.jpg
                               |Bitmap Image|*.bmp
                               |Gif Image|*.gif";
    saveFileDlg_Photo.CreatePrompt = true;
    saveFileDlg_Photo.OverwritePrompt = true;
    //将文件保存到指定位置
    if (saveFileDlg_Photo.ShowDialog() == DialogResult.OK)
    {
        //将照片加载到指定位置，建议照片用学号或身份证号命名
        System.IO.FileStream fs =
                (System.IO.FileStream)saveFileDlg_Photo.OpenFile();
        fo.CopyTo(fs);
        fs.Close();
    }
    fo.Close();
}
```

⑤ 编写“添加学生”按钮单击事件代码将学生信息录入到数组。

```
private void btn_OK_Click(object sender, EventArgs e)
{
    //将录入的信息暂存到数组
    stu[N] = new Student();
```

```
        stu[N].XingMing = txt1Xingming.Text.ToString();
        stu[N].XingBie = cboXingbie.SelectedValue.ToString();
        stu[N].ShengRi = txt1Shengri.Text.ToString();
        stu[N].RuxueNianyue = txt1Ruxuerq.Text.ToString();
        stu[N].ZhengzhiMianmao = cboParty.SelectedValue.ToString();
        stu[N].MinZu = cboMinzu.Text.ToString();
        stu[N].JiGuan = txt1Jiguan.Text.ToString();
        stu[N].JianKang = txt2Jiankang.Text.ToString();
        stu[N].Tel = txt2Dianhua.Text.ToString();
        stu[N].TeChang = cboTechang.Text.ToString();
        stu[N].Sushecode = txt2Sushe.Text.ToString();
        stu[N].Zhuzhi = txt2Zhuzhi.Text.ToString();
        stu[N].Zipcode = txt2Youbian.Text.ToString();
        stu[N].Identity = txt1Identity.Text.ToString();
        //取照片的相对路径存放到数组
        stu[N].Stu_Photo = picXuesheng.ImageLocation.ToString();
        N++;
        //将录入的信息绑定到DataGridView控件中
        dgvCHenji.DataSource = stu;
    }
```

⑥ 编写“保存到数据库”按钮单击事件代码完成学生信息批量录入到数据库功能。

```
    private void btnSave_Click(object sender, EventArgs e)
    {
        //调用排序函数对已经录入的学生信息进行排序
        sort();
        dgvCHenji.DataSource = stu;
        dgvCHenji.Refresh();
        //调用保存函数将已经录入的学生信息保存到数据库
        Save_toDB();
        //输出信息保存数据库成功提示信息
        MessageBox.Show("保存成功，请重新选择要输入的班级!");
    }
    //用擂台法对学生数组按姓名升序排列
    private void sort()
    {
        for (int i=0;i<N-1;i++)
        {
            int k=i;
            for (int j=i+1; j<N;j++)
                if (string.Compare(stu[i].XingMing,stu[j].XingMing)>0)
                    k=j;
            if (k!=i)
            {
                Student s=new Student();
                s=stu[i];
```

```
            stu[i] = stu[k];
            stu[k] = s;
        }
}
//定义函数将学生信息批量保存到数据库
private void Save_toDB()
{
    //统计已录入的学生数
    Sum += N;
    con.Open();
    string strStu = "";
    SqlCommand cmd = new SqlCommand();
    cmd.Connection = con;
    for (int i = 0; i < N; i++)
    {
        //构造写数据库 SQL 语句
        strStu = "insert into tblStudent(Stu_No
                                        ,Stu_Name
                                        ,Stu_Sex
                                        ,Stu_Birth
                                        ,Stu_Enroll
                                        ,Stu_Party
                                        ,Stu_Nation
                                        ,Stu_NtvPlc
                                        ,Stu_Class)
                    values('";
        //由班级编码生成学生学号前缀
        strStu += cboBanji.SelectedValue;
        if (i < 9)
        {
            strStu += "0";
            strStu += Convert.ToString(i + 1);
        }
        else
            strStu += Convert.ToString(i + 1);
        strStu += "','";
        //从 DataGridView 控件依次读取已录入的学生信息
        strStu += dgvCHenji.Rows[i].Cells["XingMing"].Value.ToString();
        strStu += "','";
        strStu +=dgvCHenji.Rows[i].Cells["XingBie"].Value.ToString();
        strStu += "','";
        strStu +=dgvCHenji.Rows[i].Cells["ShengRi"].Value.ToString();
        strStu += "','";
        strStu +=dgvCHenji.Rows[i].Cells["RuxueNianyue"]
                            .Value.ToString();
        strStu += "','";
```

```
            strStu += dgvCHenji.Rows[i].Cells["ZhengzhiMianmao"]
                                .Value.ToString();
            strStu += "','";
            strStu += dgvCHenji.Rows[i].Cells["MinZu"].Value.ToString();
            strStu += "','";
            strStu += dgvCHenji.Rows[i].Cells["JiGuan"].Value.ToString();
            strStu += "','";
            strStu += cboBanji.SelectedValue;
            strStu += "')";
            cmd.CommandText = strStu;
            cmd.ExecuteNonQuery();
        }
        //关闭数据库
        con.Close();
        //录入到数据库以后将数组元素清空，并计数清零
        for (int i = 0; i <=N ; i++)
        stu[i] = null;
        N = 0;
    }
```

⑦ 编写“统计”按钮单击事件代码完成统计功能。

```
    private void tsTongji_Click(object sender, EventArgs e)
    {
        //在状态栏显示已录入的学生人数
        tsRenshu.Text = "已录入的人数为：" + Sum.ToString();
    }
```

5．项目测试

1）运行程序，录入学生基本信息和学生照片，检查学生照片录入是否正确，是否按要求加载到指定路径。

2）编辑学生信息，检查编辑结果是否动态保存。

3）单击“存入数据库”按钮，观察学生信息是否能正确存入到数据库，学生学号生成是否正确。

6．项目小结

1） 本录入程序是前面所学知识的一个综合应用，涉及自定义类的实例化和使用，程序较为综合，通过本项目培养学生综合程序设计能力。

2）学生照片用图片控件动态载入，载入后利用文件保存对话框保存到指定位置。文件对话框没有提供文件保存的功能，需要使用文件流类的属性和方法实现照片的复制和保存。

工作任务 19　设计学生档案维护程序

1．项目描述

学生档案维护程序是学生信息管理系统的一部分，该模块实现学生档案的维护工作，如

图 6-8 所示。

图 6-8　学生档案维护程序界面

2．相关知识

本项目的实现，涉及 DataSet 对象、DataRelation 对象的复杂属性和方法的使用，通过该项目的开发，进一步熟悉数据访问对象的高级使用。

3．项目设计

通过两个 BindingSource 控件分别绑定到班级表和学生表，以显示班级和学生信息。利用 DataRelation 对象实现主从表操作，在班级表和学生表之间建立主从关系，使得学生信息显示随选定班级而变化。添加一个新的 DataGridView 控件 dataGridViewBJ 显示相关编码的含义，该控件的内容应随着学生信息列的选择而变化。学生信息维护完毕可以保存。

4．项目实施

1）创建项目，如图 6-8 所示完善窗体。

2）编写程序代码实现程序功能。

① 定义一些学生档案维护窗体类成员变量供实现程序功能的函数调用。

```
SqlConnection con = new SqlConnection("Data Source=(local)
                                       ;Initial Catalog=StudentSys
                                       ;Integrated Security=True ");
//定义维护班级和学生信息表的 DataAdapter 对象
SqlDataAdapter masterDataAdapter = null;
SqlDataAdapter detailsDataAdapter = null;
DataSet DS = null;
DataTable myTabel = null;
//定义变量 Y 记录显示学生信息的 DataGridView 控件的选定单元格的列号
int Y = 0;
```

② 在窗体加载函数中编写代码初始化相关变量。

```
private void Luru_Load(object sender, EventArgs e)
```

```
{
    Form_Main.bLuruIsOpen = true;
    //调用绑定函数为系部组合框绑定数据
    BindXibu();
    //将班级 DataGridView 控件绑定到对应的 BindingSource 控件
    dataGridViewBJ.DataSource = bindingSourceBJ;
    //隐藏班级表的第一列和第三列,仅显示班级名称
    dataGridViewBJ.Columns[0].Visible = false;
    dataGridViewBJ.Columns[2].Visible = false;
    //将学生信息 DataGridView 控件绑定到对应的 BindingSource 控件
    dataGridViewXS.DataSource = bindingSourceXS;
}
private void BindXibu()
{
    con.Open();
    string strSQL = "select Dept_Name from tblDept";
    SqlDataAdapter dp = new SqlDataAdapter(strSQL, con);
    con.Close();
    DataSet DSXibu = new DataSet();
    dp.Fill(DSXibu, "tblDept");
    cboXibu.DataSource = DSXibu.Tables[0];
    cboXibu.DisplayMember = "Dept_Name";
}
```

③ 编写代码实现系部、班级、学生和编码信息的同步变化，代码分别放在选择系部列表框的 SelectedIndexChanged 事件和学生信息显示 DataGridview 控件的单元格单击事件中。

```
//在选择系部列表框的 SelectedIndexChanged 事件中实现班级、学生信息的同步显示
private void cboXibu_SelectedIndexChanged(object sender, EventArgs e)
{
    con.Open();
    //填充数据
    string strSQL = "select Class_ID,Class_Name,Dept_Name
                    from tblClass,tblDept
                    where Class_Dept=Dept_Id";
    DS = new DataSet();
    masterDataAdapter = new SqlDataAdapter(strSQL, con);
    masterDataAdapter.Fill(DS, "tblClass");
    //利用 BindingSource 控件的 Filter 属性筛选指定系部的班级
    string strFilter = "Dept_Name='";
    strFilter += cboXibu.Text.ToString();
    strFilter += "'";
    bindingSourceBJ.Filter = strFilter;
    //填充学生表
    detailsDataAdapter=new SqlDataAdapter("select*from tblStudent",con);
    detailsDataAdapter.Fill(DS, "tblStudent");
    myTabel = DS.Tables["tblStudent"];
    con.Close();
    //通过班级编码字段建立班级表与学生表之间的主从关系
```

```
    DataRelation relation = new DataRelation("BanjiXuesheng"
                    ,DS.Tables["tblClass"].Columns["Class_ID"]
                    ,DS.Tables["tblStudent"].Columns["Stu_Class"]);
    DS.Relations.Add(relation);
    //通过绑定实现班级与学生信息的同步变化
    bindingSourceBJ.DataSource = DS;
    bindingSourceBJ.DataMember = "tblClass";
    bindingSourceXS.DataSource = bindingSourceBJ;
    bindingSourceXS.DataMember = "BanjiXuesheng";
    DS.AcceptChanges();
}
//通过学生信息 DataGridView 控件单元格单击事件实现编码字段数据字典功能
private void dataGridViewXS_CellClick(object sender
                              ,DataGridViewCellEventArgs e)
{
    string strSQL="";
    int Y_new=dataGridViewXS.CurrentCell.ColumnIndex;
    //选定单元格的列发生变化时更新编码字段数据字典 DataGridView 控件
    if (Y_new != Y)
    {
        Y = Y_new;
        string Column_Name = dataGridViewXS.Columns[Y_new]
                                    .HeaderText.ToString();
        Column_Name.ToUpper();
        //通过 DataGridView 控件列名判断当前选定的列是否为编码列
        if (Column_Name.Equals("Stu_Sex"))
            strSQL ="select * from tblSex";
        if (Column_Name.Equals("Stu_Party"))
            strSQL = "select * from tblParty";
        //刷新编码字段数据字典 DataGridView 控件
        if (strSQL != "")
        {
            con.Open();
            SqlDataAdapter dp = new SqlDataAdapter(strSQL, con);
            con.Close();
            DataSet DSBianma = new DataSet();
            dp.Fill(DSBianma, "BianMa");
            dataGridViewBM.DataSource = DSBianma.Tables[0];
        }
    }
}
```

④ 编写按钮单击事件代码，保存对学生信息的修改。

```
private void tsSave_Click(object sender, EventArgs e)
{
    SqlCommandBuilder cmb = new SqlCommandBuilder(detailsDataAdapter);
    detailsDataAdapter.Update(myTabel);
    MessageBox.Show("修改已保存！");
}
```

5．项目测试

1）运行程序，检查学生信息和班级信息、编码信息是否保持了一致。

问题：程序编写完毕不能运行，出现不能建立主从表关系的错误。

原因：数据库主从表约束不完整，请修改数据以确保主从表数据完全满足参照完整性约束的要求。

2）编辑学生信息，检查编辑结果是否能够保存。

6．项目小结

使用 DataRelation 对象实现表之间的约束关系，其使用步骤如下。

1）定义主表 DataColumn 对象。

2）定义从表 DataColumn 对象。

3）实例化 DataRelation 对象。

4）将 DataRelation 对象添加到 DataSet 对象，实现主从表关联。

本章小结

本章重点介绍了 C#数据库应用程序的设计，内容包括数据库应用程序的设计步骤、设计方法以及数据访问对象和控件的使用；结合相关内容介绍，完成了学生档案管理系统中学生档案查询程序、学生档案录入程序、学生档案维护程序和班级编码维护程序，以及用户登录程序的设计。主要内容如下。

1．数据库应用程序的设计步骤

数据库应用程序的设计步骤主要包括 4 个。

1）创建工程。

2）添加窗体。

3）界面设计。

4）功能实现。

2．ADO.NET 数据访问技术

ADO.NET 数据访问对象包括 Connection 对象、Command 对象、DataReader 对象、DataAdapter 对象、DataSet 对象和 CommandBuilder 对象。

利用 ADO.NET 编程的步骤如下。

1）引用 SQL Server .NET 类库命名空间。

2）定义 ADO.NET 对象。

3）窗体加载初始化事件驱动程序设计。

4）控件绑定函数设计。

5）数据界面控件的属性设置。

3．学生档案管理系统设计

1）学生档案查询程序设计。

2）学生档案录入程序设计。

3）学生档案维护程序设计。

4）系部编码表维护程序设计。

5）用户登录程序设计。

习题 6

1．如何使用 Connection 对象打开、关闭数据库连接？请针对 Access 2003 和 SQL Server 2005 数据库各举一实例说明。

2．利用 Command 对象为 StudentSys 数据库的 tblClass 表增加一个值为（“1000221”，“机制 10021”，“2008”，“机制”，“2”，“35”，“133”，“2”，“50”）的新班级。

3．编写程序利用 DataReader 对象读出 StudentSys 数据库中的 tblSex 数据表中所有的记录，读取的记录用 Label 控件格式化输出。

4．使用 DataSet 对象编写程序读取 StudentSys 数据库中的 tblStudent 数据表的前 10 条记录，读取的记录用 Label 控件格式化输出。

5．将数据库 StudentSys 中的 tblClass 数据表中前 15 条记录装入内存数据库 DataSet 对象中，生成一张“班级表”，为“班级表”增加一条新记录，删除“班级表”第 5 条记录，更新“班级表”第 8 条记录“Class_Num”字段的值为 54，利用 DataAdapter 对象将对“班级表”的操作更新到 tblClass 表中。

6．利用 CommandBuilder 对象优化题 5 中从内存数据库写到物理数据库的代码。

7．从数据库 StudentSys 的 tblStudent 数据表中筛选出姓“王”、“2002”入学的所有同学，编程读取筛选结果，并按班级编码由高到低显示出来。

8．C#数据库应用程序结构由哪两类控件组成？

9．简述使用 ADO.NET 对象访问数据库的步骤。

10．简述 DataSet 对象的结构。

11．用代码为 DataGridView 控件绑定数据集有几种方式？举例说明每种方式的代码。

12．DataGridView 控件通过什么属性获得选定的单元格、行和列？

13．简述 BindingSource 控件的作用。

14．列举 4 种能进行数据绑定的程序界面设计控件，这些控件通过何种属性进行数据绑定？如何绑定到字段？

15．简述数据库应用程序的设计步骤。

实验 6

1．设计学生成绩录入程序。要求由班级编码表 tblClass 选择学生表，选择好学年和学期后，单击“开始录入”按钮用 DataGridView 控件显示该班本学期全部考核课程和学生名单，成绩录入完毕单击“录入成绩”按钮将成绩录入到数据库。

2．设计成绩表维护程序，该程序能显示、修改和删除成绩表的记录。

3．设计成绩表统计、查看程序。要求能按班级、姓名、学号查看成绩，成绩能按单科、总分、均分、积点分进行排序，能够统计单科、所有科目不及格人数、优秀人数以及各分数段人数，能够计算班级平均分。

第 7 章　C#窗体应用程序高级控件

本章重点介绍 C#窗体应用程序的高级控件，包括日期时间控件、树型控件、进度条控件、分页查询控件和列表控件，这些控件能够实现功能更加复杂的窗体应用程序。学完本章后，读者应掌握 Windows 窗体高级实用程序的设计方法。

理论知识

7.1　日期控件（MonthCalendar）

7.1.1　MonthCalendar 控件

MonthCalendar 控件为用户查看和设置日期信息提供了一个直观的图形界面，该控件以网格形式显示日历。网格包含了月份的编号和日期，这些日期排列在周一到周日下的 7 个列中，并且突出显示选定的日期范围。用户可以单击月份标题任何一侧的箭头按钮来选择不同的月份，允许选择多个日期。

1．MonthCalendar 控件的作用

MonthCalendar 是供用户选择和输入日期的控件。

2．MonthCalendar 控件的位置

选择"工具箱"→"公共控件"→"MonthCalendar"，即可拖曳该控件至设计窗体中。

3．MonthCalendar 控件的常用属性

MonthCalendar 控件的常用属性如表 7-1 所示。

表 7-1　MonthCalendar 控件的常用属性

属　性	说　明
ShowToday	该属性设置为 True 时，在网格的底部显示今天的日期
ShowWeekNumbers	该属性设置为 True 时，在日历中添加周编号
CalendarDimensions	设置可以水平和垂直显示的月份个数
FirstDayOfWeek	设置星期几为每周的第一天，默认星期日为一周的第一天
SelectionRange	设置控件中选定的日期范围。SelectionRange 值不能超过 MaxSelectionCount 属性中设置的最大可选择天数。用户可以选择的最早和最晚日期由 MaxDate 和 MinDate 属性确定
SelectionStart	获取或设置所选日期范围的开始日期
SelectionEnd	获取或设置所选日期范围的结束日期
BoldedDates	设置 DateTime 对象，将某些日期设置为粗体
AnnuallyBoldedDates	设置每年以粗体显示的日期
MonthlyBoldedDates	设置每月以粗体显示的日期

MonthCalendar 的一个重要功能是用户可以选择日期的范围。此功能是对 DateTime Picker 控件（第 7.1.2 节介绍）日期选择功能的一个改进，后者只允许用户选择单个日期/时间值。

4．MonthCalendar 控件的常用事件

DateChanged()事件：当 MonthCalendar 控件选中的日期发生变化时触发该事件。

【例 7-1】 利用 MonthCalendar 控件选中一个日期范围，用 Label 控件显示选中的天数。

新建一个 Windows 应用程序，在窗体上放置一个 MonthCalendar 控件和一个 Label 控件，设置 MonthCalendar 控件的 SelectionRange 属性为 2008-9-21，2014-4-23，打开事件窗口，为 MonthCalendar 控件添加 DateChanged 事件，为事件编写代码如下：

```
private void monthCalendar1_DateChanged(object sender, DateRange
EventArgs e)
   {
     label1 .Text ="您选择了"+Convert .ToString
        (monthCalendar1. SelectionEnd .Year )+"年"
        +Convert.ToString(monthCalendar1.SelectionEnd.Month ) + "月"
        +Convert.ToString (monthCalendar1.SelectionStart.Day)+"号到"
        +Convert.ToString (monthCalendar1 .SelectionEnd.Day) +"号，一
        共是："+Convert .ToString (monthCalendar1 .SelectionEnd .Day-
              monthCalendar1.SelectionStart .Day+1 ) +"天";
   }
```

运行程序，结果如图 7-1 所示。

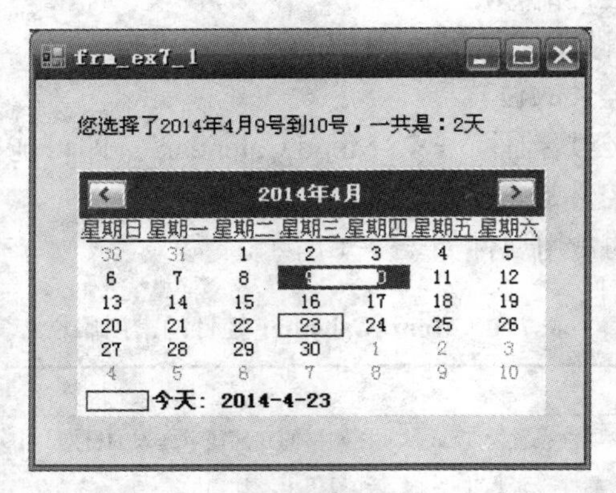

图 7-1 MonthCalendar 控件日期选择程序运行结果

7.1.2 DateTimePicker 控件

DateTimePicker 控件使用户可以从日期或时间列表中选择单个项。用来表示日期时显示为两部分：一个下拉列表（带有以文本形式表示的日期）和一个网格（单击列表旁边的向下箭头时显示）。网格类似于允许选择多个日期的 MonthCalendar 控件。

1．DateTimePicker 控件的常用属性

DateTimePicker 控件的常用属性如表 7-2 所示。

表 7-2　DateTimePicker 控件的常用属性

属　性	说　明
ShowUpDown	确定是否使用 up-down 控件调整日期/时间值，默认为 False
ShowCheckBox	属性设置为 True 时，控件中选定日期旁边显示一个复选框，当复选框选中时，选定的日期时间值可以更新
MaxDate	确定显示日期的最大值
MinDate	确定显示日期的最小值
Value	设置或返回控件的日期和时间，默认设置为当前日期，返回类型为 DateTime
Format	有如下 4 种选择。 Long：显示日期和星期 Short：显示日期 Time：显示时间 Custom：自定义格式，必须将 CustomFormat 属性设置为适当的字符串

CustomFormat 属性设置举例如下。

1）"ddd dd MMM yyyy"　　//"Sun 15 Feb 2009"

2）"'Today is:' hh:mm:ss dddd MMMM dd, yyyy"　//英语（美国）区域显示形如"Today is: 05:30:31 Sunday Feberary 15, 2009"

注意：需要将任何不是格式字符（如"M"）或分隔符（如":"）的字符用单引号引起来。

2．DateTimePicker 控件的常用事件

CloseUp()事件：下拉日历被关闭并消失时触发该事件。

【例 7-2】 使用 DateTimePicker 控件选择日期，并以标准格式显示。

新建一个 Windows 应用程序，在窗体上放置一个 DateTimePicker 控件和一个 Label 控件用于显示选定的日期，设置 DateTimePicker 控件的 ShowUpDown 属性为"False"，Format 属性为"Short"，打开事件窗口，为 DateTimePicker 控件添加 CloseUp()事件，为事件编写代码如下：

```
private void dateTimePicker1_CloseUp(object sender, EventArgs e)
{
        label1.Text ="The selected value is " +
           dateTimePicker1.Text;
}
```

运行程序，结果如图 7-2 所示。

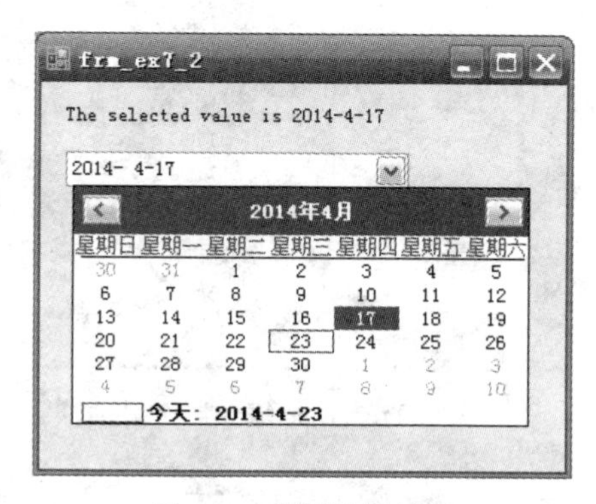

图 7-2　程序运行结果

7.2 树形控件（TreeView）

与在 Windows 操作系统资源管理器左窗格中显示文件和文件夹一样，TreeView 控件可以为用户显示节点层次结构。树视图中的各个节点可能包含其他节点，称为“子节点”。树视图能够以展开或折叠的方式显示父节点或包含子节点的节点。通过将树视图的 CheckBoxes 属性设置为“True”，可以在节点旁边显示带有复选框的树视图，通过将节点的 Checked 属性设置为“True”或“False”，可以采用编程方式来选中或清除节点。

1. TreeView 控件的常用属性

TreeView 控件的常用属性如表 7-3 所示。

表 7-3 TreeView 控件的常用属性

属　性	说　明
Nodes	树视图中的顶级节点列表
SelectedNode	设置当前选中的节点
ImageList	可显示在节点处的图像列表
ImageIndex	设置树视图中节点的默认图像
SelectedImageIndex	确定选定状态下节点显示的图像
Showlines	指定树视图的同级节点之间以及树节点和根节点之间是否有线
ShowPlusMinus	指定父节点旁边是否显示加减按钮
CheckBoxs	设置节点前是否显示复选框

2. 使用设计器为 TreeView 控件添加和移除节点

1）在“属性”面板中，单击 Nodes 属性旁的省略号按钮…。打开“TreeNode 编辑器”对话框，如图 7-3 所示。

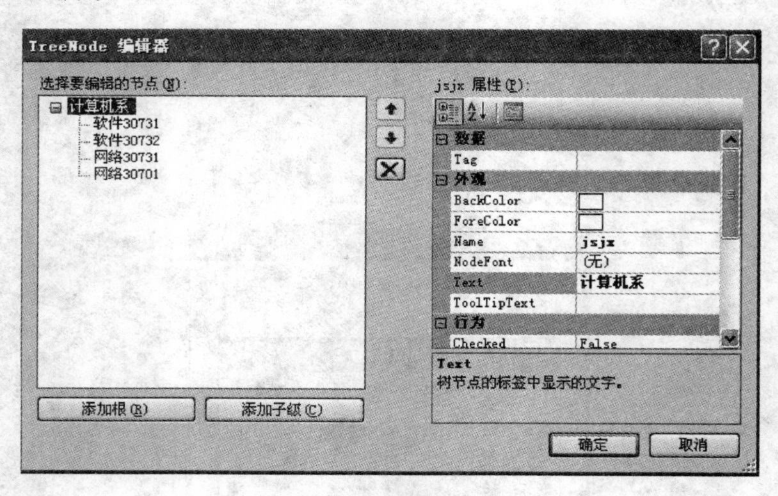

图 7-3 “TreeNode 编辑器”对话框

2）首先添加根节点，然后根据需要添加根或子节点，并修改添加的节点属性。

3）要删除节点，选择要删除的节点，然后单击“删除”按钮。

3. TreeView 控件的常用方法

1）Add()方法：为树视图添加节点，添加的节点数据类型为 TreeNode。

```
//为当前选中的节点添加一个子节点
TreeNode newNode = new TreeNode("Text for new node");
treeView1.SelectedNode.Nodes.Add(newNode);
```

2）Remove()方法：移除单个节点。

```
//删除当前选中节点
treeView1.Nodes.Remove(treeView1.SelectedNode);
```

3）Clear()方法：清除所有节点。

```
//清除所有节点
TreeView1.Nodes.Clear();
```

4）CollapsAll()方法：折叠所有树节点。

5）ExpandAll()方法：展开所有树节点。

6）GetNodeCount()方法：获取树节点总数。

4. TreeView 控件的常用事件

1）AfterSelected()：选中显示在树节点旁边的复选框触发此事件。

2）AfterCollaps()：树节点折叠时触发此事件。

3）AfterExpand()：树节点展开时触发此事件。

4）AfterSelect()：选中树节点时触发此事件。

【例 7-3】 编程为 TreeView 控件添加计算机系的所有班级，选中班级后用 Label 控件显示选中的班级名称。

新建一个 Windows 应用程序，在窗体上放置一个 TreeView 控件和一个 Label 控件，打开事件窗口，在窗体装载事件中添加代码生成树形控件。

代码如下：

```
private void Form1_Load(object sender, EventArgs e)
{
    //定义数据库连接对象
    SqlConnection connection = new SqlConnection("Data Source=(local);
                Initial Catalog=StudentSys;Integrated Security=True ");
    //定义 Command 对象
    SqlCommand command = new SqlCommand("select Class_Name from tblClass
                            where Class_Dept='30'", connection);
    connection.Open();
    //生成 DataReader 对象
    SqlDataReader reader = command.ExecuteReader();
    //定义树节点
    TreeNode node = new TreeNode("计算机系");
    //读取记录
    while (reader.Read())
    {
```

```
            node.Nodes.Add(reader.GetValue(0).ToString());
        }
        reader.Close();
        treeView1.Nodes.Add(node);
        //关闭数据库连接
        connection.Close();
    }
```

为 TreeView 控件添加 AfterSelect()事件，选中节点后用 Label 控件显示选中的节点。

```
private void treeView1_AfterSelect(object sender, TreeViewEventArgs e)
{
    label1 .Text="您选择了：" +treeView1.SelectedNode.Text.ToString();
}
```

程序运行结果如图 7-4 所示。

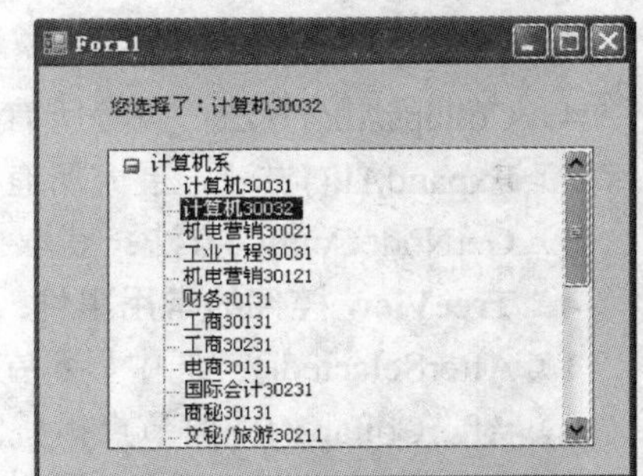

图 7-4　程序运行结果

7.3　分页控件（TabControl）

TabControl 控件显示多个选项卡，这些选项卡类似于笔记本中的分隔卡和档案柜文件夹中的标签。选项卡中可包含图片和其他控件，可以使用选项卡控件来生成多页对话框，也可以用来创建用于设置一组相关属性的属性页。

1．TabControl 控件常用属性

TabControl 控件的常用属性如表 7-4 所示。

表 7-4　TabControl 控件的常用属性

属　性	说　明
TabPages	该属性包含单独的选项卡。每一个单独的选项卡都是一个TabPage对象
ImageList	设置 TabControl 的 ImageList 控件
ImageIndex	设置选项的图像索引
Multiline	设置多行选项卡
Enabled	设置选项卡是否可用
SelectedTab	获取或设置当前选定的选项卡页

2．使用设计器向 TabControl 添加和移除选项卡

TabControl 控件放置到窗体上时默认包含两个选项卡，用户可以使用设计器来添加或移除选项卡。

方法一：在控件的智能标记上单击“添加选项卡”或“移除选项卡”，如图 7-5 所示。

方法二：在“属性”面板中单击 TabPages 属性旁边的省略号按钮…以打开“TabPage 集合编辑器”对话框。单击“添加”或“移除”按钮添加或删除选项卡，如图 7-6 所示。

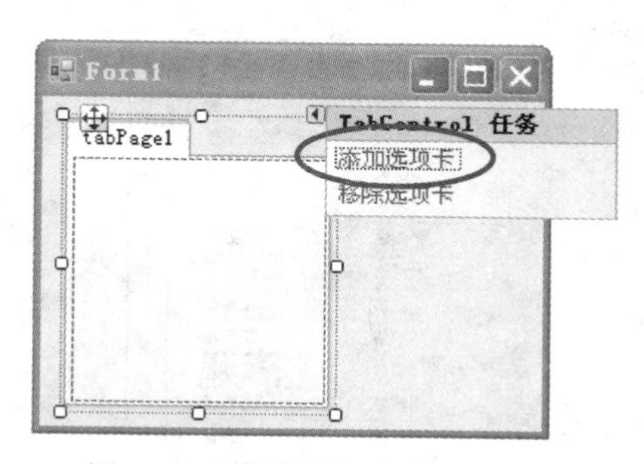

图 7-5　为窗体添加或移除选项卡

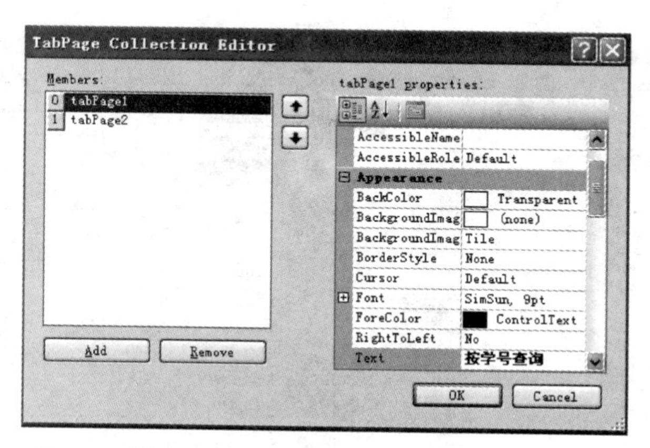

图 7-6　使用“TabPage 集合编辑器”编辑窗体选项卡

在“属性集合编辑器”中也可以设置当前页的属性。

3．使用设计器向选项卡页添加控件

1）单击适当的选项卡页以使其显示在界面最前面。

2）在选项卡页上绘制控件。

4．常用方法

1）Add()方法：使用 TabPage 对象的 Controls 属性的 Add 方法为 TabPage 添加控件；使用 TabPages 属性的 Add 方法添加 TabPage 对象。

2）Remove()方法：TabPages 属性的 Remove 方法用于移除选定的选项卡。

3）Clear()方法：TabPages 属性的 Clear 方法用于移除所有的选项卡。

5．常用事件

1）SelectedIndexChanged()：用户从一个选项卡切换到另一个选项卡时触发。

2）click()：单击选项卡时触发。

【例 7-4】 用分页控件 TabControl 设计学生档案查询程序。

用分页控件 TabControl 设计学生档案查询程序，程序运行结果如图 7-7 所示，将学生信息查询按班级、姓名和学号进行了分页。设计步骤如下。

1）程序窗体界面不重新创建，完善第 4 章创建的学生档案分页查询程序界面，为程序界面添加工具栏，在工具栏添加一个“退出”按钮。

2）添加分页控件，并添加 3 个选项卡，标题分别为“按班级查询”“按姓名查询”和“按学号查询”，通过“属性集合编辑器”的 Text 属性设置。

3）在第一个选项卡（按班级查询）内实现学生档案的按班级树形查询，具体实现参考第 7.2.2 节，由学生自行完成。

4）在第二个选项卡（按姓名查询）内实现学生档案的按姓名模糊查询，添加 Label 控件和 TextBox 控件分别用于显示提示信息和输入要查找的姓名；添加 DataGridView 控件输出查找到的学生信息。

5）在第三个选项卡（按学号查询）内实现学生档案的按学号模糊查询，添加 Label 控件和 TextBox 控件分别用于显示提示信息和输入要查找的学号；添加 DataGridView 控件输出查找到的学生信息。

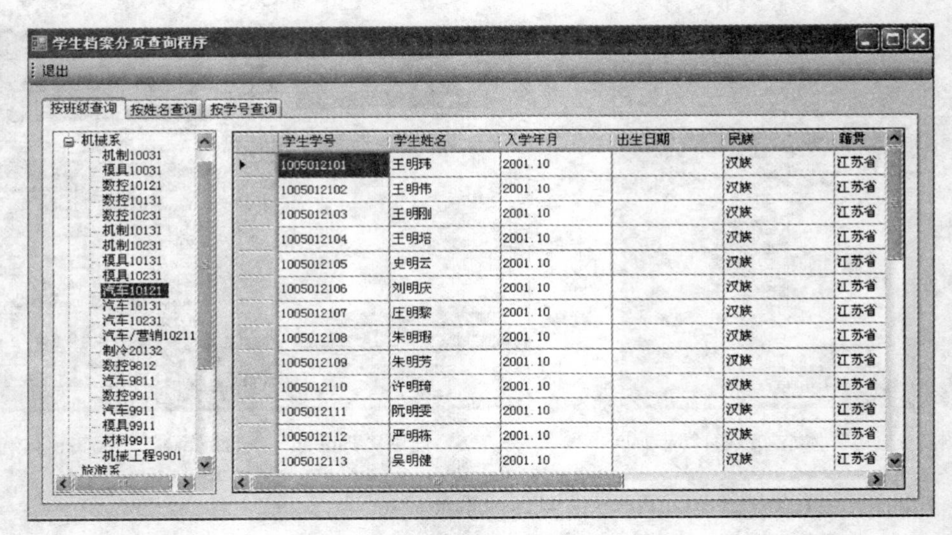

图 7-7　学生档案分页查询程序运行结果

6）第二个选项卡和第三个选项卡的按姓名和学号查询功能在第 6 章工作任务 17 设计学生档案查询程序中都有完整的实现，鉴于篇幅，在此不再重复，由学生自行完成。

7.4　进度条控件（ProgressBar）

ProgressBar 控件通过在水平条中显示相应数目的矩形来指示操作的进度。当操作完成时，进度条被填满。进度条通常用于帮助用户了解等待一项长时间的操作（如加载大文件）完成所需的时间。

1．ProgressBar 控件常用属性

ProgressBar 控件的常用属性如表 7-5 所示。

表 7-5　ProgressBar 控件的常用属性

属　性	说　明
Value	设置或返回进度条的显示值
Minimum	设置 Value 属性的最小值
Maximum	设置 Value 属性的最大值
Step	指定 Value 属性递增的值

2．ProgressBar 控件常用方法

1）PerformStep()方法，使显示值按 Step 属性中设置的数量递增。

2）Increment()方法，使显示值按指定的整数进行更改。用于多次以不同数量更改显示值的情况，如显示将一系列文件写入磁盘时所占用的硬盘空间量。

【例 7-5】 利用 ProgressBar 控件，用 3 种方式显示已复制完成的文件数。

新建一个 Windows 应用程序，在窗体上放置一个 ProgressBar 控件、一个 Label 控件、一个 Timer 控件和一个 Button 控件，分别用于显示当前进度，模拟文件复制进度和启动文件复制进程。设置 ProgressBar 控件的 Minimum 属性为“0”，Maximum 属性为“100”，Step 属性为“1”，Timer 控件的 Interval 属性为“100”，打开事件窗口，分别为窗体、按钮和定时器控件添加事件。

方法一：利用 Value 属性。

为按钮控件添加单击事件代码启动定时器控件，设置进度条控件的起始值：

```
private void button1_Click(object sender, EventArgs e)
{
    progressBar1.Value = 0;
    timer1.Enabled = true;
}
```

为定时器控件添加事件代码，使进度条控件的 Value 属性值按给定的步长自动更新：

```
private void timer1_Tick(object sender, EventArgs e)
{
   if (progressBar1.Value < progressBar1.Maximum)
    {
        progressBar1.Value += 1;
        label1.Text ="已完成："+ progressBar1.Value.ToString()+"%";
    }
}
```

在窗体加载事件中添加代码使窗体加载时定时器控件处于不活动状态：

```
private void Form1_Load(object sender, EventArgs e)
{
    timer1.Enabled = false;
}
```

方法二：调用方法PerformStep()。

按钮单击事件不变，修改定时器事件使进度按照进度条控件 Step 属性给定的值自动更新，代码如下：

```
private void timer1_Tick(object sender, EventArgs e)
{
   if (progressBar1.Value < progressBar1.Maximum)
    {
        progressBar1.PerformStep();
        label1.Text ="已完成："+ progressBar1.Value.ToString()+"%";
    }
}
```

方法三：调用Increment()方法。

按钮单击事件不变，修改定时器事件代码如下：

```
private void timer1_Tick(object sender, EventArgs e)
{
   if (progressBar1.Value < progressBar1.Maximum)
```

```
        {
            progressBar1.Increment (progressBar1.Value++ );
            label1.Text ="已完成: "+ progressBar1.Value.ToString()+"%";
        }
    }
```

程序运行结果如图 7-8 所示，单击“开始”按钮后显示程序运行进度。

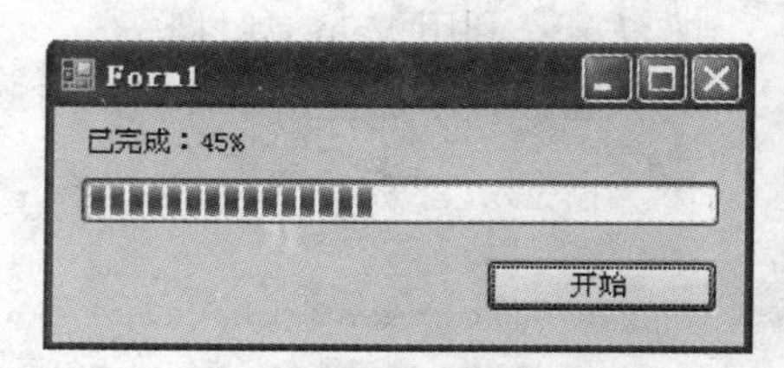

图 7-8　程序运行结果

7.5　列表控件（ListView）

ListView 控件可以用来显示各项带图标的列表，也可以用来显示带有子项的列表。使用 ListView 控件可以创建类似于 Windows 资源管理器右窗格的用户界面。ListView 控件作为一个可以显示图标或者子项的列表控件，最重要的属性就是 View 属性。该属性决定了以哪种视图模式显示控件的项。视图模式有以下 4 种。

1）LargeIcon：大图标视图模式，在项的文本旁显示大的图标，在控件宽度足够的情况下，项如图 7-9 所示，像盘符一样优先以行方式排列，排列不完的则自动换行显示在新行中。

2）SmallIcon：小图标视图模式，其与大图标模式一样，但是显示的是小图标。

3）List：列表视图模式，显示小图标，但是项是垂直排列的，只显示单列。

4）Details：详细资料视图模式，它是内容最丰富的选项，不但允许用户查看项，还允许用户查看为各项指定的任何子项。各项在网格中显示，垂直排列且其子项会显示在列中（带有列标头）。

表 7-6 所示属性只有在 Details 视图模式中起作用。

表 7-6　只在 Details 视图模式中起作用的属性

属　性	说　明
GridLines	设置包含在控件中的项及其子项的行和列之间是否显示网格线
FullRowSelect	设置单击某项是否选择其所有子项（即整行选中）
HeaderStyle	指示列标头样式

图 7-10 所示为 GridLines 和 FullRowSelect 属性都设置为“True”时的情况。

图 7-9　ListView 控件的大图标视图模式

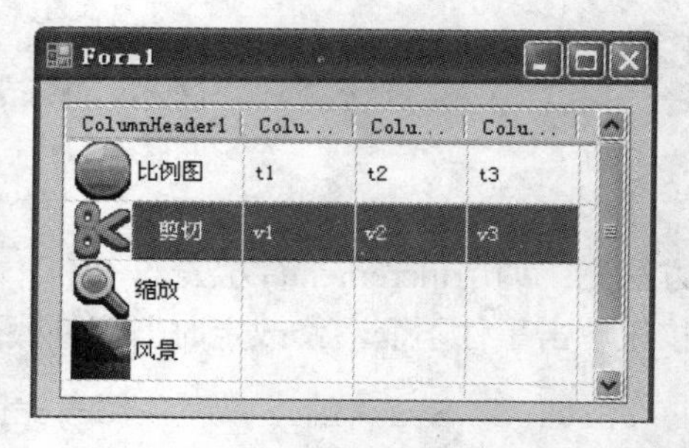

图 7-10　设置了网格线和整行选中的 Details 视图模式

HeaderStyle 属性如表 7-7 所示。

表 7-7　HeaderStyle 属性

属　　性	说　　明
Clickable	列标头的作用类似于按钮，单击时可以执行操作（例如排序）
Nonclickable	列标头不响应鼠标单击
None	列标头在报表视图中不显示

1．ListView 控件的主要属性

ListView 控件的主要属性如表 7-8 所示。

表 7-8　ListView 控件属性

属　　性	说　　明
Items	获取包含在控件中的所有项的集合
SelectedItems	获取控件中当前选定项的集合。如果将 MultiSelect 属性设置为“True”，则用户可选择多项，例如同时将若干项拖放到另一个控件中
MultiSelect	设定用户是否可以选择多个项
Alignment	获取或设置控件中项的对齐方式
CheckBoxes	获取或设置一个值，该值指示控件中各项的旁边是否显示复选框
Activation	获取或设置用户激活某个项必须要执行的操作类型
Columns	获取控件中显示的所有列标头的集合
LargeImageList	获取或设置当项以大图标在控件中显示时使用的 ImageList
SmallImageList	获取或设置当项以小图标在控件中显示时使用的 ImageList
Groups	获取分配给控件的 ListViewGroup 对象的集合

2．在设计器中添加或移除组

在 ListView 的“属性”面板中，单击 Groups 属性旁的省略号按钮[...]，出现“ListViewGroup 集合编辑器”对话框，如图 7-11 所示。

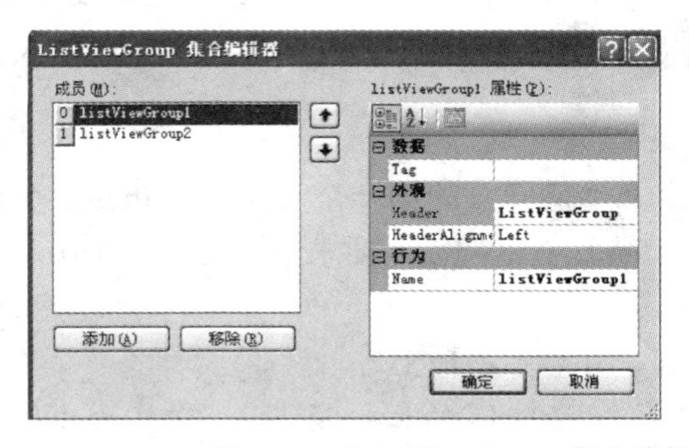

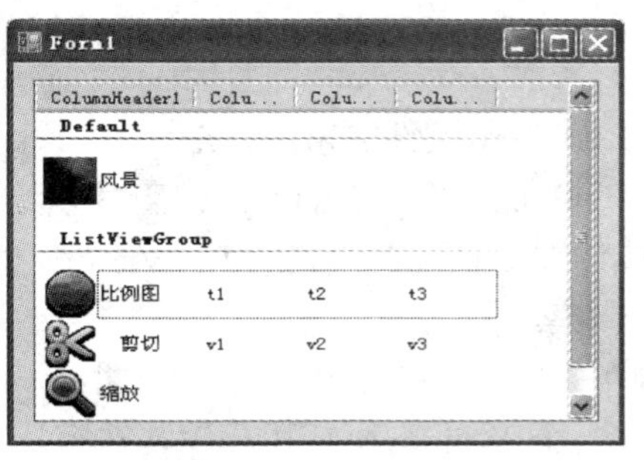

图 7-11　“ListViewGroup 集合编辑器”对话框和编辑结果显示

单击“添加”按钮可以添加组，然后可以设置新组的属性，如 Header 和 HeaderAlignment 属性。若要移除某个组，则选定要删除的组并单击“移除”按钮。

3．在设计器中向组分配项

在 ListView 的“属性”面板中单击 Item 属性旁的省略号按钮[...]。出现“ListViewItem

集合编辑器”对话框，如图 7-12 所示。

单击“添加”按钮可以添加项，然后可以设置新项的属性，如 Text 和 ImageIdex 属性。若要移除某个项，则选定要删除的项并单击“移除”按钮。

选择 Group 属性，然后从下拉列表中选择一个组可以将项添加到组中。

4．在设计器中添加或移除子项

在 ListView 的属性面板中，单击 SubItems 属性旁的省略号按钮 ... 。出现“ListView SubItem 集合编辑器”对话框，它与“ListViewItem 集合编辑器”对话框类似。

选中要添加子项的项，单击“添加”按钮可以添加子项。然后可以设置新项的属性，若要移除某个子项，则选定要移除的子项并单击“移除”按钮。

5．为 ListView 控件添加列标题

使用 ListView 控件的 Details 视图模式时必须为控件添加对应的列标题才能显示出控件的所有项。一般显示一个列表的时候其列标题都应该是固定的，所以可以在视图模式中预先设置好列标题，这样会更加直观一些。

设置方式比较简单，首先选中 ListView 控件，然后在其“属性”面板中找到 Columns 属性，单击其后面的省略号按钮，打开“ColumnHeader 集合编辑器”对话框，如图 7-13 所示，添加列标题。

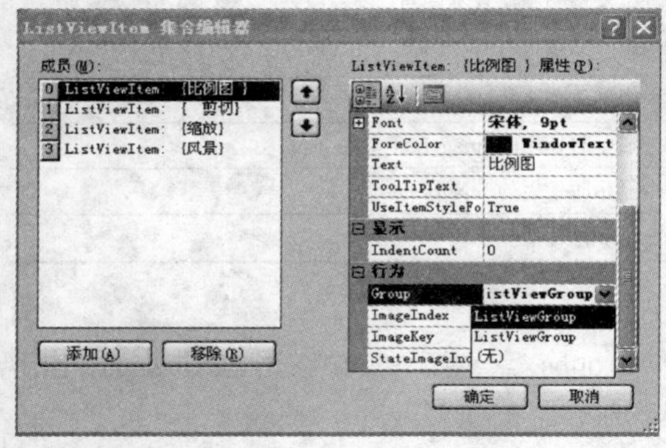

图 7-12 “ListViewItem 集合编辑器”对话框

图 7-13 “ColumnHeader 集合编辑器”对话框

6．ListView 控件的常用方法

1）FindItemWithText()方法：查找以给定文本值开头的第一个 ListViewItem。允许在处于列表或详细信息视图模式的 ListView 控件上执行文本搜索，要求给定搜索字符串和可选的起始和结束索引。

【例 7-6】 查找 ListView 控件中指定内容，并显示在最上方。

新建一个 Windows 应用程序，在窗体上放置一个 ListView 控件、一个 Label 控件和一个 TextBox 控件。其中 ListView 控件列出选项，选项通过 ListView 控件的 Items 属性进行初始化；Label 控件显示提示信息；TextBox 控件供用户输入要查找的文本。设置 ListView 控件的 View 属性为“List”，为 TextBox 控件的 TextChange 事件添加代码如下：

```
private void textBox1_TextChanged(object sender, EventArgs e)
{
```

```
        ListViewItem foundItem = listView1.FindItemWithText(textBox1.Text
                                            , false
                                            , 0
                                            , true);
        if (foundItem != null)
        {
            listView1.TopItem = foundItem;
        }
    }
```

程序运行结果如图 7-14 所示，查找以“Erin”开头的文本项时该项显示在最上面。

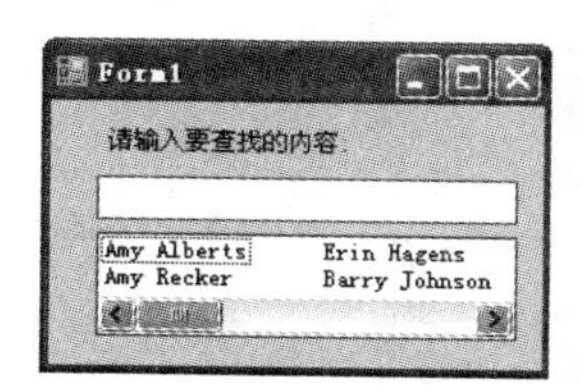

图 7-14　程序运行结果

2）FindNearestItem()方法：按指定的搜索方向从给定点开始查找下一个项。允许在处于图标或平铺视图的 ListView 中查找项，要求给定一组 x 坐标和 y 坐标以及一个搜索方向。

【例 7-7】 使用 x 坐标和 y 坐标向上查找指定的项，并显示找到的项。

新建一个 Windows 应用程序，在窗体上放置一个 ListView 控件、一个 Label 控件、一个 ImageList 控件和一个 TextBox 控件。其中，ListView 控件列出选项；Label 控件显示提示信息；TextBox 控件输出查找到的项。设置 ListView 控件的 View 属性为“SmallIcon 或 LargeIcon 模式”，为 ListView 控件添加若干项，并添加 MouseDown 事件，即在某一项上单击鼠标时查找相关项。事件代码如下：

```
private void listView1_MouseDown(object sender, MouseEventArgs e)
{
    ListViewItem foundItem = listView1.FindNearest Item (
                                    Search Direction Hint.Up, e.X, e.Y);
    if (foundItem != null)
        textBox1.Text = foundItem.Text;
    else
        textBox1.Text = "No item found";
}
```

程序运行结果如图 7-15 所示，在“Jay Hamlin”项上单击鼠标时，其上一项“Amy Recker”被显示在文本框中。

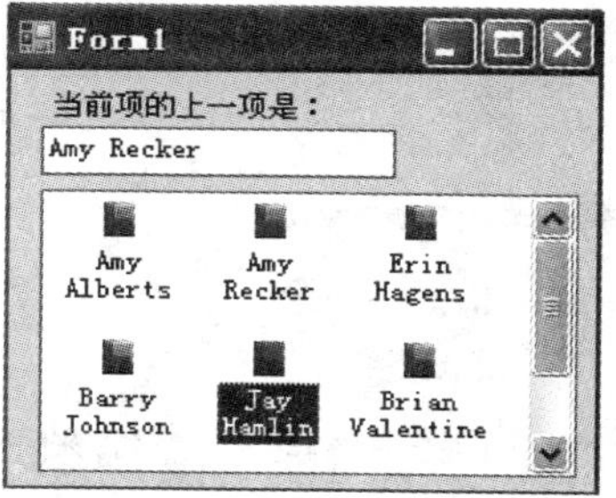

图 7-15　程序运行结果

3）ListView 控件的 Items 属性的 Add()方法：为 ListView 添加新的项。Add()方法的格式如下：

```
Add(text,imageIndex);
```

其中，text 为要添加项所显示的文本；imageIndex 为可选参数，指示所对应 ImageList

中的图标索引。

4）ListView 控件 Columns 属性的 Add()方法：动态添加列标头。

5）ListView 控件 Columns 属性的 Clear()方法：清除所有的列标头。

【例 7-8】 编程用 ListView 控件输出九九乘法表。

新建一个 Windows 应用程序，在窗体上放置一个 ListView 控件和一个 Button 控件，设置 ListView 控件的 View 属性为“Details 模式”，为按钮单击事件编写代码如下：

```
private void button1_Click(object sender, EventArgs e)
{
    listView1 .Columns.Add("  ", 50, HorizontalAlignment.Left);
    for(int i=1;i<=9;i++)
    listView1.Columns.Add(Convert .ToString (i)
                        , 50
                        , HorizontalAlign-ment.Right );
    for(int i=1;i<=9;i++)
    {
       ListViewItem item = new ListViewItem(Convert.ToString(i));
       for (int j = 1; j <= 9; j++)
          item.SubItems.Add(Convert.ToString(i)
                             +"*"
                             +Convert.ToString(j)
                             +"="
                             +Convert.ToString(i * j));
        listView1.Items.Add(item);
    }
}
```

单击“生成乘法表”按钮生成九九乘法表，程序运行结果如图 7-16 所示。

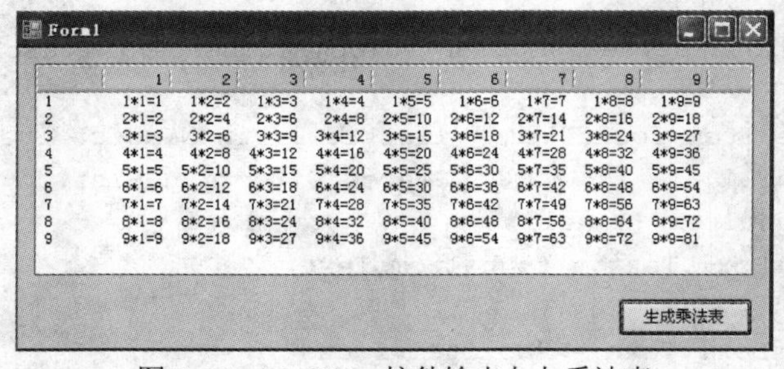

图 7-16 ListView 控件输出九九乘法表

工作任务

工作任务 20 校历数据表录入程序设计

1．项目描述

在第 6 章学生档案管理系统校历管理程序中，根据校历数据表里记录的开学日期、教学周数、假期周数生成了校历表。本节利用 DateTimePicker 控件完成校历数据表的录入功能，如图 7-17 左下角所示。

图 7-17　校历管理程序设计界面

2．相关知识

本模块的实现，需要理解模式文本框、DateTimePicker 控件的常用属性与方法。

3．项目设计

设计校历表相关信息输入界面，开学日期用 DateTimePicker 控件进行选择，直观可靠，学年用模式文本框进行输入，确保输入数据满足指定的格式。其他信息用普通文本框进行输入，输入完毕使用 Command 对象写入数据库。

4．项目实施

1）创建项目，设计窗体界面。按设计要求在校历管理程序界面上添加相关控件，控件命名遵循本书第 2 章的规范。学期、教学周数、假期周数普通文本框属性保持默认值；学年模式文本框的 Mask 属性设置为“2000—2000”；输入开学日期的 DateTimePicker 控件的 Format 属性设置为“Custom”，CustomFormat 属性设置为“yyyy-MM-dd”。

2）编写程序代码实现程序功能。

```
//定义数据库连接对象
SqlConnection con = new SqlConnection("Data Source=(local)
                                        ;Initial Catalog=StudentSys
                                        ;Integrated Security=True ");
//编写“录入学期”按钮单击事件代码如下
private void btn_LuruXueqi_Click(object sender, EventArgs e)
{
    con.Open();
```

```
    //转换数据类型
    DateTime DKaixue = Convert.ToDateTime(dateTimePicker1.Value);
    int JiaoXueZhou = Convert.ToInt32(txtJiaoxue.Text);
    int FangjiaZhou = Convert.ToInt32(txtFangjia.Text);
    //计算学期结束和假期结束日期
    DateTime DFangjia = DKaixue.Date.AddDays(JiaoXueZhou * 7 - 2);
    DateTime DJieshu = DFangjia.Date.AddDays(7 * FangjiaZhou);
    //构造数据添加 SQL 语句
    string strSQL = "insert into tblCalendar values('";
    strSQL += txtXuenian.Text.ToString();
    strSQL += "','";
    strSQL += txtXueqi.Text.ToString();
    strSQL += "','";
    strSQL += DKaixue.ToShortDateString();
    strSQL += "','";
    strSQL += DFangjia.ToShortDateString();
    strSQL += "','";
    strSQL += DJieshu.ToShortDateString();
    strSQL += "',";
    strSQL += Convert.ToUInt32(txtJiaoxue.Text);
    strSQL += ",";
    strSQL += Convert.ToUInt32(txtFangjia.Text);
    strSQL += ",'本学期运动会日期为：')";
    //定义 Command 对象将学期添加到数据库
    SqlCommand cmd = new SqlCommand(strSQL, con);
    cmd.ExecuteNonQuery();
    con.Close();
}
```

5．项目测试

1）运行程序，输入学期基本信息，确保学期格式正确。

2）单击“录入学期”按钮，通过第 6 章开发的校历程序，检查录入的学期信息是否正确。

6．项目小结

1）程序中涉及的教学日期和放假时间计算属于业务逻辑问题，应在程序开发阶段严格遵循用户需求分析文档的要求。

2）DateTimePicker 控件是较为实用的日期控件，应熟悉其用法。

工作任务 21　用 TreeView 控件设计学生档案查询程序

1．项目描述

第 6 章对学生档案实现了组合条件查询，查询非常灵活方便。本章用树结构给出了学生档案的组织结构，实现按班级浏览学生档案功能。

2．相关知识

本模块的实现，需要熟悉 TreeView 控件的常用属性与方法。

3．项目设计

将程序界面分为 3 个区域，分别是菜单区、学生档案树结构显示区和学生档案信息显示区。学生档案树结构用 TreeView 控件显示，采用数据绑定的方式动态加载数据。

4．项目实施

1）创建项目，设计窗体界面。窗体左侧放一个 TreeView 控件，显示班级层次结构，右侧放一个 DataGridView 控件显示选中班级学生的详细信息，程序运行结果如图 7-18 所示。

图 7-18　学生档案树结构查询程序运行结果

2）编写程序代码，实现程序功能。

根据程序要求，窗体左侧显示系部、班级层次树，窗体创建时自动生成，其代码放在窗体装载事件中，与例 7-3 的代码类似，具体如下：

```
//程序多个地方用到数据库连接，故将数据库连接对象定义在函数体外
SqlConnection con = new SqlConnection("Data Source=(local)
                                       ;Initial Catalog=StudentSys
                                       ;Integrated Security=True");
private void Form_Chaxun_Tree_Load(object sender, EventArgs e)
{
     //树结构查询窗体打开时，置窗体打开标记为“True”
     Form_Main.bChaxun_treeIsOpen = true;
     con.Open();
    //定义 Command 对象，读取系部名称和系部编码
    SqlCommand cmd_Xibu = new SqlCommand("select Dept_Name
```

```
                                    ,Dept_Id
                              from tblDept"
                            ,con);
    //生成 DataReader 对象
    SqlDataReader rd_Xibu = cmd_Xibu.ExecuteReader();
    while (rd_Xibu.Read())
    {
        //定义系部树节点
        TreeNode node_Xibu =New TreeNode(rd_Xibu.GetValue(0).ToString());
        //系部存在时添加班级子节点
        if (rd_Xibu.GetValue(1).ToString() != string.Empty)
        {
            string strBanji = "select Class_Name
                               from tblClass
                               where Class_Dept='";
            strBanji += rd_Xibu.GetValue(1).ToString();
            strBanji += "'";
            SqlCommand cmd_Banji = new SqlCommand(strBanji, con);
            SqlDataReader rd_Banji = cmd_Banji.ExecuteReader();
            //添加班级子节点
            while (rd_Banji.Read())
                node_Xibu.Nodes.Add(rd_Banji.GetValue(0).ToString());
            rd_Banji.Close();
        }
            treeView1.Nodes.Add(node_Xibu);
    }
    rd_Xibu.Close();
    //关闭数据库连接
    con.Close();
}
```

选择班级后，DataGridview 控件自动显示班级学生信息，与例 7-3 类似，代码放在 TreeView 控件的 AfterSelect()事件中。

```
private void treeView1_AfterSelect(object sender, TreeViewEventArgs e)
{
    con.Open();
    //筛选 TreeView 控件选中班级的所有信息
    string strSQL = "select Stu_No as 学生学号
                          ,Stu_Name as 学生姓名
                          ,Stu_Enroll as 入学年月
                          ,Stu_Birth as 出生日期
                          ,Stu_Nation as 民族
                          ,Stu_NtvPlc as 籍贯
                          ,Party_Name as 政治面貌
                          ,Class_Name as 班级名称
                    from tblStudent, ";
```

```
        strSQL += "tblParty, tblClass where Stu_Party=Party_Id ";
        strSQL += "and stu_Class=Class_Id ";
        strSQL += "and Class_Name='";
        strSQL += trvBanji.SelectedNode.Text.ToString();
        strSQL += "'";
        SqlDataAdapter dp = new SqlDataAdapter(strSQL, con);
        DataSet DS = new DataSet();
        dp.Fill(DS, "Chaxun");
        con.Close();
        //绑定到 DataGridView 控件
        dataGridView1.DataSource = DS.Tables[0];
    }
```

5．项目测试

1）运行程序，选择系部，查看班级信息。

2）选择班级，查看学生详细信息。

6．项目小结

1）TreeView 控件是一个非常实用的控件，应熟练掌握其用法。

2）子结点数据类型为 TreeNode，动态添加结点的方法为 Add()方法。

工作任务 22　用 ListView 和 ProgressBar 控件设计显示学生信息查询进度程序

1．项目描述

利用 ListView 控件一条一条地显示查询到的学生信息，同时利用 ProgressBar 控件显示查询的进度。

2．相关知识

本模块的实现，需要熟悉 ListView 控件动态添加单元格数据的方法，熟悉 ProgressBar 控件的常用属性与方法。

3．项目设计

1）程序窗体界面不重新创建，完善第 4 章创建的显示学生档案查询进度程序界面，为程序界面添加工具栏，在工具栏添加一个“退出”按钮。

2）在工具栏下方添加两个 Label 控件用于显示提示信息，添加 ComboBox 控件用于选择班级，添加 ProgressBar 控件用于显示查询进度，添加一个 ListView 控件用于显示查找到的学生详细信息。程序运行结果如图 7-19 所示。

4．项目实施

1）按设计要求设计程序界面。设置 ListView 控件的 View 属性为“Details 模式”，其余属性保持默认值。Label 控件显示属性如图 7-19 所示，ComboBox 控件属性保持默认值。

2）添加代码实现程序功能。所有代码均放在显示查询进度窗体类中。选择班级组合框选项通过代码绑定添加，其代码放置在窗体装载事件中，前面已多次涉及，在此不再重复，由学生自行完成。

3）根据程序要求，班级组合框选项选择发生变化时，ListView 控件显示新选定班级的学生信息，ProgressBar 控件显示读取学生信息的进度，程序代码放在组合框的 SelectedIndex-Changed 事件中，具体代码如下：

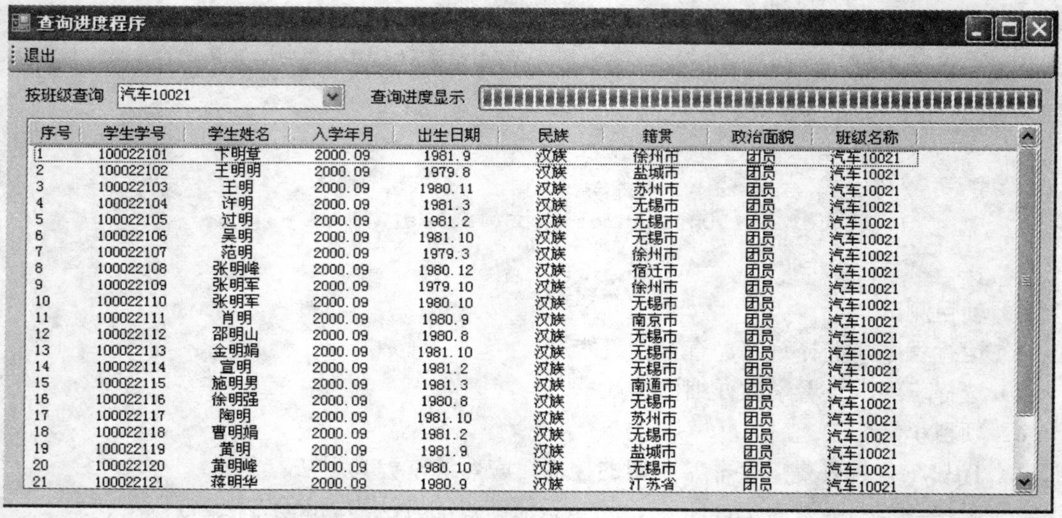

查询进度程序

退出

按班级查询 汽车10021 查询进度显示

序号	学生学号	学生姓名	入学年月	出生日期	民族	籍贯	政治面貌	班级名称
1	100022101	卞明草	2000.09	1981.9	汉族	徐州市	团员	汽车10021
2	100022102	王明明	2000.09	1979.8	汉族	盐城市	团员	汽车10021
3	100022103	王明	2000.09	1980.11	汉族	苏州市	团员	汽车10021
4	100022104	许明	2000.09	1981.3	汉族	无锡市	团员	汽车10021
5	100022105	过明	2000.09	1981.2	汉族	无锡市	团员	汽车10021
6	100022106	吴明	2000.09	1981.10	汉族	无锡市	团员	汽车10021
7	100022107	范明	2000.09	1979.3	汉族	徐州市	团员	汽车10021
8	100022108	张明峰	2000.09	1980.12	汉族	宿迁市	团员	汽车10021
9	100022109	张明军	2000.09	1979.10	汉族	徐州市	团员	汽车10021
10	100022110	张明军	2000.09	1980.10	汉族	无锡市	团员	汽车10021
11	100022111	肖明	2000.09	1980.9	汉族	南京市	团员	汽车10021
12	100022112	邵明山	2000.09	1980.8	汉族	无锡市	团员	汽车10021
13	100022113	金明娟	2000.09	1981.10	汉族	无锡市	团员	汽车10021
14	100022114	宣明	2000.09	1981.2	汉族	无锡市	团员	汽车10021
15	100022115	施明男	2000.09	1981.3	汉族	南通市	团员	汽车10021
16	100022116	徐明强	2000.09	1980.8	汉族	无锡市	团员	汽车10021
17	100022117	陶明	2000.09	1981.10	汉族	苏州市	团员	汽车10021
18	100022118	曹明娟	2000.09	1981.2	汉族	无锡市	团员	汽车10021
19	100022119	黄明	2000.09	1981.9	汉族	盐城市	团员	汽车10021
20	100022120	黄明峰	2000.09	1980.10	汉族	无锡市	团员	汽车10021
21	100022121	蒋明华	2000.09	1980.9	汉族	江苏省	团员	汽车10021

图 7-19　学生档案进度查询运行结果

```
//程序中多个地方用到数据库连接，故将数据库连接对象定义在函数体外
SqlConnection con = new SqlConnection("Data Source=(local)
                                      ;Initial Catalog=StudentSys
                                      ;Integrated Security=True");
private void cboBanji_SelectedIndexChanged(object sender, EventArgs e)
{
    //清空 ListView 控件中的所有内容
    listView1.Clear();
    con.Open();
    //统计学生记录数
    string strSQL = "select count(*)
                    from tblStudent,tblClass
                    where Stu_Class=Class_Id
                          and Class_Name='";
    strSQL += cboBanji.Text.ToString();
    strSQL += "'";
    //定义 Command 对象
    SqlCommand cmd_Xuesheng = new SqlCommand(strSQL, con);
    SqlDataReader rd_count= cmd_Xuesheng.ExecuteReader();
    //如果班级有学生
    if (rd_count.Read())
    {
        int r = Convert.ToInt32(rd_count.GetValue(0));
        //将进度条的最大值设置为要查询班级的人数
```

```
        progressBar1.Maximum = Convert.ToInt32(r);
        rd_count.Close();
        //查询指定班级的学生
        strSQL = "select Stu_No as 学生学号
                        ,Stu_Name as 学生姓名
                        ,Stu_ Enroll as 入学年月
                        ,Stu_Birth as 出生日期
                        ,Stu_Nation as 民族
                        ,Stu_NtvPlc as 籍贯
                        ,Party_Name as 政治面貌
                        ,Class_Name as 班级名称
                    from tblStudent, tblParty, tblClass ";
    strSQL += " where Stu_Party=Party_Id ";
    strSQL +="and stu_Class=Class_Id ";
    strSQL += "and Class_Name='";
    strSQL += cboBanji.Text.ToString();
    strSQL += "'";
    cmd_Xuesheng = new SqlCommand(strSQL, con);
    int i = 0;
    //生成 DataReader 对象
    SqlDataReader rd_Xuesheng = cmd_Xuesheng.ExecuteReader();
    //添加学生序号列标题
    listView1.Columns.Add("序号", 40, HorizontalAlignment.Center);
    //读取并添加学生信息列
    for(i = 0; i < rd_Xuesheng.FieldCount; i++)
     listView1.Columns.Add(rd_Xuesheng.GetName(i),80,HorizontalAlignment.Center);
    i = 1;
    //设置进度条的起始值为 0
    progressBar1.Value = 0;
    //依次读取并添加学生信息到 ListView 控件
    while (rd_Xuesheng.Read())
    {
        ListViewItem item = new ListViewItem(Convert.ToString(i));
        i++;
        progressBar1.Value += 1;
        for (int j = 0; j < rd_Xuesheng.FieldCount; j++)
            item.SubItems.Add(rd_Xuesheng.GetValue(j).ToString());
        listView1.Items.Add(item);
      }
      rd_Xuesheng.Close();
  }
  con.Close();
}
```

5. 项目测试

运行程序，选择班级，查看班级信息，同时查看进度条显示进度是否一致。

6．项目小结

1）ProgressBar 控件是一个非常实用的控件，在程序设计中经常用到，应熟练掌握其用法。

2）ListView 控件有 4 种模式，应区分各种模式的使用场合，灵活应用。

工作任务 23　用 ListView 控件设计班级相册程序

1．项目描述

在学生档案管理系统中编写班级相册程序，通过 TreeView 控件选定班级后能够显示班级所有学生的照片。学生照片用 ListView 控件显示，提供大照片和小照片两种显示模式。

2．相关知识

本模块的实现，需要熟悉 ListView 控件动态添加图片数据的方法，巩固 TreeView 控件的用法。

3．项目设计

1）程序窗体界面不重新创建，完善第 4 章创建的班级相册程序界面，为程序界面添加工具栏，在工具栏上添加一个“退出”按钮、一个“大图片”按钮和一个“小图片”按钮，分别用于退出程序和设置图片显示模式，大图片模式的图片尺寸为 48×64 像素，小图片模式为 12×16 像素，学生照片默认为 48×64 像素。

2）窗体左侧放置一个 TreeView 控件，用于显示班级层次结构；右侧放置一个 ListView 控件，用于显示选中班级所有学生的照片。程序运行结果如图 7-20 所示。

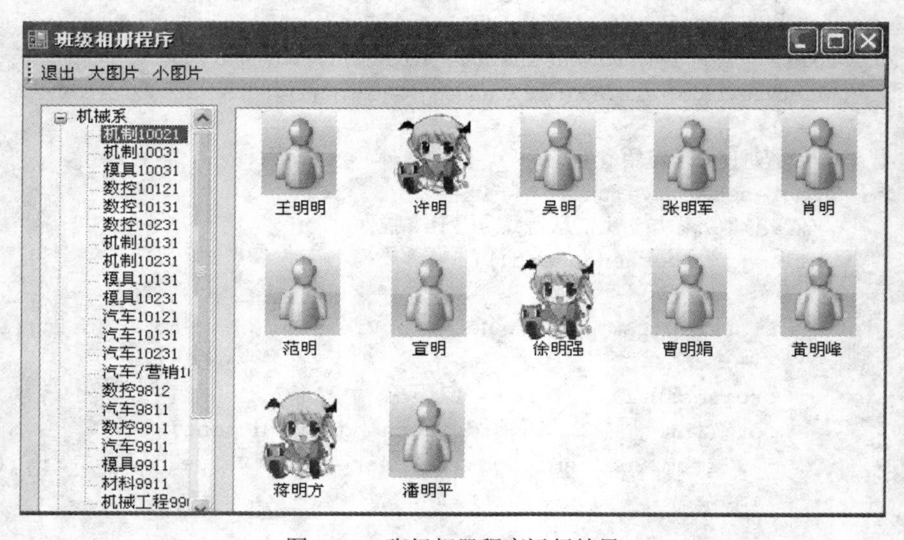

图 7-20　班级相册程序运行结果

4．项目实施

1）按设计要求设计程序界面，添加工具栏，为工具栏添加 3 个按钮，设置按钮的 Text 属性分别为图 7-20 所示值，设置按钮的 DisplayStyle 属性为“Text”，使按钮上显示文本；添加 TreeView 控件，保持默认属性；添加 ImageList 控件，保持默认属性；添加 ListView 控件，设置控件的 View 属性为“LargeIcon”，设置控件 LargeImageList 属性为已添加的

ImageList 控件，设置大图片尺寸为 48×64 像素。

2）添加代码实现程序功能。所有代码均放在班级相册窗体类中。根据程序要求，窗体左侧显示系部、班级层次树，窗体创建时自动生成，其代码放在窗体装载事件中，与学生档案树结构查询程序代码一致，在此不再重复。单击“大图片”和“小图片”按钮设置 ListView 控件的视图模式为对应的模式，代码类似，仅给出“大图片”按钮单击事件代码，具体如下：

```
//程序中多个地方用到数据库连接，故将数据库连接对象定义在函数体外
SqlConnection con = new SqlConnection("Data Source=(local)
                                       ;Initial Catalog=StudentSys
                                       ;Integrated Security=True");
private void LargeViewBtn_Click(object sender, EventArgs e)
{
    //设置图片模式
    listView1.View = View.LargeIcon;
    //设置图片源
    listView1.LargeImageList = imgXueSheng;
    //设置图片尺寸
    listView1.LargeImageList.ImageSize = new Size(48,64);
}
```

选择班级后，ListView 控件显示选中班级所有学生的照片，通过 TreeView 控件的 AfterSelect()事件完成，具体代码如下：

```
private void treeView1_AfterSelect(object sender, TreeViewEventArgs e)
{
    //清除 ListView 控件中的现有图片
    listView1.Items.Clear();
    //打开数据连接，连接对象定义在函数体外
    con.Open();
    //定义 SQL 语句按班级选择姓名和照片字段
    string strSQL = "select Stu_Name,Stu_photo
                  from tblStudent, tblStu Detail,tblClass
                  where tblStudent.Stu_No = tblStuDetail.Stu_No
                        and Stu_Class = Class_ID
                        and Class_Name='";
    strSQL +=treeView1.SelectedNode.Text.ToString();
    strSQL += "'";
    SqlCommand cmd_Banji = new SqlCommand(strSQL, con);
    //生成 DataReader 对象
    SqlDataReader rd_Banji = cmd_ Banji.ExecuteReader();
    //定义变量 i，移动 ImageList 控件图片索引
    int i = 0;
    while (rd_Banji.Read())
    {
        //读取照片路径，存放到变量 str1 中
        string str1 = rd_Xibu.GetValue(1).ToString();
        //读取学生姓名，存放到变量 str2 中
```

```
            string str2 = rd_Xibu.GetValue(0).ToString();
            Image myImage = Image.FromFile(str1);
            //为 IamgeList 控件添加图片
            imgXueSheng.Images.Add(myImage);
            //为 ListView 控件添加图片
            listView1.Items.Add(str2, i);
            //移动图片索引
            i++;
        }
        rd_Banji.Close();
        con.Close();
    }
```

5．项目测试

1）运行程序，选择班级，查看班级照片。

2）切换照片显示模式，查看照片显示是否正确。

6．项目小结

ListView 控件的图片模式提供了一种动态显示照片的途径，应熟悉这种显示模式的用法。

本章小结

本章重点介绍了 C#窗体应用程序设计的一些高级控件，内容包括：

1．日期、时间控件

DateTimePicker 控件和 MonthCalendar 控件，它们的作用相同，但使用和显示方式不同，DateTimePicker 控件的显示更加简洁，使用更广泛。

2．树形控件 TreeView

树形控件能够以树结构层次显示内容。可以通过设计视图添加结点，但用代码添加更加灵活，结点数据类型为 TreeNode，添加方法为 Add()方法。

3．列表控件 ListView

列表控件 ListView 以列表的形式显示项。有 4 种视图模式：LargeIcon、SmallIcon、Details 和 List 模式。LargeIcon 和 SmallIcon 模式类似，以图片加文本的形式显示项；Details 模式以表格的形式显示项，允许有子项；List 模式以垂直列表的模式显示项。

4．进度条控件 ProgressBar 和分页控件 TabControl

进度条控件 ProgressBar 用 Value 属性显示程序执行与运算的进程。分页控件 TabControl 以分页的形式在同一个窗体内设置多个页。

习题 7

1．如何设置让 MonthCalendar 控件在网格的底部显示今天的日期？如何设置让 Month Calendar 控件显示一周的第一天为星期一？

2．通过什么属性获得 DateTimePicker 控件选定的日期？如何设置 DateTimePicker 控件显示日期的范围？

3．DateTimePicker 控件有几种显示日期的格式？举例说明每种格式的含义。

4．通过什么属性返回 DateTime 类型数据的年、月、日？通过什么函数比较 DateTime 类型数据的大小？DateTime 类型数据如何加减日期？

5．用什么方法向 TreeView 控件添加新的节点和子节点？用什么方法删除 TreeView 控件的所有节点？用什么属性返回选定节点的内容？

6．如何向分页控件 TabControl 添加和删除选项卡？

7．进程条控件 ProgressBar 有几种方式显示程序执行与运算的进程？请列举两种方式的用法。

8．ListView 控件有几种视图模式？简述每种视图模式的含义，并说明如何设置视图模式。

9．Details 视图模式下，ListView 控件调用什么属性的什么方法添加子项？添加子项前需要先添加列标题吗？如果需要，如何添加？

10．图片模式下（含大图片和小图片模式），如何向 ListView 控件添加图片？调用什么属性设置图片的大小？

实验 7

1．完成第 7.3 节用分页控件 TabControl 设计学生档案分页查询程序的全过程及全部代码，并上机调试。

2．用 TreeView 控件和报表设计学生档案管理系统学生报表，要求通过 TreeView 控件选择班级后自动生成选定班级的学生报表，能够绘制出男女生比例图。

第 8 章　图形绘制 GDI+简介

图形绘制被广泛运用于游戏、动画制作中。本章将简要介绍 GDI+基础、Color 结构、使用画笔绘制基本图形、使用常用的画刷进行区域填充、图形变换的概念及应用，并利用图形绘制的知识绘制了学生档案统计的图表。

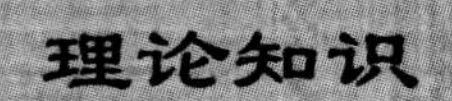

8.1　图形绘制概述

GDI+是 GDI（Graphics Device Interface，图形设备接口）的增强版本，它为 Windows 应用程序开发者提供了一组用于图形图像编程的类、结构和枚举。使用 C#进行图形编程，是通过使用 GDI+提供的一组类、结构和枚举进行的。

通过 GDI+，可以绘制简单的折线、复杂的样条曲线、色彩丰富的图形、输出各种字体的文本、提供图形变换功能等。这里仅就绘制常见的几何图形展开叙述。

8.1.1　System.Drawing 命名空间

System.Drawing 命名空间提供了对 GDI+基本图形功能的访问。Graphics 类提供了绘制到显示设备的方法，例如 Rectangle 和 Point 等类可封装 GDI+基元；Pen 类用于绘制直线和曲线；从抽象类 Brush 派生出的类则用于填充形状的内部。System.Drawing 命名空间中的常用类如表 8-1 所示。

表 8-1　System.Drawing 命名空间中的常用类

类	说　明
Pen	所有标准颜色的钢笔，用于定义特定的文本格式，包括字体、字号和字形属性，无法继承此类
SolidBrush	定义单色画笔，用于填充图形形状，如矩形、椭圆、扇形、多边形和封闭路径，无法继承此类
StringFormat	封装文本布局信息（如对齐、文字方向和 Tab 停靠位等），显示操作（如省略号插入和国家标准数字替换等）和 OpenType 功能，无法继承此类
SystemBrushes	SystemBrushes 类的每个属性都是一个 SolidBrush，它是 Windows 显示元素的颜色
SystemColors	SystemColors 类的每个属性都是 Color 结构，这种结构是 Windows 显示元素的颜色
SystemFonts	指定用于在 Windows 显示元素中显示文本的字体
SystemIcons	SystemIcons 类的每个属性都是 Windows 系统级图标的 Icon 对象，无法继承此类
SystemPens	SystemPens 类的每个属性都是一个 Pen，它是 Windows 显示元素的颜色，宽度为 1 个像素

8.1.2　Graphics 类

Syetem.Drawing 命名空间中的 Graphics 类是绘图操作的核心，可以用各种方法创建图形对象。以下语句采用 CreateGraphics 方法创建 Graphics 对象，该对象表示该控件或窗体的绘图图面。

```
Graphics graphics = this.CreateGraphics();
```

Graphics 类的常用成员如表 8-2 所示。

表 8-2　Grahpics 类中常用的成员

名　称	说　明
Dispose	释放由 Graphics 使用的所有资源
DrawArc	绘制一段弧线，它表示由一对坐标、宽度和高度指定的椭圆部分
DrawEllipse	绘制一个由边框（该边框由一对坐标、高度和宽度指定）定义的椭圆
DrawImage	在指定位置并且按原始大小绘制指定的 Image
DrawLine	绘制一条连接由坐标对指定的两个点的线条
DrawPie	绘制一个扇形，该形状由一个坐标对、宽度、高度以及两条射线所指定的椭圆定义
DrawPolygon	绘制由一组 Point 结构定义的多边形
DrawRectangle	绘制由坐标对、宽度和高度指定的矩形
DrawString	在指定位置并且用指定的 Brush 和 Font 对象绘制指定的文本字符串
FillEllipse	填充边框所定义的椭圆的内部，该边框由一对坐标、一个宽度和一个高度指定
FillPie	填充由一对坐标、一个宽度、一个高度以及两条射线指定的椭圆所定义的扇形区的内部
FillPolygon	填充 Point 结构指定的点数组所定义的多边形的内部
FillRectangle	填充由一对坐标、一个宽度和一个高度指定的矩形的内部
Flush	强制执行所有挂起的图形操作并立即返回而不等待操作完成
RotateTransform	将指定旋转应用于此 Graphics 的变换矩阵
ScaleTransform	将指定的缩放操作应用于此 Graphics 的变换矩阵，方法是将该对象的变换矩阵左乘该缩放矩阵

8.1.3　GDI+坐标系

在绘图时，常使用 Point、Size 和 Rectangle 这 3 种结构指定坐标。3 种结构的作用如表 8-3 所示。

表 8-3　坐标系中常用的结构

结　构	说　明
Point 结构	表示在二维平面中定义点的、整数 X 和 Y 坐标的有序对
Size 结构	存储一个有序整数对，通常为矩形的宽度和高度
Rectangle 结构	存储一组整数，共 4 个，表示一个矩形的位置和大小 矩形由其宽度、高度和左上角定义

8.2　利用画笔绘制基本图形

画笔用于绘制各种直线和曲线，在 GDI+中，Pen 类封装了画笔的功能。画笔具有线型、颜色和线宽等基本属性。以下语句创建了画笔对象，颜色为蓝色，宽度为 5（像素单位）：

```
Pen myPen = new Pen(Color.Blue, 5);
```

【例 8-1】 定义画笔颜色为蓝色，线段宽度为 5。在窗体上绘制一条线段，起点坐标为（10,10），终点坐标为（90, 50）；用同样的画笔画一个矩形，左上角与右下角的坐标分别为（10,10）和（100,80）。重新定义画笔颜色为红色，线段宽度为 3，画一个中心坐标为（150, 50），宽为 80，高为 30 的椭圆。各图形效果如图 8-1 所示。

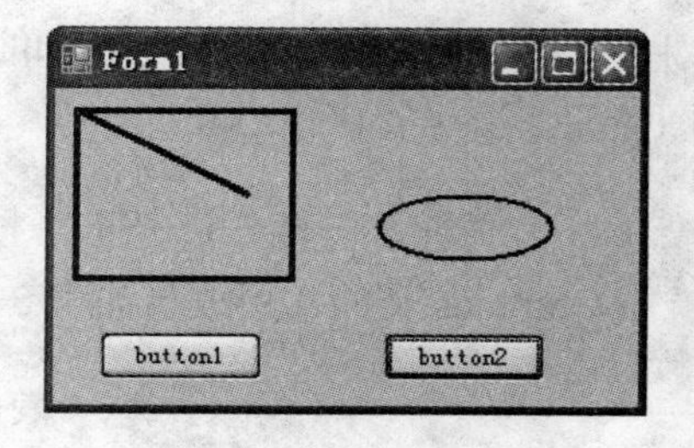

图 8-1 利用 Graphics 类和 Pen 类进行图形绘制

新建工程 Ex8-1，在窗体上放置两个命令按钮，并编写单击事件的代码如下：

```
private void button1_Click(object sender, EventArgs e)
{
    Graphics graphics = this.CreateGraphics();              //创建图形对象
    Pen myPen = new Pen(Color.Blue, 5);                     //定义画笔
    graphics.DrawLine(myPen, 10, 10, 90, 50);
    graphics.DrawRectangle(myPen, 10, 10, 100, 80);
}
private void button2_Click(object sender, EventArgs e)
{
    Graphics graphics = this.CreateGraphics();
    Pen redPen = new Pen(Color.Red , 3);
    graphics.DrawEllipse(redPen, 150, 50, 80, 30);
}
```

8.3 画刷与区域填充

画刷是一种用来填充区域的工具。在 GDI+ 中，抽象基类 Brush 封装了画刷的基本功能。Brush 的派生类有 4 个，分别为：

- SolidBrush（单色画刷）类，也称为实心画刷；
- TextureBrush（纹理画刷）类；
- HatchBrush（阴影画刷）类；
- LinearGradientBrush（线性渐变）类。

使用类 Brush 需引用名字空间 System.Drawing.Drawing2D。

4 种画刷的运行效果如图 8-2 所示。

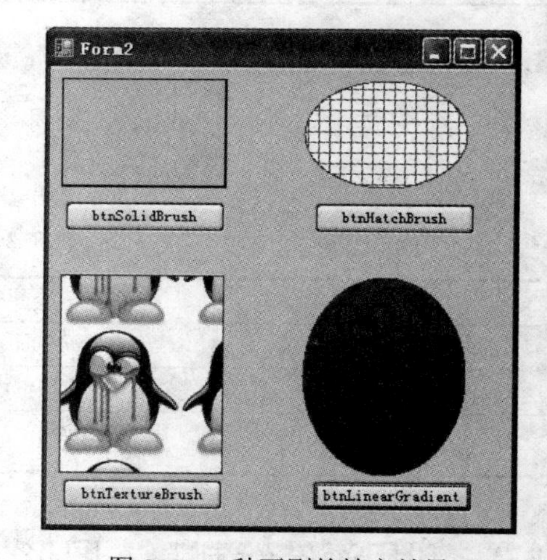

图 8-2 4 种画刷的填充效果

【例 8-2】 利用各种画刷填充图形。填充图形的效果如图 8-2 所示。

新建工程 Ex8-2，在窗体上放置 4 个命令按钮，并编写单击事件的代码。

1）使用 SolidBrush 填充图形，代码如下：

```
private void btnSolidBrush_Click(object sender, EventArgs e)
```

```
{
    Graphics graphics = this.CreateGraphics();
    Pen myPen = new Pen(Color.Blue, 5);
    graphics.DrawRectangle(myPen, 10, 10, 120, 80); //画出矩形边框
   //以下语句创建黄色实心填充画刷
    SolidBrush mySolidBrush = new SolidBrush(Color.Yellow);
    graphics.FillRectangle(mySolidBrush, 10, 10, 120, 80);
    mySolidBrush.Dispose();
}
```

2）使用 HatchBrush 填充图形，代码如下：

```
private void btnHatchBrush_Click(object sender, EventArgs e)
{
    Graphics graphics = this.CreateGraphics();
    Pen redPen = new Pen(Color.Red, 2);
    graphics.DrawEllipse(redPen, 190, 10, 120, 80);  //画出椭圆边框
      //创建阴影画刷
    HatchBrush MyHatchBrush = new HatchBrush(HatchStyle.Cross,
                         Color.YellowGreen, Color.White);
    graphics.FillEllipse(MyHatchBrush, 190, 10, 120, 80);
    MyHatchBrush.Dispose();
}
```

3）使用 TextureBrush 填充图形，代码如下：

```
private void btnTextureBrush_Click(object sender, EventArgs e)
{
    Graphics graphics = this.CreateGraphics();
    Pen redPen = new Pen(Color.Red, 2);
    graphics.DrawRectangle (redPen, 10, 160, 120, 150);
     //以下语句创建纹理画刷，要求在C盘根目录下存放有图片test.jpg
    Image myImage = Image.FromFile("C:\\test.jpg");
     //使用纹理画刷填充
    TextureBrush myTextureBrush = new TextureBrush(myImage);
    graphics.FillRectangle(myTextureBrush, 10, 160, 120, 150);
}
```

4）使用 LinearGradientBrush 填充图形，代码如下：

```
private void btnLinearGradient_Click(object sender, EventArgs e)
{
    Graphics graphics = this.CreateGraphics();
    Pen redPen = new Pen(Color.Red, 2);
    graphics.DrawEllipse(redPen, 190, 160, 120, 150);
     //创建渐变画刷，颜色由红变到蓝
    Rectangle myRectangle = new Rectangle(190, 160, 120, 150);
    LinearGradientBrush myLinearGradientBrush = new LinearGradientBrush(
        myRectangle,
        Color.Red,
        Color.Blue,
```

```
        LinearGradientMode.Vertical );    //垂直变化，从上到下
    graphics.FillEllipse(myLinearGradientBrush, myRectangle);
}
```

8.4 绘制较复杂的图形

除了可以绘制简单的线条和矩形之外，使用 GDI+还可以绘制一些比较复杂的形状，如多边形、圆、弧等，包括前面绘制过的椭圆。

常用的绘制复杂图形的方法如下。

- DrawPolygon()：绘制由一组 Point 结构定义的多边形。
- DrawEllipse()：绘制一个由边框（该边框由一对坐标、高度和宽度指定）定义的椭圆。
- DrawArc()：绘制一段弧线，它表示由一对坐标、宽度和高度指定的椭圆部分。
- DrawPie()：绘制一个扇形，该形状由一个坐标对、宽度、高度以及两条射线（起始角、张角）所指定的椭圆定义。

8.5 图形变换

GDI+中有如下 3 种坐标系。

1）世界坐标（World Coordinate）：要测量的点距离文档区域左上角的位置（以像素为单位）。

2）页面坐标（Page Coordinate）：要测量的点距离客户区域左上角的位置（以像素为单位）。

3）设备坐标（Device Coordinate）：为了更灵活地绘制图形，通常会进行坐标平移、翻转、缩放、移动等坐标变换。

【例 8-3】 绘制扇形，并利用图形变换对该扇形进行平移、翻转、缩放。图形变换的效果如图 8-3 所示。

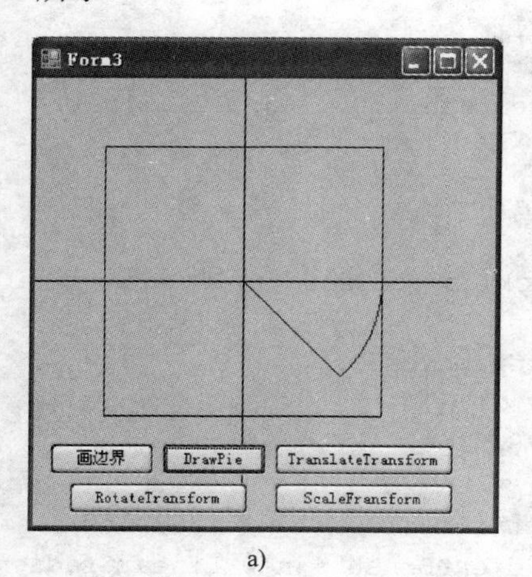

a)

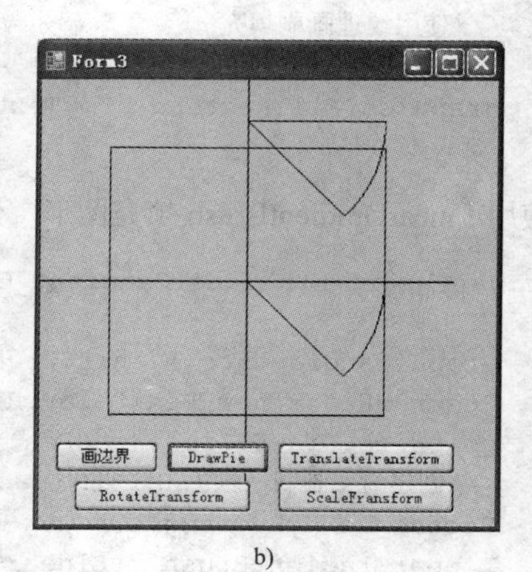

b)

图 8-3　对扇形进行图形变换的效果

a) 画出边界及扇形　b) 对扇形进行坐标平移

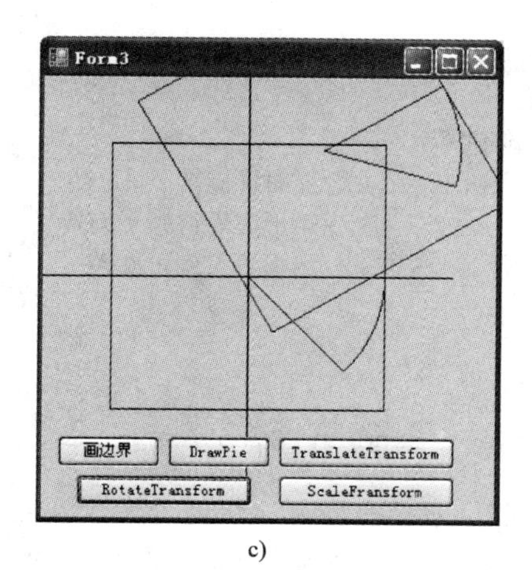

c)

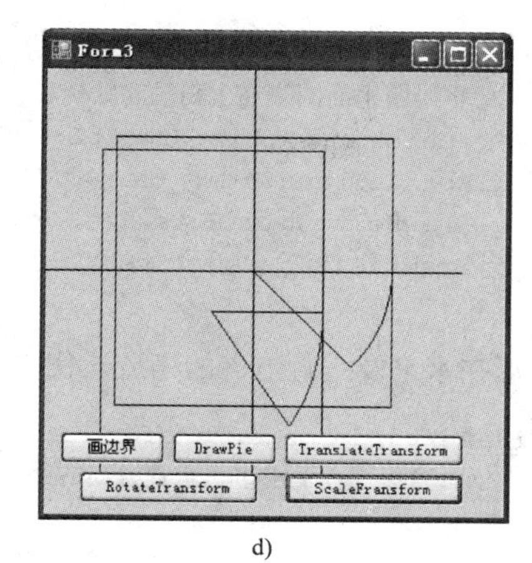

d)

图 8-3　对扇形进行图形变换的效果（续）

c) 对扇形进行旋转　d) 扇形及边界进行缩放

新建工程 Ex8-3，在窗体上放置 5 个命令按钮，并编写单击事件的代码。

1）画出边界，代码如下：

```
static Point point = new Point(50, 50);
static Size size = new Size(200, 200);
Rectangle rect = new Rectangle(point, size);
private void DrawBorder_Click(object sender, EventArgs e)
{
    Graphics g = this.CreateGraphics();
    g.DrawRectangle(Pens.Black, rect);                //画出矩形边界
    g.DrawLine(Pens.Black, 0, 150, 300, 150);         //画出横坐标
    g.DrawLine(Pens.Black, 150, 0, 150, 300);         //画出纵坐标
}
```

2）画出位于第四象限的扇形，代码如下：

```
private void DrawPie_Click(object sender, EventArgs e)
{  //画出第四象限的扇形
    Graphics g = this.CreateGraphics();
    g.DrawPie(Pens.Blue, rect, 0, 45);                //画出在矩形边界内的扇形
}
```

3）坐标平移，代码如下：

```
private void TranslateTransform_Click(object sender, EventArgs e)
{  //把扇形向上平移到第一象限
    Graphics g = this.CreateGraphics();
    g.TranslateTransform(0, - 120);
    g.DrawPie(Pens.Blue, rect, 0, 45);
}
```

4）图形旋转，代码如下：

```
private void RotateTransform_Click(object sender, EventArgs e)
{   //将绘图平面围绕左上角顺时针旋转-30度
    Graphics g = this.CreateGraphics();
    g.RotateTransform( -30.0F,0);                  //逆时针旋转了30度
    g.DrawRectangle(Pens.Red, rect);               //矩形边界得到了旋转
    g.DrawPie(Pens.Red, rect, 0, 45);              //扇形也得到了旋转
}
```

5）图形在水平及垂直方向的缩放，代码如下：

```
private void ScaleFransform_Click(object sender, EventArgs e)
{   //对扇形进行了水平、垂直方向的缩放
    Graphics g = this.CreateGraphics();
    g.ScaleTransform(0.8F, 1.2F);   //水平方向缩放为0.8倍，垂直方向为1.2倍
    g.DrawRectangle(Pens.Black, rect);     //画出形变后的矩形边界
    g.DrawPie(Pens.Red, rect, 0, 45);      //扇形在水平、垂直方向进行了变形
}
```

工作任务

工作任务 24　系部班级统计图形绘制

1. 项目描述

本项目对学生信息管理系统中各系部的班级数进行统计，用饼形图显示各系部班级数占学院总班级数的比例，如图8-4所示。

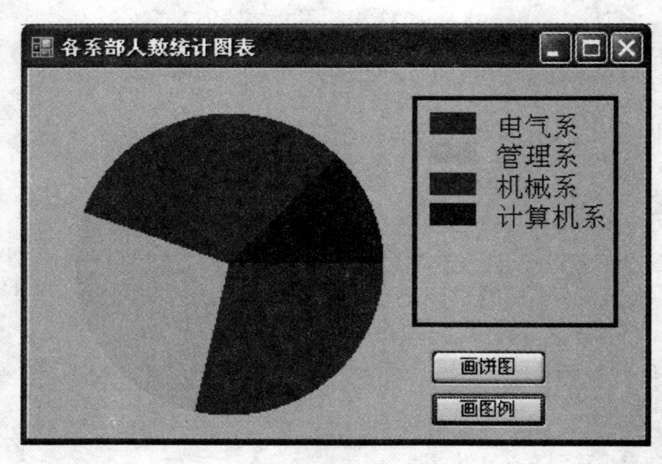

图8-4　各系部的班级数统计信息

2. 相关知识

在信息管理系统中，常用条形图来描述数据的趋势，用饼形图来描述数据所占的百分比。绘制条形图包括绘制坐标和条形图。本项目中图表的绘制需要熟悉扇形和矩形等形状的绘制、颜色填充、坐标变换。

3．项目设计

本项目利用 GDI+图形接口技术，使用画笔绘制基本图形、使用常用的画刷进行区域填充，最终绘制出的用于显示统计数据的图形。

4．项目实施

统计图表的绘制主要分为获取数据、画饼图、画图例 3 个阶段。相应代码如下：

```
using System.Data.OleDb;                       //统计数据从数据库中获取
static int TOP = 30;                           //定义图像上边界
static int PIE_LETF = 30;                      //定义饼图所在矩形的左边界
static int SQUER_LETF = 250;                   //定义图例外框的左边界
//为简便起见，初始化 5 种基本颜色
Color[] myColor = { Color.Red, Color.Yellow
                , Color.Green, Color.Purple, Color.Blue };
static Point point = new Point(PIE_LETF, TOP);//扇形所在矩形的位置
static Size size = new Size(200, 200);        //大小
Rectangle rect = new Rectangle(point, size); //扇形所在矩形的位置、大小
static string conStr = "Provider=Microsoft.Jet.OLEDB.4.0;
               Data Source=d:\\data\\StudentSys.mdb";
DataTable dtDeptNum = new DataTable();
int totalDept = 0;                              //系部个数
int totalStudent = 0;                           //总人数
private void Frm_Graphic_Load(object sender, EventArgs e)
{   //获取各系及人数，获取系部总数，计算总人数
    OleDbConnection con = new OleDbConnection(conStr);
    string Query = "select Dept_Name,count(*) as num
                   from tblDept, tblClass ";
    Query += " where tblDept.Dept_Id = Class_DeptId group by Dept_Name";
    OleDbDataAdapter da = new OleDbDataAdapter(Query, con);
    da.Fill(dtDeptNum);
    totalDept = dtDeptNum.Rows.Count;
    for (int i = 0; i < dtDeptNum.Rows.Count; i++)
    {
        totalStudent += Convert .ToInt32 ( dtDeptNum.Rows[i]["num"]);
    }
}

private void DrawPie_Click(object sender, EventArgs e)
{
    float startPie = 0;                        //扇形的起始角度
    float PieArc = 0;                          //扇形的张角
    float portion = (float)1.0 * 360 / totalStudent;
                                               //每一个人占扇形的度数
    for (int j = 0; j < totalDept; j++)
    {
        startPie = startPie + PieArc;
        PieArc = Convert.ToInt32(dtDeptNum.Rows[j]["num"]) * portion;
```

```
        Graphics graphics = this.CreateGraphics();  //
        SolidBrush myBrush = new SolidBrush(myColor[j]);
                        //定义 Solid 填充、颜色
        graphics.FillPie(myBrush, rect, startPie, PieArc);
                        //画出在矩形边界内的扇形
    }
}

private void DrawBorder_Click(object sender, EventArgs e)
{
    Font fnt = new Font("Verdana", 12);
    Rectangle rect = new Rectangle(SQUER_LETF, TOP-10, 130, 150);
                        //图例边框
    Graphics graphics = this.CreateGraphics();
    Pen myPen = new Pen(Color.Gray, 3);
    graphics.DrawRectangle(myPen, rect);
    for (int j = 0; j < totalDept; j++)
    {                   //画出各图例
        string Dept = dtDeptNum.Rows[j]["Dept_Name"].ToString();
        SolidBrush mySolidBrush = new SolidBrush(myColor[j]);
        graphics.FillRectangle( mySolidBrush,
                        SQUER_LETF + 10, TOP + 20 * j, 30, 15);
        graphics.DrawString(Dept, fnt, new SolidBrush(Color.Gray),
                        SQUER_LETF + 50, TOP + 20 * j);
    }
}
```

5. 项目测试

运行程序，单击“画饼图”“画图例”按钮，观察能否显示图 8-4 中的饼图及图例。

6. 项目小结

图形的绘制是程序设计中比较重要的一部分，频繁使用在游戏、地图等编程中。本项目通过绘制简单的统计图表，让读者了解 GDI+的作用及使用，对 GDI+有一定的印象。

本章小结

本章简要介绍了 GDI+基础、Color 结构、使用画笔绘制基本图形、使用常用的画刷进行区域填充、图形变换的概念及应用。内容包括：

1. 利用画笔绘制基本图形

利用画笔可以绘制常见的基本图形，包括直线、曲线、扇形，椭圆、矩形、多边形等。绘制图形的一般流程如下。

1）创建图形对象；

2）定义画笔；

3）调用相应的方法绘制指定图形。

2．使用画刷进行区域填充

利用画刷可以自定义各种填充方案，包括单色画刷、纹理画刷、阴影画刷、线性渐变画刷等。利用画刷进行区域填充的一般流程如下。

1）创建图形对象；

2）定义画笔；

3）调用相应的方法绘制图形边界；

4）创建自定义画刷；

5）利用自定义画刷填充图形内部。

3．绘制图表

利用画笔、画刷及图形变换功能，可以绘制统计图形。绘制统计图形（这里以饼图为例）的一般流程如下。

1）获取各种统计数据；

2）定义图形绘制的位置、大小；

3）对数据进行预处理，确定相应数据项在饼图中所占的比例、扇形的初始位置；

4）创建自定义画刷；

5）利用自定义画刷填充扇形内部。

习题 8

1．在绘图时，常常使用哪些结构来指定坐标？

2．常用的绘制复杂图形的方法有哪些？

3．简述画刷的作用、常用画刷类型及使用方式。

4．在默认情况下，绘制图形时，窗体左上角的坐标为（0,0），且 x 轴方向向下。采用何种设置才能使坐标原点（0,0）从左上角移至画面的中心？如何使 x 轴方向向上？

实验 8

1．用图形绘制方法在图片框中画出一个坐标系和一个扇形，效果如图 8-5 所示。

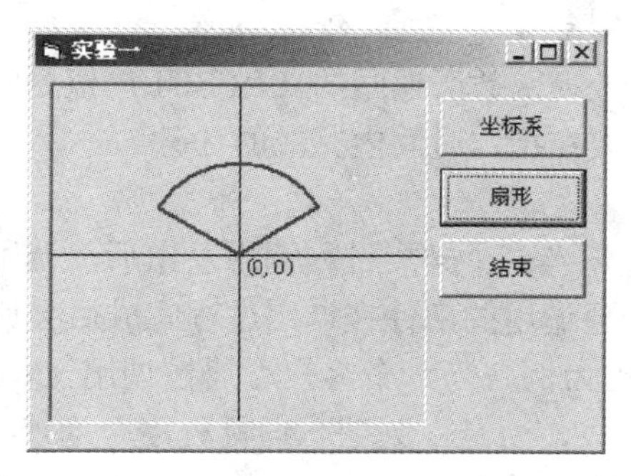

图 8-5　画出一个坐标系和一个扇形

2．对学生信息管理系统中各系部的班级数进行统计，用柱形图显示各系部班级数。

第 9 章　C#网络通信编程

本章以聊天程序设计实现为目标，分别介绍了 Socket 类和 Thread 类的用法；由于套接字编程和多线程编程涉及的内容比较多，本章仅围绕聊天程序的设计介绍了基于连接的套接字编程方法和多线程实现方法。

理论知识

9.1　网络通信编程概述

计算机网络技术是通信技术与计算机技术相结合的产物，具有共享硬件、软件和数据资源，以及对共享数据资源集中处理、管理和维护的能力。网络通信主要包括数据通信、网络连接以及协议 3 个方面的内容。

客户机/服务器模式是最为常见的通信模式，由客户应用程序向服务器程序发出服务请求，服务器程序响应客户应用程序的请求，这种方式隐含了在建立客户机/服务器间通信时的非对称性。这种模式通过一套为客户机和服务器所共识的协议来保证服务能够被提供（或被接受）。协议必须在通信的两头都被实现，根据不同的实际情况，协议可能是对称的或是非对称的。在对称的协议中，每一方都有可能扮演主从角色；在非对称协议中，一方被不可改变地认为是主机，而另一方则是从机。

本章主要关注基于 C#的网络通信编程类，有同步、异步、阻塞和非阻塞 4 种常用的网络编程函数调用方式。

1．同步方式

同步是指函数调用和返回必须一起完成，也即调用得到结果之前调用不返回，一直等到得到调用结果之后才返回。同步调用是大部分函数的调用方式，如 SendMessage 函数发送一个消息给窗口，在窗口处理完消息之前 SendMessage 函数不返回，直到消息处理完毕 SendMessage 函数才把消息处理函数所返回的 LRESULT 值返回给调用者。同步往往特指那些需要其他部件协作或者需要在指定时间内完成的任务。

2．异步方式

异步的概念和同步相对，当一个异步过程调用发出后，调用者不用等待调用的返回，可以继续下面的任务，实际处理调用的部件在调用过程完成后会通过状态、通知和回调来通知调用者。以 CAsycSocket 类为例，当一个客户端通过调用 Connect 函数发出一个连接请求后，调用者并不等待连接完成，而是立刻朝下运行程序。当连接真正建立起来以后，Socket 底层会发送一个消息通知调用者。

至于具体使用哪一种方式通知调用者依赖于执行部件的实现，除非执行部件提供多种选择，否则不受调用者控制。如果执行部件用状态来通知，那么调用者就需要每隔一定时间检查一次，效率相对比较低；如果执行部件用通知的方式，那么效率就比较高，因为调用者几乎不需要做额外的操作；回调函数和通知类似。

3．阻塞方式

阻塞调用是指调用结果返回之前，当前线程会被挂起。函数只有在得到结果之后才会返回，所以通常也把阻塞调用和同步调用等同起来，实际上这两种调用还是不同的。对于同步调用来说，很多时候当前线程是激活的，只是从逻辑上当前函数没有返回而已。例如在 CSocket 中调用 Receive 函数，如果缓冲区中没有数据，这个函数就会一直等待，直到有数据才返回。而此时当前线程还会继续处理各种各样的消息，如果主窗口和调用函数在同一个线程中，除非在特殊的界面操作函数中调用，主界面还是可以刷新的。Socket 接收数据的另外一个函数 recv 则是一个阻塞调用的例子，当 Socket 工作在阻塞模式的时候，如果没有数据的情况下调用该函数，则当前线程就会被挂起，直到有数据为止。

4．非阻塞方式

非阻塞和阻塞的概念相对应，指在不能立刻得到结果之前，该函数不会阻塞当前线程，而是立刻返回。

9.2 套接字（Socket）编程

套接口是通信的基础，一个套接口是通信的一端，与其对应有一个名字，正在被使用的套接口具有类型和与其相关的进程。套接口存在于通信域中，通信域是为了处理一般的线程通过套接口通信而引入的一种抽象概念。套接口通常和同一个域中的套接口交换数据（数据交换也可能穿越域的界限，但这时一定要执行某种解释程序）。Windows Sockets 规范支持单一的通信域，即 Internet 域。各种进程使用这个域互相之间用 Internet 协议族来进行通信（Windows Sockets 1.1 以上的版本支持其他的域，例如 Windows Sockets 2）。套接口可以根据通信性质分类，这种性质对于用户是可见的。应用程序一般仅在同一类的套接口间进行通信。不过只要底层的通信协议允许，不同类型的套接口间也照样可以通信。用户目前可以使用两种套接口，即流套接口和数据报套接口。流套接口提供了双向的、有序的、无重复并且无记录边界的数据流服务。数据报套接口支持双向的数据流，但并不保证是可靠、有序、无重复的。也就是说，一个从数据报套接口接收信息的进程有可能发现信息重复了，或者和发出时的顺序不同。数据报套接口的一个重要特点是它保留了记录边界。对于这一特点，数据报套接口采用了与现在许多包交换网络（例如以太网）非常类似的模型。

Windows Sockets 是 Windows 下网络编程的规范，其本意在于提供给应用程序开发者一套简单的 API，并让各家网络软件供应商共同遵守，目前已成为 Windows 下得到广泛应用的、开放的、支持多种协议的网络编程接口，它以 U.C. Berkeley 大学 BSD UNIX 中流行的 Socket 接口为范例定义了一套 Microsoft Windows 下网络编程的接口，并在此基础上针对 Windows 编程开发了一组扩展的库函数，以使程序员能更加充分地利用 Windows 消息驱动机制进行编程。

一次网络通信/连接需要设置的参数有 4 个：本地 IP 地址、本地端口号、对方端口号和对方 IP 地址。左边两部分称为一个半关联，当与右边两部分建立连接后就称为一个全关联，全关联的套接口可以双向交换数据。如果是使用无连接的通信则只需要建立一个半关联，在发送或接收数据时仅指明另一半的参数就可以了，所以无连接的通信只是将数据发送到另一台主机的指定端口而不接收。此外，不论是有连接还是无连接的通信，都不需要双方的端口号相同。

Socket 类为网络通信提供了一套丰富的方法和属性，它允许使用 ProtocolType 枚举中所列出的任何一种协议执行异步和同步数据传输。对异步方法遵循 .NET Framework 命名模式，也即同步的 Receive 方法对应于异步的 BeginReceive 和 EndReceive 方法。

使用 Socket 类需要引用名字空间 System.Net.Sockets。引用语法如下：

```
using System.Net.Sockets;
```

1．Socket 对象的定义

Socket 类有 3 种构造函数，因此用 Socket 类定义套接字对象有 3 种格式。

1）定义格式 1：

```
//使用 DuplicateAndClose 返回的指定值初始化 Socket 类的新实例
Socket <套接字对象> =new Socket(SocketInformation);
```

2）定义格式 2：

```
//使用指定的套接字类型和协议初始化 Socket 类的新实例
Socket <套接字对象> =new Socket(SocketType, ProtocolType);
```

3）定义格式 3：

```
//使用指定的地址簇、套接字类型和协议初始化 Socket 类的新实例
Socket <套接字对象> =new Socket(AddressFamily
                                , SocketType
                                , ProtocolType);
```

2．Socket 类的常用属性

Socket 类的常用属性如表 9-1 所示。

表 9-1　Socket 类的常用属性

属性名称	说明
AddressFamily	获取 Socket 的地址簇
Available	获取已经从网络接收且可供读取的数据量
Blocking	获取或设置一个值，该值指示 Socket 是否处于阻止模式
Connected	获取一个值，该值指示 Socket 在上次 Send 或者 Receive 操作时是否连接到远程主机
DontFragment	获取或设置 Boolean 值，该值指定 Socket 是否允许将 Internet 协议（IP）数据报分段
DualMode	获取或设置一个 Boolean 值，它指定 Socket 是否用于 IPv4 和 IPv6 的双模式套接字
EnableBroadcast	获取或设置一个 Boolean 值，该值指定 Socket 是否可以发送或接收广播数据包
ExclusiveAddressUse	获取或设置 Boolean 值，该值指定 Socket 是否仅允许一个进程绑定到端口
IsBound	获取一个值，该值指示 Socket 是否绑定到特定本地端口
LingerState	获取或设置一个值，该值指定 Socket 在尝试发送所有挂起数据时是否延迟关闭套接字
ProtocolType	获取 Socket 的协议类型

（续）

属性名称	说明
ReceiveBufferSize	获取或设置一个值，它指定 Socket 接收缓冲区的大小
ReceiveTimeout	获取或设置一个值，该值指定之后同步 Receive 调用将超时的时间长度
RemoteEndPoint	获取远程终结点
SendBufferSize	获取或设置一个值，该值指定 Socket 发送缓冲区的大小
SocketType	获取 Socket 的类型
SendTimeout	获取或设置一个值，该值指定之后同步 Send 调用将超时的时间长度

补充说明如下。

1）AddressFamily：指定 Socket 类的实例可以使用的寻址方案，此属性为只读属性，它在创建 Socket 时设置。

2）ProtocolType：是一个枚举数据类型，指定 Socket 类支持的协议。例如，取值为 TCP 时，指传输控制协议；取值为 UDP 时，指用户数据报协议。

3）SocketType：指定 Socket 类的实例表示的套接字类型，在类实例化时指定。取值为 Stream 时支持可靠、双向、基于连接的字节流，而不重复数据，也不保留边界。此类型的 Socket 与单个对方主机通信，并且在通信开始之前需要建立远程主机连接。Stream 使用传输控制协议（TCP）ProtocolType 和 InterNetworkAddressFamily。

4）Connected：该属性获取截止到最后的 I/O 操作时 Socket 的连接状态。返回 false 表明 Socket 要么从未连接，要么已断开连接。如果要确定连接的当前状态，可使用非阻止、零字节的 Send 调用测试，若调用成功返回或引发 WAEWOULDBLOCK 错误代码 (10035)，则该套接字仍然处于连接状态；否则，套接字不再处于连接状态。

3．Socket 类的常用方法

1）Bind 方法：该方法使 Socket 与一个本地终结点相关联。如果不需要使用特定的本地终结点，则不必在使用 Connect 方法之前调用 Bind 方法，但使用 ReceiveFrom 方法来接收无连接的数据报时必须调用 Bind 方法。接收多路广播的数据报时，必须使用多路广播端口号调用 Bind 方法。其原型为：

```
public void Bind(EndPoint localEP);
```

参数 localEP 指定要与 Socket 关联的本地 EndPoint。

2）Listen 方法：可以让一个面向连接的 Socket 侦听传入的连接尝试。其原型为：

```
public void Listen(int backlog);
```

参数 backlog 指定队列中最多可容纳的等待接受的传入连接数。可指定的最大连接数的值不能大于 MaxConnections。

需要注意的是，在调用 Listen 之前，必须首先调用 Bind 方法，否则 Listen 将引发 SocketException。

3）Accept 方法：以同步方式从侦听套接字的连接请求队列中提取第一个挂起的连接请求，然后创建并返回新的 Socket。在阻止模式中，Accept 将一直处于阻止状态，直到传入的连接尝试排入队列。连接被接受后，原来的 Socket 继续将传入的连接请求排入队列，直到关闭。如果使用非阻止的 Socket 调用此方法，而且队列中没有连接请求，则 Accept 将会引发 SocketException。其原型为：

```
public Socket Accept();
```

需要注意的是在调用 Accept 方法之前，必须首先调用 Listen 方法来侦听传入的连接请求，并将侦听到的请求放入队列中。

4）AcceptAsync 方法：开始一个异步操作来接受一个传入的连接尝试，以异步方式接受连接能够在单独的执行线程中发送和接收数据。其原型为：

```
public bool AcceptAsync(SocketAsyncEventArgs e);
```

参数 e 是用于此异步套接字操作的 System.Net.Sockets.SocketAsyncEventArgs 对象。返回 true 表示 I/O 操作挂起，操作完成时触发 e 参数的 SocketAsyncEventArgs.Completed 事件；返回 false 表示 I/O 操作同步完成。

5）Receive 方法：该方法接收来自绑定的 Socket 的数据，有多种重载。其原型之一为：

```
public int Receive(byte[] buffer);
```

该重载从绑定的 Socket 套接字接收数据，将数据存入参数 buffer 指定的接收缓冲区。

6）Send 方法：与 Receive 方法相对，该方法将数据发送到连接的 Socket。该方法有多种重载。

7）Close 方法：该方法关闭 Socket 连接并释放所有关联的资源。有两种重载，其原型之一为：

```
public void Close();
```

8）Poll 方法：该方法确定 Socket 的状态。其原型为：

```
public bool Poll(int microSeconds, SelectMode mode);
```

参数 microSeconds 指定等待响应的时间（以微秒为单位）；参数 mode 为 SelectMode 类型，有 3 种取值，如表 9-2 所示。

表 9-2　SelectMode 的取值

mode	返 回 值
SelectRead	如果已调用 Listen 并且有挂起的连接，则为 true；如果有数据可供读取，则为 true；如果连接已关闭、重置或终止，则返回 true；否则，返回 false
SelectWrite	如果正在处理 Connect 并且连接已成功，则为 true；如果可以发送数据，则返回 true；否则，返回 false
SelectError	如果正在处理不阻止的 Connect，并且连接已失败，则为 true；如果 OutOfBandInline 未设置，并且带外数据可用，则为 true；否则，返回 false

9）Connect 方法：建立与远程主机的连接。其原型之一为：

```
public void Connect(IPAddress address,int port);
```

参数 address 指定远程主机的 IP 地址；port 指定远程主机的端口号。

10）SendTo 方法：将数据发送到指定的终结点。其原型之一为：

```
public int SendTo(byte[] buffer,EndPoint remoteEP);
```

参数 buffer 是 Byte 类型的数组，包含要发送的数据；remoteEP 表示数据的目标位置。

11）ReceiveFrom 方法：接收数据报并存储源终结点。其原型之一为：

```
public int ReceiveFrom(byte[] buffer,ref EndPoint remoteEP);
```

参数 buffer 为 Byte 类型的数组，存储接收到的数据的位置；remoteEP 是按引用传递的 EndPoint，表示远程服务器。

9.3 线程类 Thread

线程是进程中某个单一顺序的控制流，是进程中的一个实体，是被系统独立调度和分派的基本单位。线程自己不拥有系统资源，只拥有在运行中必不可少的资源，但它可与同属一个进程的其他线程共享进程所拥有的全部资源，有时被称为轻量级进程（Lightweight Process，LWP），是程序执行流的最小单元。

线程由线程类 Thread 定义，定义在命名空间 System.Threading 中，引用语法如下：

```
using System.Threading;
```

1．Thread 对象的定义

Thread 类有 4 种构造函数，因此用 Thread 类定义线程对象有 4 种格式。

1）定义格式 1：

```
//初始化 Thread 类的新实例，指定允许对象在线程启动时传递给线程的委托
Thread <线程对象> =new Thread(ParameterizedThreadStart);
```

2）定义格式 2：

```
//初始化 Thread 类的新实例
Thread <线程对象> =new Thread(ThreadStart);
```

3）定义格式 3：

```
//指定允许对象在线程启动时传递给线程的委托，并指定线程的最大堆栈大小
Thread <线程对象> =new Thread(ParameterizedThreadStart,Int32);
```

4）定义格式 4：

```
//初始化 Thread 类的新实例，指定线程的最大堆栈大小
Thread <线程对象> =new Thread(ThreadStart, Int32);
```

2．Thread 类的常用属性

Thread 类的常用属性如表 9-3 所示。

表 9-3　Thread 类的常用属性

属性名称	说　明
Name	获取或设置线程的名称
Priority	获取或设置一个值，该值指示线程的调度优先级
ThreadState	获取一个值，该值包含当前线程的状态
ManagedThreadId	获取当前托管线程的唯一标识符
IsAlive	获取一个值，该值指示当前线程的执行状态
CurrentThread	获取当前正在运行的线程
CurrentContext	获取线程正在其中执行的当前上下文
CurrentCulture	获取或设置当前线程的区域性
CurrentUICulture	获取或设置资源管理器使用的当前区域性，以便在运行时查找区域性特定的资源
ManagedThreadId	获取当前托管线程的唯一标识符

3．Tread 类的常用方法

1）Start 方法：该方法使线程得以按计划执行，有两种重载，其原型之一为：

```
public void Start();
```

2）Interrupt 方法：该方法中断处于 WaitSleepJoin 线程状态的线程，其方法原型：

```
public void Interrupt();
```

3）Sleep 方法：为当前线程阻塞指定的毫秒数，有两种重载，其原型之一为：

```
public static void Sleep(int millisecondsTimeout);
```

参数 millisecondsTimeout 指定线程被阻塞的毫秒数。指定零（0）以指示应挂起此线程以使其他等待线程能够执行，指定 Infinite 以无限期阻止线程。

4）SetData 方法：在当前正在运行的线程上为此线程的当前域在指定槽中设置数据。其原型为：

```
public static void SetData(LocalDataStoreSlot slot, Object data);
```

参数 slot 指定在其中设置值的 LocalDataStoreSlot，data 指定要设置的值。

5）Abort 方法：终止线程，有两种重载，其原型之一为：

```
public void Abort();
```

6）Join 方法：在继续执行标准的 COM 和 SendMessage 消息泵处理期间，阻塞调用线程，直到某个线程终止为止，有 3 种重载，其原型之一为：

```
public void Join();
```

工作任务

工作任务 25　简单聊天通信程序设计

1．项目描述

设计一个简单的聊天通信程序，包含一个客户端和一个服务器端程序，通过客户端和服务器端的通信实现信息共享，达到聊天的目的。客户端和服务器端界面设计分别如图 9-1 和 9-2 所示。

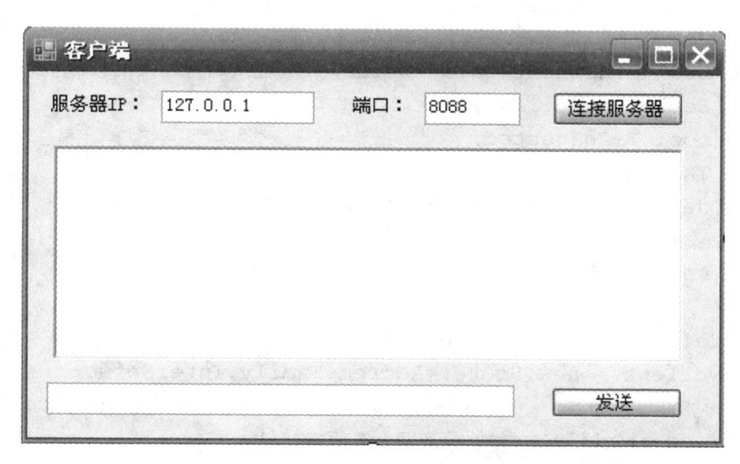

图 9-1　客户端程序界面设计

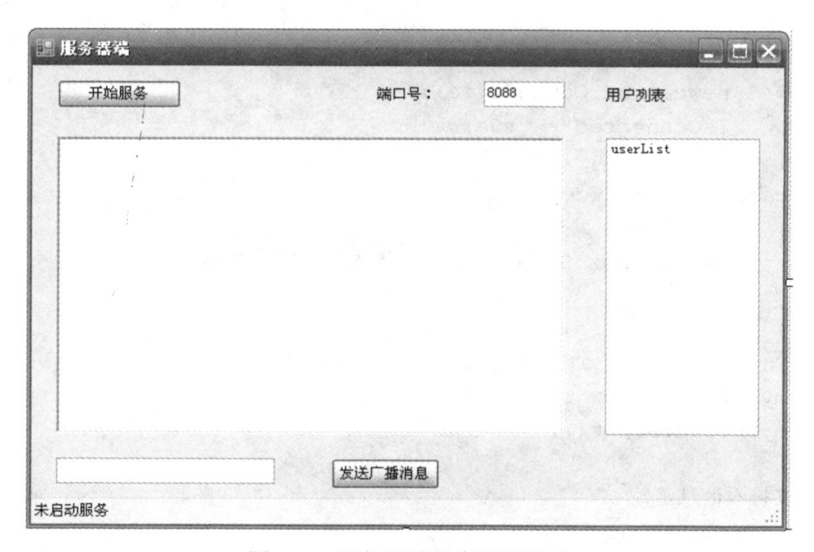

图 9-2　服务器端程序界面设计

2．相关知识

套接字编程和多线程编程的相关知识。

3．项目设计

本项目利用 Socket 对象的相关方法实现客户端和服务器端的通信编程，利用 Thread 对象的相关方法启动和终止线程，实现多线程程序运行。相关信息显示根据需要用 RichTextBox、TextBox、List 等控件显示。

4．项目实施

1）创建客户端项目，按图 9-1 所示搭建客户端程序界面。

2）引用命名空间，编写程序代码如下：

```
using System.Net.Sockets;
using System.Threading; //第一步，引入命名空间
//定义相关变量
public bool btnClientStatu = true;  //连接断开连接的按钮状态
public Socket newclient;
public bool IsConnected;
public Thread myThread;
public delegate void MyInvoke(string str);
//定义连接函数
public void Connect()
{
    byte[] data = new byte[1024];
    newclient = new Socket(AddressFamily.InterNetwork
                            , SocketType.Stream, ProtocolType.Tcp);
    string ipadd = serverIP.Text.Trim();
    int port = Convert.ToInt32(serverPort.Text.Trim());
    IPEndPoint ie = new IPEndPoint(IPAddress.Parse(ipadd), port);
    try
    {
        newclient.Connect(ie);
        IsConnected = true;
    }
    catch(SocketException e)
    {
        MessageBox.Show("连接服务器失败  "+e.Message);
        return;
    }
    ThreadStart myThreaddelegate = new ThreadStart(ReceiveMsg);
    myThread = new Thread(myThreaddelegate);
    myThread.Start();
}
//定义接收信息函数
public void ReceiveMsg()
{
    while (true)
    {
        byte[] data = new byte[1024];
```

```
            int recv = newclient.Receive(data);
            string stringdata = Encoding.UTF8.GetString(data, 0, recv);
            showMsg("服务器端广播: " + stringdata + "\r\n");
        }
    }
    //定义显示信息函数
    public void showMsg(string msg)
    {
        //在线程里以安全方式调用控件
        if (receiveMsg.InvokeRequired)
        {
            MyInvoke _myinvoke = new MyInvoke(showMsg);
            receiveMsg.Invoke(_myinvoke, new object[] { msg });
        }
        else
            receiveMsg.AppendText(msg);
    }
    //发送按钮单击事件代码
    private void SendMsg_Click(object sender, EventArgs e)
    {
        int m_length = mymessage.Text.Length;
        byte[] data=new byte[m_length];
        data = Encoding.UTF8.GetBytes(mymessage.Text);
        int i = newclient.Send(data);
        // 以下为两种信息显示方式
        showMsg("我说: " + mymessage.Text + "\r\n");
        //receiveMsg.AppendText("我说: "+mymessage.Text + "\r\n");
        mymessage.Text = "";
        //newclient.Shutdown(SocketShutdown.Both);
    }
    //连接服务器按钮单击事件代码
    private void btnCon2Server_Click(object sender, EventArgs e)
    {
        if (btnClientStatu)
        {
            Connect();
            btnClientStatu = false;
            btnCon2Server.Text = "断开连接";
        }
        else
            MessageBox.Show("尚未编写用于断开的代码 ");
    }
```

3）创建服务器项目，按图 9-2 所示搭建服务器端程序界面。

4）引用命名空间，编写程序代码如下：

```
using System.Threading;
```

```
using System.Net;
using System.Net.Sockets; //第一步，引入命名空间
//定义相关变量
public bool btnServerStatu = true;  //开始停止服务按钮状态
public Thread myThread;        //声明一个线程实例
public Socket newsock;         //声明一个 Socket 实例
public Socket server1;
public Socket Client;
public delegate void MyInvoke(string str);
public IPEndPoint localEP;
public int localPort;
public EndPoint remote;
public Hashtable _sessionTable;
public bool m_Listening;
//设置服务器端监听的端口号
public int setPort
{
    get { return localPort; }
    set { localPort = value; }
}
//向 richtextbox 框中添加新消息函数
public void showClientMsg(string msg)
{
    //在线程里以安全方式调用控件
    if (showinfo.InvokeRequired)
    {
         MyInvoke _myinvoke = new MyInvoke(showClientMsg);
         showinfo.Invoke(_myinvoke, new object[] { msg });
    }
    else
         showinfo.AppendText(msg);
}
//显示用户列表的函数
public void userListOperate(string msg)
{
    //在线程里以安全方式调用控件
    if (userList.InvokeRequired)
    {
         MyInvoke _myinvoke = new MyInvoke(userListOperate);
         userList.Invoke(_myinvoke, new object[] { msg });
    }
    else
         userList.Items.Add(msg);
}
//移除用户列表的函数
public void userListOperateR(string msg)
```

```
{
    //在线程里以安全方式调用控件
    if (userList.InvokeRequired)
    {
        MyInvoke _myinvoke = new MyInvoke(userListOperateR);
        userList.Invoke(_myinvoke, new object[] { msg });
    }
    else
        userList.Items.Remove(msg);
}
//监听函数
public void Listen()
{
    //设置端口
    setPort=int.Parse(serverport.Text.Trim());
    //初始化Socket实例
    newsock = new Socket(AddressFamily.InterNetwork
                    , SocketType.Stream, ProtocolType.Tcp);
    //允许Socket被绑定在已使用的地址上
    newsock.SetSocketOption(SocketOptionLevel.Socket
                    , SocketOptionName.ReuseAddress, true);
    //初始化终结点实例
    localEP=new IPEndPoint(IPAddress.Any,setPort);
    try
    {
        _sessionTable = new Hashtable(53);
        //绑定
        newsock.Bind(localEP);
        //监听
        newsock.Listen(10);
        //开始接受连接，异步
        newsock.BeginAccept(new AsyncCallback(OnConnectRequest)
                    , newsock);
    }
    catch (Exception ex)
    {
        showClientMsg(ex.Message);
    }
}
//处理客户端连接请求
public void OnConnectRequest(IAsyncResult ar)
{
    //初始化一个Socket，用于其他客户端的连接
    server1 = (Socket)ar.AsyncState;
    Client = server1.EndAccept(ar);
    //将要发送给连接上来的客户端的提示字符串
```

```
        DateTimeOffset now = DateTimeOffset.Now;
        string strDateLine = "欢迎登录到服务器";
        Byte[] byteDateLine =
                         System.Text.Encoding.UTF8.GetBytes(strDateLine);
       //将提示信息发送给客户端,并在服务器端显示连接信息
       remote = Client.RemoteEndPoint;
       showClientMsg(Client.RemoteEndPoint.ToString()
                    + "连接成功。" + now.ToString("G")+"\r\n");
       Client.Send(byteDateLine, byteDateLine.Length, 0);
       userListOperate(Client.RemoteEndPoint.ToString());
       //把连接成功的客户端的Socket实例放入哈希表
       _sessionTable.Add(Client.RemoteEndPoint, null);
       //等待新的客户端连接
       server1.BeginAccept(new AsyncCallback(OnConnectRequest), server1);
       while (true)
       {
            int recv = Client.Receive(byteDateLine);
            string stringdata = Encoding.UTF8.GetString(byteDateLine
                                                          , 0, recv);
            string ip = Client.RemoteEndPoint.ToString();
            //获取客户端的IP和端口
            if (stringdata == "STOP")
            {
                //当客户端终止连接时
                 showClientMsg(ip+"   "+now.ToString("G")+"  "
                              +"已从服务器断开"+"\r\n");
                _sessionTable.Remove(Client.RemoteEndPoint);
                 break;
             }
             //显示客户端发送过来的信息
             showClientMsg(ip+ "  "
                             + now.ToString("G") + "   "
                             + stringdata + "\r\n");
         }
   }
   //发送广播消息
   public void SendBroadMsg()
   {
       string strDataLine = sendmsg.Text;
       Byte[] sendData = Encoding.UTF8.GetBytes(strDataLine);
       foreach (DictionaryEntry de in _sessionTable)
       {
            EndPoint temp = (EndPoint)de.Key;
            Client.SendTo(sendData, temp);
       }
       sendmsg.Text = "";
```

```
    }
    //开始停止服务按钮
    private void startService_Click(object sender, EventArgs e)
    {
        //新建一个委托线程
        ThreadStart myThreadDelegate = new ThreadStart(Listen);
        //实例化新线程
        myThread = new Thread(myThreadDelegate);
        if (btnServerStatu)
        {
            myThread.Start();
            statuBar.Text = "服务已启动，等待客户端连接";
            btnServerStatu = false;
            startService.Text = "停止服务";
        }
        else
        {
            //停止服务（绑定的套接字没有关闭,因此客户端还是可以连接上来）
            myThread.Interrupt();
            myThread.Abort();
            //showClientMsg("服务器已停止服务"+"\r\n");
            btnServerStatu = true;
            startService.Text = "开始服务";
            statuBar.Text = "服务已停止";
        }
    }
    //窗口关闭时中止线程
    private void FmrServer_FormClosing(object sender
                                        , FormClosingEventArgs e)
    {
        if (myThread != null)
            myThread.Abort();
    }
    //发送广播信息按钮单击事件代码
    private void send_Click(object sender, EventArgs e)
    {
        SendBroadMsg();
    }
```

5. 项目测试

1）运行服务器端程序，单击“开始服务”按钮，进入服务状态。

2）运行客户端程序，单击“连接服务器”按钮，请求服务。

3）在客户端输入要发送的信息，测试信息发送情况。

4）在服务器端查看信息接收情况。

5）在服务器端发送广播信息，在客户端查看信息接收情况。

6. 项目小结

本项目的开发涉及程序代码编写比较多，主要使用的类有 Socket 类和 Thread 类。

1）Socket 类的使用：本项目使用面向连接的协议，服务器使用 Listen 方法侦听连接。Accept 方法处理任何传入的连接请求，并返回可用于与远程主机进行数据通信的 Socket。可以使用此返回的 Socket 来调用 Send 或 Receive 方法发送数据。

2）Thread 类的使用：使用 Start 方法启动线程，启动后在线程内进行数据收发，收发完毕使用 Abort 方法终止线程。

本章小结

本章重点介绍了套接字编程和线程的相关知识。

1. 通信的基础知识

介绍了通信的概念和分类，以及通信程序所涉及的类和名字空间。

2. 套接字编程知识

套接字编程使用 Socket 类，介绍了 Socket 类的实例化、主要属性和主要方法。

3. 多线程编程的知识

多线程编程使用 Thread 类，介绍了 Thread 类的实例化、主要属性和主要方法。

4. 聊天程序设计

给出了聊天程序设计的完整步骤和代码，总结分析了聊天程序设计中 Socket 类和 Thread 类的使用方法。

习题 9

1. 简述网络通信编程的 4 种函数调用方式。
2. 简述基于连接的套接字编程中所涉及的方法及其用法。
3. 简述线程的概念，以及线程类的实例化方法。

第 10 章　应用程序部署

本章重点介绍应用程序安装程序的制作方法和部署应用程序的步骤。通过本章内容的学习，读者应掌握应用程序的部署内容和部署程序的设计方法，完成学生档案管理系统的部署。

理论知识

10.1　部署概述

Visual Studio 中应用程序的部署与传统的应用程序安装和部署在许多方面存在不同，它不创建基于脚本的安装程序，而是使用 Microsoft Windows Installer 技术创建可以完全控制安装过程的安装程序。利用其中的部署工具可创建 Windows Installer（.msi）文件，这些文件可以在其他计算机上分发和安装。最终的安装程序文件可以在传统的媒体上发布，如软盘或 CD-ROM，还可以放在网络驱动器上通过网络安装。要部署应用程序，一般需要首先创建一个安装项目并设置部署项目属性，以确定安装程序的生成位置和生成方式。对于通过传统媒体进行的部署，可以将.msi 文件从生成位置复制到软盘或其他媒体。若要部署到网络位置，则应创建一个安装项目，并在“文件系统编辑器”中将应用程序的项目输出组添加到安装项目。生成安装程序后，将其复制到服务器计算机，然后便可以从那里通过网络下载它。

Visual Studio 为 4 种类型的部署项目提供了模板：合并模块项目、安装项目、Web 安装项目和 Cab 项目。此外还提供了安装向导帮助用户按步骤完成创建部署项目的过程。这些模板和向导显示在“新建项目”对话框的“安装和部署项目”节点下。

（1）安装项目和 Web 安装项目

安装项目用于创建安装程序，以便分发应用程序。最终的 Windows Installer（.msi）文件包含应用程序、任何依赖文件以及有关应用程序的信息（如注册表项和安装说明）。当.msi 文件在另一台计算机上分发和运行时，应确保安装所需的一切都已就绪；如果安装因某种原因而失败（例如，目标计算机没有所需的操作系统版本），则进度将回滚，计算机返回到安装前的状态。

在 Visual Studio 中，有两种类型的安装项目，即安装项目和 Web 安装项目。安装项目与 Web 安装项目的区别在于安装程序的部署位置：安装项目将文件安装到目标计算机的文件系统中；而 Web 安装项目将文件安装到 Web 服务器的虚拟目录中。

Visual Studio 提供了“安装向导”，用以简化创建安装项目或 Web 安装项目的过程。

（2）Cab 文件项目

使用 Cab 文件项目可以创建 .Cab 文件，以便对可以从 Web 服务器下载到 Web 浏览器的 ActiveX 控件进行打包。

与其他部署项目类型不同，没有提供处理 Cab 项目的编辑器。文件和项目输出可以添加到“解决方案资源管理器”的 Cab 项目中，属性可以在“属性”面板或“项目属性”页中设置。

Cab 项目的属性允许指定压缩级别、实现 Authenticode 签名、设置显示名称和版本信息，以及指定依赖文件在 Web 上的位置。

（3）合并模块项目

使用合并模块项目可以创建可重用的安装组件。与在应用程序之间共享代码的动态链接库一样，合并模块允许在 Windows Installer 之间共享安装代码。

合并模块（.msm 文件）是一个软件包，它包含安装组件所需的所有文件、资源、注册表项和安装逻辑关系。合并模块无法单独安装，必须在 Windows Installer（.msi）文件的环境内使用。

合并模块能够捕获特定组件的所有依赖项，从而确保安装正确的版本。合并模块分发后，就不应再修改它，而应为组件的每个后续版本创建新的合并模块。

为了避免版本问题，对于将由多个应用程序共享的任何组件或文件，应始终使用合并模块。

表 10-1 给出了部署项目的类型和用途。

表 10-1　部署项目的类型和用途

项 目 类 型	用　途
合并模块项目	将可能由多个应用程序共享的组件打包
安装项目	为基于 Windows 的应用程序生成安装程序
Web 安装项目	为 Web 应用程序生成安装程序
Cab 项目	创建压缩文件以下载到旧式 Web 浏览器
智能设备 Cab 项目	创建用于部署设备应用程序的 Cab 项目

表 10-2 给出了部署项目的属性。

表 10-2　部署项目属性列表

属　性	说　明
AddRemoveProgramsIcon	指定要在目标计算机上的“添加/删除程序”对话框中显示的图标
Author	指定应用程序或组件的作者名称
Description	指定任意形式的安装程序说明
DetectNewerInstalledVersion	指定安装期间是否检查应用程序的更新版本
FriendlyName	为 Cab 项目中的.cab 文件指定公共名称
InstallAllUsers	指定是为计算机的所有用户安装应用程序，还是只为当前用户安装应用程序
Keywords	指定用于搜索安装程序的关键字
Localization	指定字符串资源和运行时用户界面的区域设置
Manufacturer	指定应用程序或组件的制造商名称
ManufacturerUrl	指定包含有关应用程序或组件制造商信息的网站 URL
ModuleSignature	为合并模块指定唯一标识符

（续）

属　性	说　明
PostBuildEvent	指定在生成部署项目之后执行的命令行
PreBuildEvent	指定在生成部署项目之前执行的命令行
ProductCode	为应用程序指定唯一标识符
ProductName	指定描述应用程序或组件的公共名称
RemovePreviousVersions	指定安装程序在安装期间是否移除应用程序的早期版本
RestartWWWService	指定在安装过程中 Internet 信息服务是否停止并重新启动
RunPostBuildEvent	确定何时运行 PostBuildEvent 属性中指定的命令行
SearchPath	指定用于搜索开发计算机上的程序集、文件或合并模块的路径
Subject	指定描述应用程序或组件的其他信息
SupportPhone	指定用于应用程序或组件的支持信息的电话号码
SupportUrl	指定包含应用程序或组件支持信息的网站 URL
TargetPlatform	指定打包的应用程序或组件的目标平台
Title	指定安装程序的标题
UpgradeCode	指定表示应用程序的多个版本的共享标识符
Version	指定安装程序、合并模块或.cab 文件的版本号
WebDependencies	指定选定 Cab 项目的依赖项

10.2　创建和部署基于 Windows 的应用程序

本节以实例的方式展开，为启动记事本的基于 Windows 的应用程序创建一个安装程序。实现步骤包括创建一个基于 Windows 的应用程序用于启动记事本；创建一个安装程序；利用安装程序部署应用程序。通过该实例介绍创建一个基于 Windows 应用程序的基本安装程序的制作过程。

10.2.1　创建一个基于 Windows 的应用程序

1）打开 VS 2010，创建“Windows 应用程序”项目。项目名称确定为“My Notepad”。

2）打开“Windows 窗体设计器”，将一个Button控件拖放到默认窗体 Form1 中。

3）为 Button 控件添加单击事件处理代码，代码如下：

```
private void button1_Click(object sender, EventArgs e)
{    //启动 Notepad.exe 并将焦点对准它
    System.Diagnostics.Process.Start("Notepad.exe");
}
```

4）在“生成”菜单上选择“生成 My Notepad”以生成应用程序。

10.2.2　创建部署项目

选择刚创建的“My Notepad”应用程序，选择“菜单”→“添加”→“新建项目”命令，在界面中选择项目类型为“其他项目类型”→“安装和部署”，“联机模板”为“安装项目”，“名称”为“My Notepad Installer”，然后单击“确定”按钮，如图 10-1 所示。

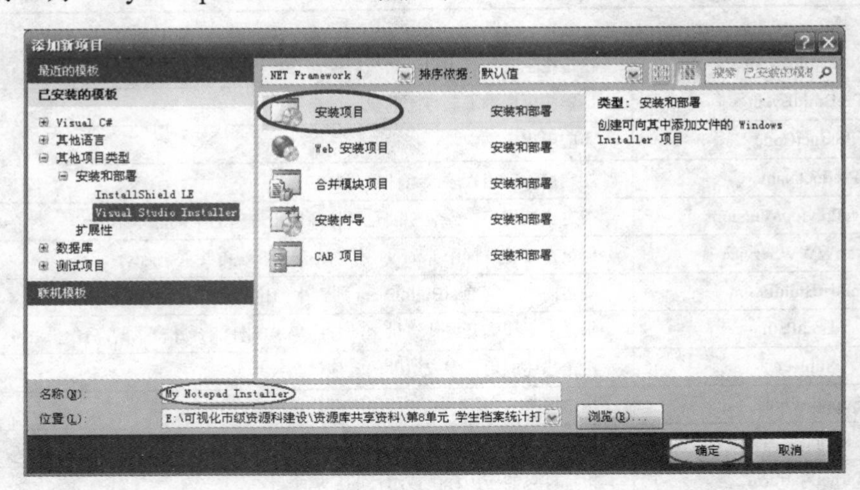

图 10-1　添加安装项目

将项目添加到“解决方案资源管理器”中，并且“文件系统”编辑器已打开，如图 10-2 所示。

在“解决方案资源管理器”中选择“My Notepad Installer”项目。在其“属性”面板中选择“ProductName”属性，如图 10-3 所示。输入“My Notepad”，设定安装时文件夹的名称和“添加/删除程序”对话框中为该应用程序显示的名称为“My Notepad”。

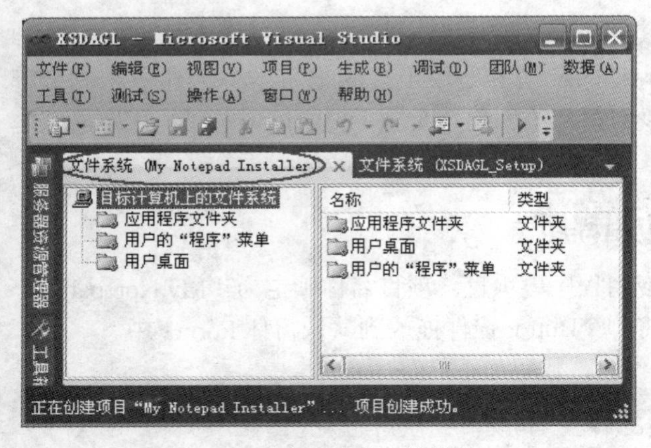

图 10-2 “文件系统”编辑器

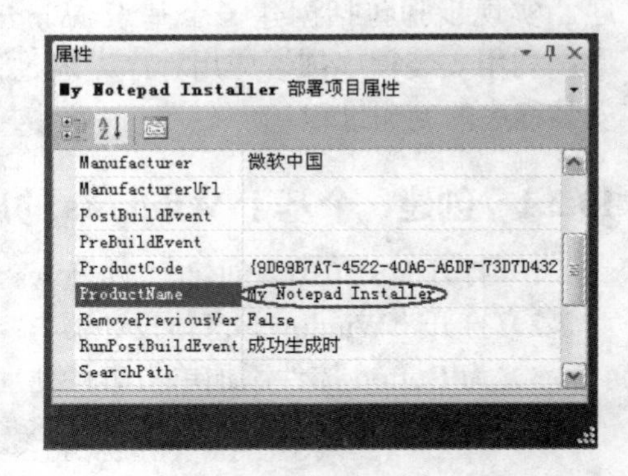

图 10-3　设置部署项目属性

10.2.3　将基于 Windows 的应用程序添加到安装程序中

1）在“解决方案资源管理器”中选择“My Notepad Installer”项目。在“文件系统”编辑器中，选择“应用程序文件夹”节点。

2）右击“应用程序文件夹”节点，选择“添加”→“项目输出”命令，如图 10-4 所示。

3）在“添加项目输出组”对话框的“项目”下拉列表中选择“My Notepad”；从列表框中选择“主输出”组。在“配置”下拉列表中选择“(活动)”。单击“确定”按钮关闭对话框，如图 10-5 所示。

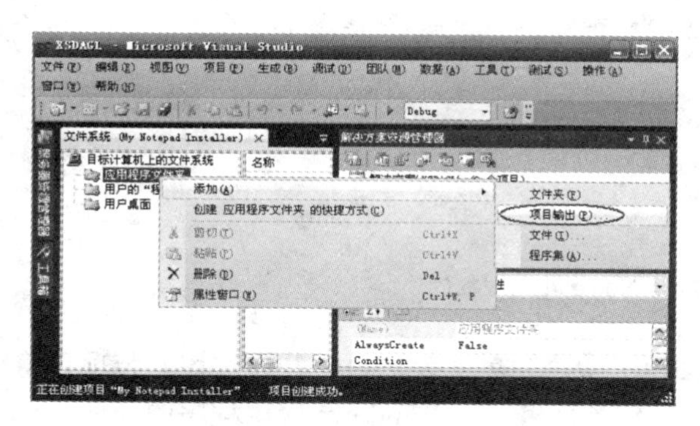

图 10-4　选择“项目输出”

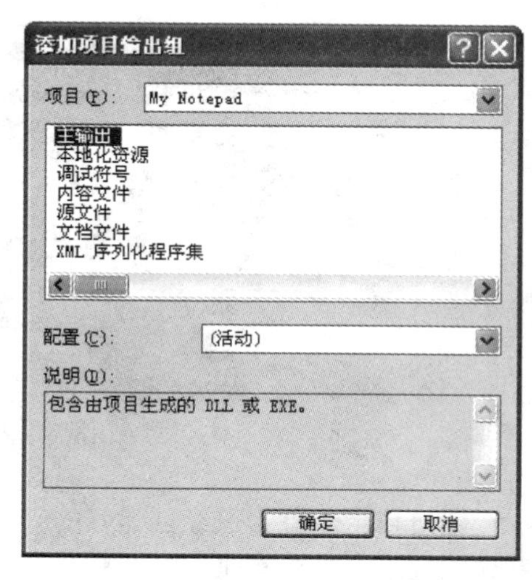

图 10-5　“添加项目输出组”对话框

4）在“生成”菜单中选择“生成 My Notepad Installer”，如图 10-6 所示。单击以后生成安装项目。

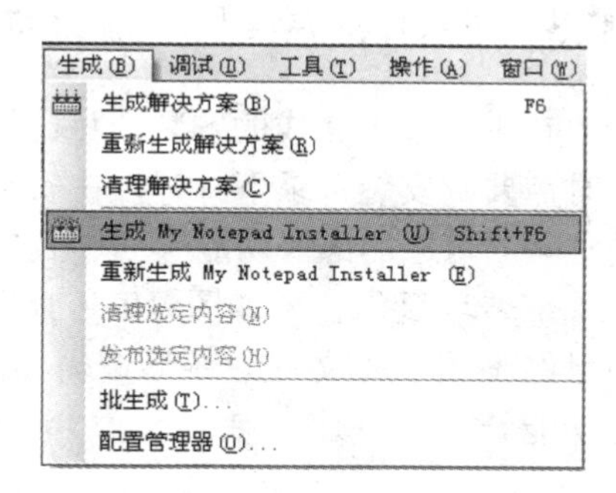

图 10-6　生成 My Notepad Installer 项目

10.2.4　部署应用程序（基本安装程序）

在“解决方案资源管理器”中选择“My Notepad Installer”项目，在“项目”菜单中选择“安装”命令。也可以在“My Notepad Installer”项目的 Debug 目录下找到并运行安装程序。

运行安装程序（安装向导），如图 10-7 所示，开始在开发计算机上安装“My Notepad”。

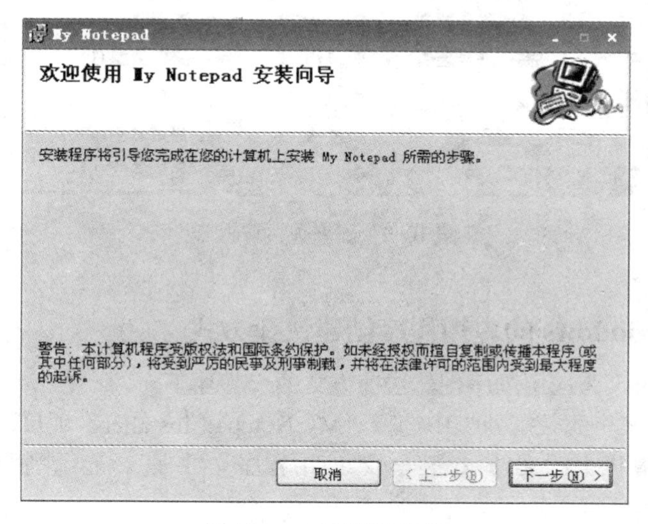

图 10-7　打开安装向导

按步骤安装完毕，在开发计算机上就增加了一个应用程序 My NotePad，如图 10-8 所示。

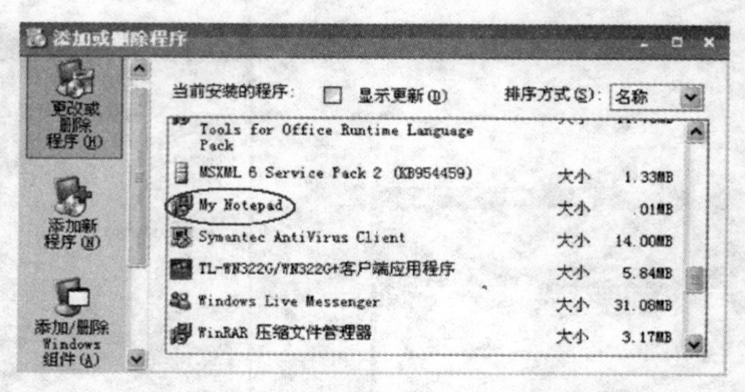

图 10-8　安装好的 My Notepad 应用程序

通过以上步骤为已经创建好的应用程序创建了一个简单安装项目，并通过该安装项目将创建的应用程序在本地计算机上进行了安装，完成了部署基于 Windows 应用程序的任务。

10.3　应用程序可选部署功能

在上一节中完成的安装项目比较简单，例如没有给应用程序创建快捷方式，打开应用程序时需要到安装目录下打开，在安装过程中的提示界面过于简单等。下面将叙述安装项目中的一些“可选的部署功能”，以创建更加友好的应用程序部署项目。

部署项目包含了如图 10-9 所示的 6 种编辑器，分别实现不同的编辑功能，在上一节中已经使用了“文件系统”编辑器。下面分别利用这些编辑器为应用程序添加一些可选部署功能。

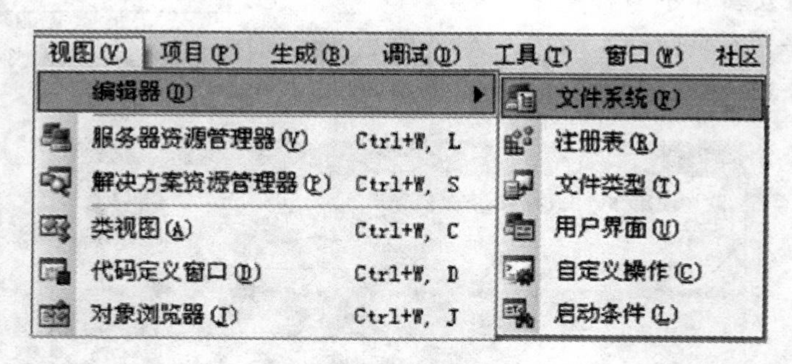

图 10-9　部署项目编辑器

10.3.1　为基于 Windows 的应用程序创建快捷方式

创建安装项目时，为应用程序创建快捷方式的步骤如下。

1）在“解决方案资源管理器”中选择“My Notepad Installer”项目，选择“文件系统”编辑器→“目标计算机上的文件系统”→“应用程序文件夹”，显示刚刚创建的“主输出来自 My Notepad（活动）”节点。

2）右击“主输出来自 My Notepad（活动）”节点，选择“创建主输出来自 My

Notepad（活动）的快捷方式”命令，将会添加一个名为“主输出来自 My Notepad（活动）的快捷方式”的节点。

3）将该快捷方式重命名为“My Notepad 的快捷方式”。

4）选择“My Notepad 的快捷方式”，将它拖到左窗格的“用户桌面”文件夹中，如图 10-10 所示，则为应用安装创建了一个快捷方式。

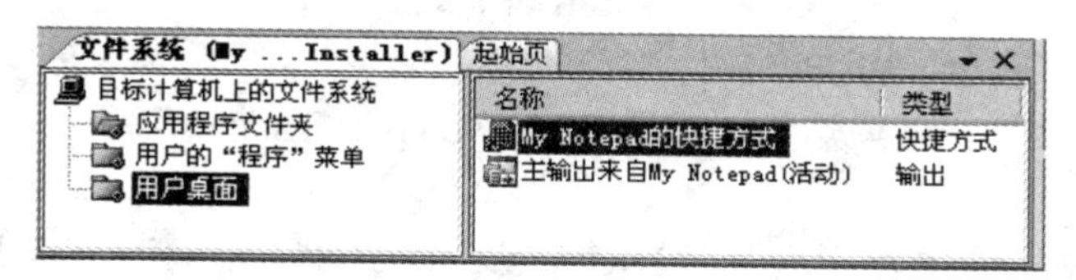

图 10-10　将“My Notepad 的快捷方式”拖放至左侧窗格的“用户桌面”文件夹中

5）在“生成”菜单上选择“重新生成 My Notepad Installer”。

6）右击“My Notepad Installer”项目选择“安装”命令重新安装项目，则安装好的应用程序在桌面上添加了一个快捷方式。

10.3.2　创建文件关联

可以将应用程序关联到某类文件中，如双击扩展名为“.doc”的文件自动打开 Word 应用程序。以下步骤为“My Notepad”应用程序添加文件关联，关联到以“.vbn”为扩展名的文件，以便双击 .vbn 文件时自动打开“My Notepad”应用程序。

1）在“解决方案资源管理器”中选择“My Notepad Installer”项目，打开“文件类型”编辑器。

2）在“文件类型”编辑器中选择“目标计算机上的文件类型”节点。打开“操作”菜单，单击“添加文件类型”将会添加一个名为“新文档类型 #1”的节点，将“新文档类型 #1”重命名为“Vbn.doc”。

3）在“属性”面板中将文件类型的 Extension 属性设置为“vbn”，设定关联文件的扩展名为“vbn”；选择 Command 属性，单击其后的省略号“...”按钮。在“选择项目中的项”对话框中定位到“应用程序文件夹”，选择“主输出来自 My Notepad（活动）”选项，如图 10-11 所示。单击“确定”按钮关闭对话框。

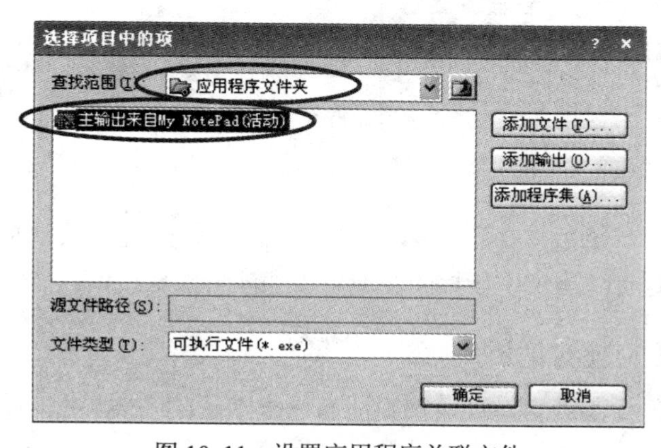

图 10-11　设置应用程序关联文件

10.3.3　添加注册表项

“注册表”编辑器可用于指定目标计算机注册表中新的或现有注册表项的值。可添加字符串值、二进制值和 DWORD 值。在安装过程中这些值将写入注册表中，指定的值将改写所有现有值。

以下步骤是将一个注册表项以及相应的值添加到注册表中。运行时应用程序代码中可以引用此注册表项以检索用户特定的信息。

1）在“解决方案资源管理器”中选择“My Notepad Installer”项目，打开“注册表”编辑器。

2）在“注册表”编辑器中选择“HKEY_CURRENT_USER”节点并展开它，再展开“Software”节点，然后选择“[Manufacturer]”节点。“[Manufacturer]”节点用方括号括起来表示它是一个属性，将其重命名，注册表的值将被替换为指定的值。

3）在“操作”菜单上选择“新建”，然后选择“新建键”命令，如图 10-12 所示。将该注册表项重命名为“UserChoice”并选定它，如图 10-13 所示。

图 10-12　新建注册表项

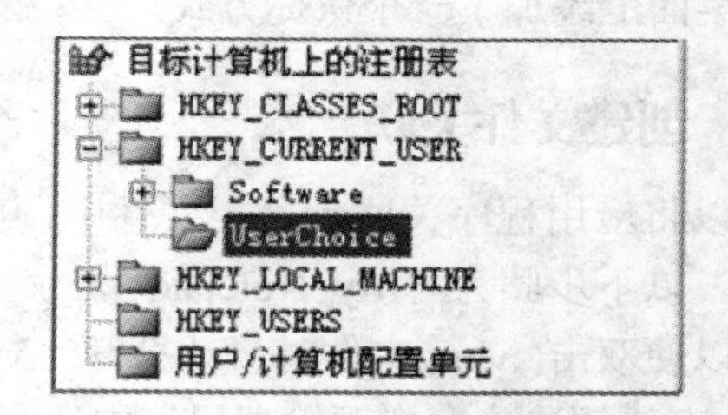

图 10-13　将注册表项更名为“UserChoice”

4）在“操作”菜单上选择“新建”，然后选择“字符串值”命令，将字符串值重命名为“TextColor”，如图 10-14 所示。在“属性”面板中，选择 Value 属性，输入“Black”，如图 10-15 所示。

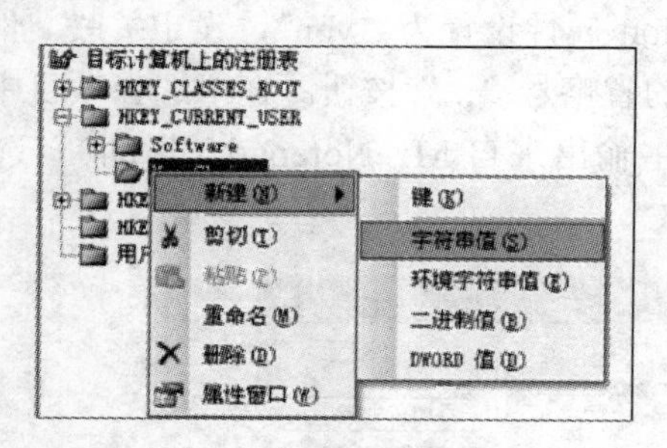

图 10-14　重命名字符串值

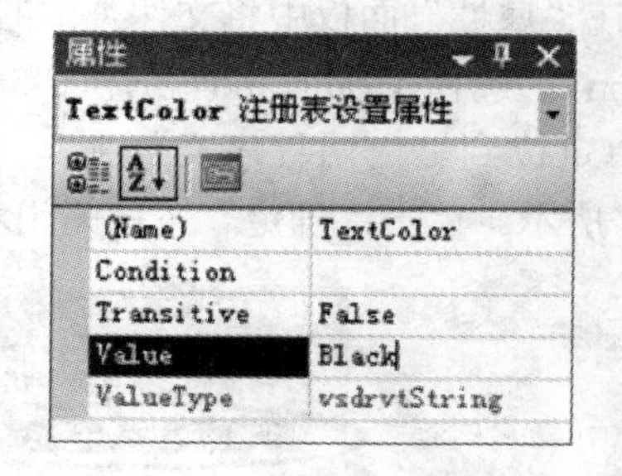

图 10-15　设置注册表属性

安装成功后，用户可单击“开始”→“运行”，输入 regedit 并按“Enter”键，打开“注册表”编辑器，就能查看注册表中新增的注册表项和注册表属性值。

10.3.4　添加自定义安装对话框

前面步骤中创建的安装项目呈现给用户的是一个默认的安装界面，此外还可以自定义安装期间呈现给用户的安装界面，使用户了解一些系统的其他信息。以下步骤添加并配置一个在安装期间显示的自定义用户界面对话框，以控制是否安装示例。

1）在“解决方案资源管理器”中选择“My Notepad Installer”项目。打开“用户界面”编辑器，如图 10-16 所示。

由图 10-16 可见，“用户界面”编辑器中包含了启动、进度和结束显示页面的设计，且分为普通用户安装和系统管理员安装两种。

2）在“用户界面”编辑器中，选择“安装”→“启动”节点。在“操作”菜单中选择“添加对话框”。

3）在“添加对话框”对话框中选择“复选框”，单击“确定”按钮关闭对话框。右击“复选框”对话框，选择“上移”两次，将其定位到“安装文件夹”对话框的上面。

4）在“属性”面板中将 BannerText 属性设置为“示例”；将 BodyText 属性设置为“安装示例复选框控制是否安装示例文件。如果该复选框保留为未选中状态，将不安装示例”；将 CheckBox1Label 的 Text 属性设置为“安装示例吗?”；将 Checkbox2、Checkbox3 和 Checkbox4 的 Visible 属性设置为 False，以隐藏这些复选框。

正式安装时的运行效果所图 10-17 所示。

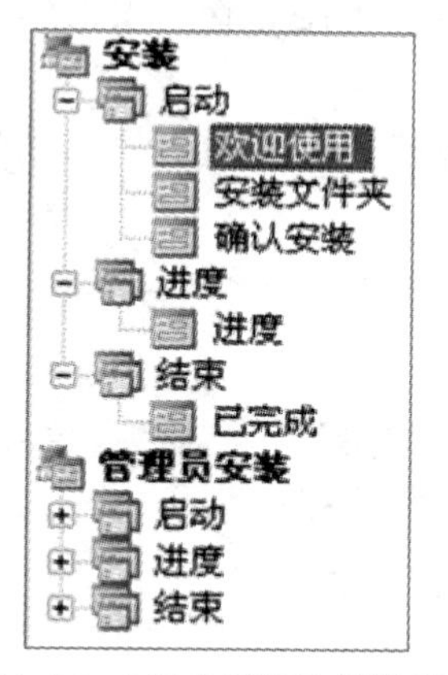

图 10-16 “用户界面”编辑器

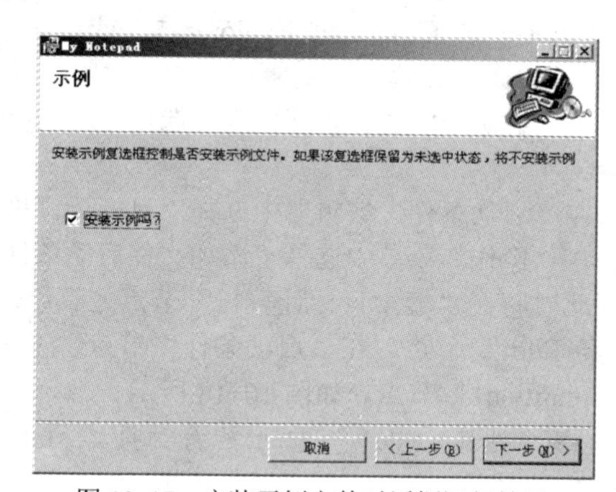

图 10-17 安装示例文件对话框运行效果

10.3.5 安装示例文件

为应用程序安装示例文件需要 3 个步骤，以下分别叙述。

1．添加 Samples 文件夹

通过以下步骤为应用程序创建一个 Samples 子文件夹，它将被安装到 Application 文件夹的下面。

1）在“解决方案资源管理器”中选择“My Notepad Installer”项目，打开“文件系统”编辑器，选择“应用程序文件夹”。

2）右击“应用程序文件夹”，在上下文菜单上选择“添加”，然后单击“文件夹”选项。

3）将“新建文件夹 #1”重命名为“Samples”。

2．为应用程序创建示例文件

使用记事本或其他文本编辑器创建两个名为“rules.vbn”和“demo.vbn”的文本文件。

3. 将示例文件添加到安装程序中

1）选择刚刚创建的“Samples”文件夹。

2）在“操作”菜单中选择“添加”，然后选择“文件”，将“rules.vbn”和“demo.vbn”文件添加到“Samples”文件夹中。

3）在“文件系统”编辑器中选择“rules.vbn”文件。在“属性”面板中将 Condition 属性设置为“CHECKBOXA1=1”，以使“rules.vbn”文件与上一小节创建的复选框选中状态进行关联。运行安装程序时，只有在选中了此自定义复选框的情况下，才会安装“rules.vbn”文件。

对“demo.vbn”文件的操作与对文件“rules.vbn”的操作相同，在运行安装程序时选中自定义复选框的情况下会安装“demo.vbn”文件。

10.3.6 添加启动条件

应用程序运行需要一定的环境支持，这一要求称作应用程序的启动条件。安装应用程序时应检查系统环境，确保在安装了必备环境的情况下才能安装应用程序。以下步骤确保目标计算机上安装了 Internet Explorer 5.0 或更高版本的情况下才继续安装应用程序，否则停止安装。

1）在“解决方案资源管理器”中选择“My Notepad Installer”项目，打开“启动条件”编辑器。

2）在“启动条件”编辑器中选择“目标计算机上的要求”节点。

3）在“操作”菜单中选择“添加文件启动条件”。

4）此时将在“搜索目标计算机”节点之下添加一个“搜索 File1”节点，在“启动条件”节点之下添加一个“Condition1”节点，如图 10-18 所示。

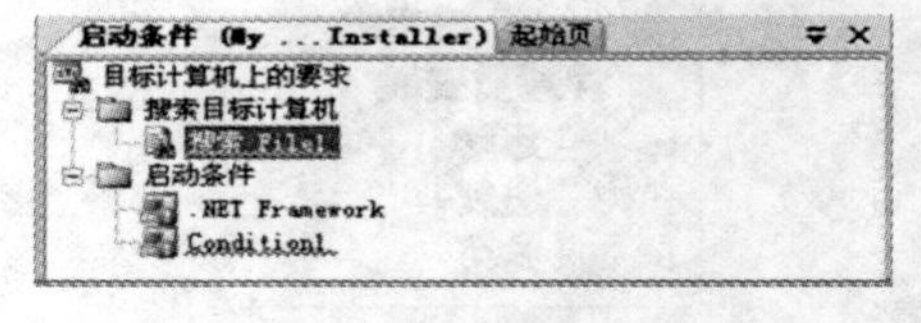

图 10-18　新增节点

5）将“搜索 File1”重命名为“搜索 Internet Explorer”。

6）在“属性”面板中将 FileName 属性设置为“Iexplore.exe”，将 Folder 属性设置为“[ProgramFilesFolder]”，将 Depth 属性设置为“2”，将 MinVersion 属性设置为“5.00”。

7）选择“Condition1”节点，将 Message 属性设置为“此程序需要 Microsoft Internet Explorer 5.0 或更高版本，请安装 Internet Explorer 并重新运行 Notepad Installer”。

安装时搜索不到 Microsoft Internet Explorer 5.0 或更高版本时将会显示该提示信息。

10.3.7 设置系统必备组件

利用 VS 2010 创建的 Windows 应用需要.NET Framework 4.0 的支持，以下步骤将设置目标计算机上没有正确版本的.NET Framework 时自动安装 .NET Framework 4.0。此外 .NET Framework 4.0 包还将安装 Windows Installer 4.0 文件。

1）在“解决方案资源管理器”中选择“My Notepad Installer”项目，打开“属性页”。

2）在“My Notepad Installer 属性页”对话框的“安装 URL”中指定用于安装应用程序和/或系统必备组件的服务器或网站 URL。单击“系统必备”按钮打开“系统必备”对话框，选中.NET Framework 4.0 前的复选框，如图 10-19 所示。

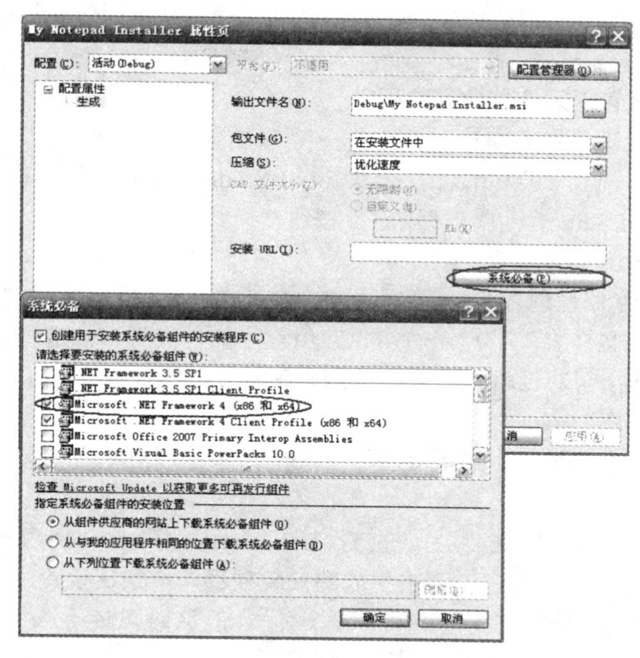

图 10-19　选择系统必备组件

通过以上操作确保了运行 .msi 文件前自动安装 .NET Framework 4.0 文件。

10.3.8　部署应用程序到其他计算机

此步骤将运行安装程序并将“My Notepad”安装到其他计算机。

1）在“Windows 资源管理器”中定位到项目目录并找到生成的安装程序。本书中项目的默认路径为“E:\vcsharp\Program\My NotePad\My Notepad Installer\Debug”。

2）打开项目路径，将 My Notepad Installer.msi、Setup.exe 以及该目录下的其他所有文件和子目录复制到另一台计算机上。

3）在目标计算机上双击 Setup.exe 运行安装程序。

工作任务

工作任务 26　学生档案管理系统安装程序

1. 项目描述

为了方便地部署学生档案管理系统，需要创建学生档案管理系统安装程序。本项目基于已经开发完成并测试通过的学生档案管理系统。

2. 相关知识

学生档案管理系统安装程序的创建，需要了解安装程序创建的一般过程，了解应用程序相关可选部署功能及使用。

3．项目设计

本项目利用 VS 2010 提供的安装程序为学生档案管理系统创建安装程序。

4．项目实施

（1）为学生档案管理系统创建安装程序

打开学生档案管理系统，单击“文件”→“添加”→“新建项目”，设置“项目类型”为“其他项目类型”→“安装和部署”→“Visual Studio Installer”，“模板”为“安装项目”，“名称”为“XSDAGLSetup”，单击“确定”按钮。

（2）添加项目输出

在“解决方案资源管理器”中选择“XSDAGLSetup”项目。在“文件系统”编辑器中，选择“应用程序文件夹”节点。右击“应用程序文件夹”节点选择“添加”→“项目输出”→“添加项目输出组对话框”命令，单击“确定”按钮。

（3）生成安装程序

在“生成”菜单上选择“生成 XSDAGLSetup”，单击以后生成安装项目。

5．项目测试

打开“XSDAGLSetup”文件夹，查看 Debug 子文件夹中是否已经有 setup.exe 及 XSDAGLSetup.msi 两个安装程序。双击生成的安装项目，按默认设置进行安装。

部署完“学生档案管理系统”即可以试运行。但这时可能会发生一些意外，如缺少数据库。

这是在部署数据库应用系统时较常见的问题，需要把开发计算机上的数据库移植到目标计算机上来。对于 Access 数据库，可以直接把数据库复制到目标计算机相应的路径中。若希望数据库使用相对路径，则在开发时可以把数据库的路径设置为 Application. StartupPath+@"数据库相对路径"。对于本书使用的 SQL Server 数据库，可以通过添加自定义安装对话框以获取数据库安装信息，添加启动条件，并编写 SQL 语句来创建数据库、数据表，或者附加数据库。有兴趣的读者也可以参照 VS 2010 帮助文档中“在安装时根据客户动作创建数据库”一节的内容进行安装部署。

6．项目小结

本项目利用 VS 2010 自带的安装和部署模板，生成了学生档案管理系统的安装程序，大大方便了系统的发布。在安装程序的开发中，要注意相应数据库的连接、软件安装的环境。

本章小结

本章重点介绍了应用程序的部署，主要内容如下。

1．部署项目的类型

Visual Studio 为 4 种类型的部署项目提供了模板：合并模块项目、安装项目、Web 安装项目和 Cab 项目。

2．安装部署程序的设计步骤、设计内容和设计方法

创建和部署基于 Windows 应用程序部署程序的一般步骤如下：

1）创建一个基于 Windows 的应用程序。

2）创建部署项目。

3）将基于 Windows 的应用程序添加到安装程序中。

4）部署应用程序。

3．安装程序的可选部署功能

安装程序的可选部署功能主要有：

1）为基于 Windows 的应用程序创建快捷方式。

2）创建文件关联。

3）添加注册表项。

4）添加自定义安装对话框。

5）安装示例文件。

6）添加启动条件。

7）设置系统必备组件。

4．部署学生档案管理系统

部署学生档案管理系统的过程类似于常见应用程序的部署。需要注意的是，部署信息管理系统时要特别留意数据库的路径及连接。

习题 10

1．简述 VS 2010 部署项目的类型。

2．简述应用程序在部署时的可选部署功能。

3．简述应用程序部署程序的制作步骤。

4．简述应用程序部署程序的安装步骤。

实验 9

1．创建一个用于打开记事本的 My Notepad 项目，并为它创建安装程序，安装并运行“My Notepad”。要求：

1）为 My Notepad 项目创建快捷方式；

2）添加注册表项；

3）添加启动条件（检查目标计算机上是否安装了 Internet Explorer 5.0 或更高版本，如果未安装所需的文件，将停止安装）。

2．为实验中开发的“学生成绩管理系统”项目创建部署项目，添加安装程序，并将生成的安装程序部署到其他计算机上。

3．为实验 2 创建的“学生成绩管理系统”部署程序添加可选的部署功能。

1）创建快捷方式；

2）添加自定义安装对话框。对话框类型选择“复选框”，对话框各属性设置如下：

BannerText 属性设置为“数据库安装”。

BodyText 属性设置为“请选择是否要安装数据库。

CheckBox1Label 的 Text 属性设置为“需要安装数据库吗?”。

其余 3 个复选框控件的 Visible 属性设置为“False”。

参 考 文 献

[1] 郑阿奇，梁敬东. C#程序设计教程[M]. 北京：机械工业出版社，2011.

[2] 王平，等. C#程序设计语言任务驱动式教程[M]. 北京：北京航空航天大学出版社，2008.

[3] 孙践知，张迎新，肖媛媛. C#程序设计[M]. 北京：清华大学出版社，2010.

[4] 刘甫迎，等. C#程序设计教程[M]. 2 版. 北京：电子工业出版社，2008.

[5] 胡艳菊. C#程序设计[M]. 北京：北京大学出版社，2012.

[6] 王贤明. C#程序设计[M]. 北京：清华大学出版社，2012.